医疗器械注册人
自检能力建设参考

主　编◎陈宇恩

副主编◎李杨玲　张　旭　李　伟

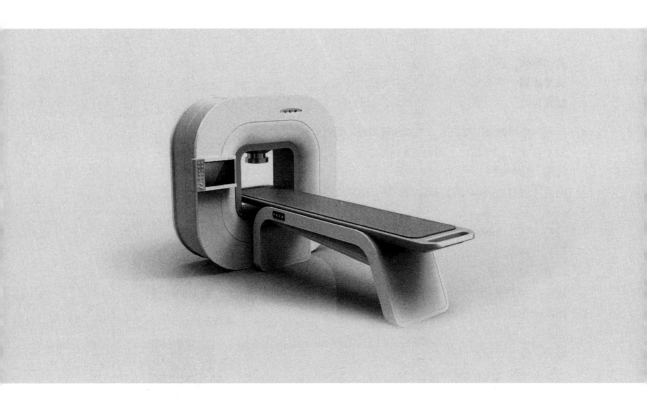

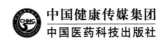

中国健康传媒集团

中国医药科技出版社

图书在版编目（CIP）数据

医疗器械注册人自检能力建设参考 / 陈宇恩主编 . — 北京 : 中国医药科技出版社，
2022.10

ISBN 978-7-5214-3403-3

Ⅰ . ①医… Ⅱ . ①陈… Ⅲ . ①医疗器械—注册—自学参考资料 Ⅳ . ① TH77

中国版本图书馆 CIP 数据核字（2022）第 165156 号

责任编辑 王 梓
美术编辑 陈君杞
版式设计 也 在

出版 **中国健康传媒集团** | 中国医药科技出版社
地址 北京市海淀区文慧园北路甲 22 号
邮编 100082
电话 发行：010-62227427 邮购：010-62236938
网址 www.cmstp.com
规格 787×1092 mm $^1/_{16}$
印张 16 $^3/_4$
字数 425 千字
版次 2022 年 10 月第 1 版
印次 2022 年 10 月第 1 次印刷
印刷 三河市万龙印装有限公司
经销 全国各地新华书店
书号 ISBN 978-7-5214-3403-3
定价 **96.00 元**

获取新书信息、投稿、
为图书纠错，请扫码
联系我们。

编　委　会

前　言

2022年元月初，编者参与某医疗器械注册人（以下简称注册人）自检能力现场核查，体会颇深。该注册人申请产品注册时提交了有资质的医疗器械检验机构出具的检验报告，在审评环节初审结论提出需要补充几项功能指标项目。注册人认为需要补充的项目简单，无需高技术和精设备，于是提交了自检报告作为补充资料，所以有了前述的自检能力现场核查。现场检查结果出乎意料，发现的问题包括：在质量管理体系文件中只增加《自检管理规定》一页纸的内容，其他四个层次内容未进行任何变更，即自检工作未真正融入质量体系中；检验员仅授权承担来料、过程及出厂检验，未能体现注册自检专职；能力及培训证明跟不上；环境控制达不到要求；现场抽验结果与自检报告不符；未能提供与自检报告相对应的原始记录，未能实现数据的追溯；自检项目相关标准、记录表格、报告模板等未纳入质量体系管理。简单的功能检验项目，更能反映注册人自检政策要落地，体现注册人主责，促进产业高质量发展，是一个艰难的过程。

本书根据《医疗器械监督管理条例》《医疗器械注册与备案管理办法》《医疗器械注册自检管理规定》的要求进行编写，参考了《医疗器械生产质量管理规范》及附录和ISO/IEC 17025《检测和校准实验室能力的通用要求》系列要求，同时，根据医疗器械注册人自检与实验室管理的实际差异，对检验检测机构能力评价要求进行优化调整，以适应现实。

编写本书目的是促进注册人自检工作相关环节认识一致和标准一致，减少争议和矛盾，使注册自检政策能更好的落地，提升医疗器械注册效率并降低产品风险。

本书分为三个篇章，共十八章，政策篇介绍了注册检验政策变化，能力建设要求篇重点介绍了自检能力建设要求，能力建设示例篇提供了自检能力建设指引，旨在为注册人建设自检能力提供参考。为精简语言，本书对所引用的法规、规范和专有名词等进行了简化，对照表详见附录Ⅰ。

  本书由广东省医疗器械质量监督检验所组织编写，参编同志把编写工作看成促进医疗器械产业高质量发展的组成部分，高热情、高效率、高质量完成编写工作。在编写过程中，各章节的编写小组参阅了大量法规、标准、文献和历史材料，并得到有关专家和同仁的大力支持，在此表示诚挚的谢意。注册自检涉及质量体系的全环节全要素，医疗器械品类广，检验项目多、繁、难，本书主要对一些通用性要求和环节进行描述。鉴于编写人员能力有限，书中难免存在疏漏之处，恳请广大读者不吝指正。

编 者

2022 年 7 月

目　录

政策篇

能力建设要求篇

能力建设示例篇

附录

政策篇

第一章
注册检验政策

新修订的《医疗器械监督管理条例》(以下简称《条例》)于 2021 年 6 月 1 日起实施,持续推动落实"放管服"、鼓励创新和促进产业高质量发展,其中关于产品注册检验报告的要求,由原《条例》要求提交国家局认可的医疗器械检验机构出具的注册检验报告修改为产品检验报告,可以是企业的自检报告或者是委托有资质的医疗器械检验机构出具的检验报告。从原来的"华山一条道"到"海陆空三道畅行",这些创新举措对医疗器械注册人、市场、第三方检验机构、国家检验机构和检验检测事业都将产生深远的影响。本章将从简述产品检验的意义、回顾产品注册检验的发展历史及分析产业发展现状开始,阐述注册自检新策实施的意义,并对注册人自检能力现状进行简要概述。

第一节 产品检验的意义

18 世纪末,在机械化生产、工业化生产、社会化生产的基础上,伊莱·惠特尼使用自制铣床,运用科学的加工方法和"互换性"原理,首创出零件可互换的、标准化的滑膛枪,诞生了最初的标准化。标准化随着近代工业蓬勃发展逐步突破企业界限、突破地区界限、突破国家界限成为"国际通用语言",其"化"的核心内涵在于检验检测的实施。

20 世纪初,费雷德里克·泰勒发表了《科学管理原理》一书,提出了"科学管理"的理论,通过实行生产的科学管理,使生产和检验分开,开始有了"检验"这一环节。它的特点是"全数检查"和"事后检查",其任务是"把关",检验人员根据技术文件规定,使用一定的检测手段,对已经生产出来的产品进行检测,以避免不合格产品出厂或流入下道工序。最初的质量管理概念由此诞生,并开始了以商品成品检验为主的质量管理。从质量管理发展过程来看,最早的阶段就是质量检验阶段,统计质量管理和全面质量管理都是在其基础上发展而来。

我国的检验检测事业是在改革开放后逐渐发展起来的,20 世纪 80 年代到 2000 年初,是检验事业最高光的时代,"合格产品是检验出来的"——这一理念深入人心,"检验合格证"就是检验产品的质量证明,"免检产品"是品牌的最好代言。2000 年后,各类体系认证兴起,"好产品是生产出来的"这种理念逐渐被接受,检验从唯一变成了核心手段。之后的十余年,是我国检验事业发展壮大的最快时期,其中包括医疗器械检验。2015 年后,逐渐有"好产品是研究出来的"提法,"好产品"的关注点从产品的后端不断前移,认识不断深入细化,无论在哪个阶段,检验检测依然在各个环节发挥核心作用。例如:研究环节的各类测试验证,是产品改善、提升、证明的最好方式;生产环节的原材料质量控制、过程环节的各种验证和出厂检验;上市前的全项目注册检验,上市后的各类抽验和使用环节的保障维护检验等。

从标准化发展、产品质量检验发展和我国检验检测事业的发展来看，产品检验的积极意义可体现在以下方面。

（1）标准化及检验检测紧随产业革命和技术变革，反过来促进产业的高质量发展。

（2）检验事业的可持续发展性好。诞生于19世纪的检测与认证机构影响力和作用至今只增不减，而且成为发达工业强国持续发展的重要保障和标志。

（3）权威的检验及认证是产品高品质的最好代言。标准已成为一门国际共同语言，纵观发达国家检验认证机构在全球的布局，标准化以及检验检测事业是技术输出和文化输出的重要方式。

第二节　注册检验的发展与回顾

实施注册检验至少需具备四方面的前提条件：一是需求层面，包括应用对象的强烈需求和产业可持续发展的需要；二是技术层面，包括技术标准和技术规范体系的建立；三是能力层面，例如机构建设、人员和设备设施等；四是法规层面，包括依法实施和遵法守法的要求。本节重点围绕技术、能力和法规这三个层面回顾医疗器械的注册检验沿革。

一、技术层面——标准化体系的建立

改革开放以来，医疗器械产品进出口频繁，其释放出来的民间动力极大推动了医疗器械产业的发展，产品标准化建立的重大意义逐渐凸显。

- 1983年，IEC电子元件质量评定体系（IECQ）认证管理委员会（CMC）吸收中国为正式成员；同年，我国启动了IEC 60601-1标准的研究和转化工作。1988年，发布了GB 9706.1—88《医用电气设备 第一部分：通用安全要求》，自此，有源医疗器械检验检测有了基本的技术依据。
- 1987年，我国发布《医用级热硫化甲基乙烯基硅橡胶标准》，参照先进国家标准提出了较完整的生物学评价原则和试验方法，执行ISO标准中无热原、无菌等生物学安全要求，为无源医疗器械的标准体系建立提供了开端。
- 截至2022年4月6日，我国共设立了13个医疗器械标准化技术委员会、13个分技术委员会以及9个医疗器械标准化技术归口单位，共制定发布了医疗器械标准1852项，其中国家标准236项、行业标准1616项，各相关标准化技术委员会还积极参与了国际标准的制修订。医疗器械标准体系不断优化，在服务产业发展方面发挥着重要的基础保障作用。

二、能力层面——检验检测机构的建设

按照新版ISO/IEC 17025的理念，检测机构已不再明确区分为第一方、第二方和第三方实验室。然而根据习惯和实际情况，这里将对各类检验机构分为政府设立的检测机构、第三方检测机构和注册人自检实验室三个方面进行描述。

1. 政府设立的检测机构

政府设立的检测机构可分为两拨发展浪潮。1990年前后，国家根据产业布局以及在合理利用有限资源的情况下，设立了十大国家医疗器械质量监督检验中心，包括中检院、北京、北

大、天津、沈阳、济南、武汉、上海、杭州和广州中心,且分工各有侧重。

2000 年,第一版《条例》颁布,其中明确赋予各省对于第二类医疗器械的注册审批权。伴随医疗器械产业的飞跃式发展,有条件的省、市纷纷成立了医疗器械检验机构,为产业发展、技术监督提供了良好的基础。

2. 第三方检测机构

目前,我国第三方医疗器械检测市场已具规模,在长三角、珠三角和环渤海地区,第三方医疗器械检测机构的检验能力已是强大补充。现阶段,第三方医疗器械检测机构主要由以下三类组成。

(1)原以出口认证检验为主后进行业务调整的检测机构,例如 SGS 和 TUV 等;

(2)国内其他行业新增医疗器械检验能力的检测机构,例如计量院及产品检验所等;

(3)原在国内或外资检测机构的员工创业成立的民营第三方专业检验机构。

随着医疗器械注册检验政策的调整,可以预见,未来第三方检验检测市场的发展将会更加繁荣。截至 2020 年底,广东省同时拥有 CNAS 和 CMA 证书的医疗器械检验机构共有 29 家,广州市就有 16 家之多。

3. 注册人自检实验室

注册人自检实则是其自身的责任回归。我国医疗器械产业经过多年的高速发展,部分注册人的研发能力和质量控制能力已得到质的提升,其中部分实验室更是通过了 CNAS 认可,在人员、设备、标准理解和环境控制等方面已达到专业级别。只要监管到位,给予注册人自我成长、自我建设的空间,将是实现产业质量提升和安全监管的最好方式。

三、法规层面——监管体系的发展

1989 年,我国引入医疗器械市场准入的概念,明确政府监督管理的核心是保障产品的安全和有效,而医疗器械市场准入制度是保证医疗器械安全、有效的重要环节。1992 年,借鉴欧洲的监管模式,我国开启了医疗器械的安全认证。

为配套医疗器械市场准入,1996 年,《医疗器械产品市场准入审查规定》(国药器监字〔1996〕第 6 号)和《医疗器械产品注册管理办法》(国家医药管理局令第 16 号)发布,首次正式规定医疗器械上市须由生产者或其委托代理人向中国政府医疗器械行政监督管理部门提出产品市场注册申请;注册应提交国家医药管理局(省级医疗器械管理部门)认可的医疗器械质检中心出具的产品型式试验报告。"型式试验报告"这一概念的首次提出,奠定了型式检测的法定地位。

2000 年,首部《医疗器械监督管理条例》(以下简称《条例》)和《医疗器械注册管理办法》(以下简称《器械注册办法》)颁布实施,从内容上初步奠定了医疗器械检验制度的雏形。此后,《器械注册办法》于 2004 年进行修订,首次在法规条文中使用了"注册检测"的用语,并详细规定了医疗器械注册检测的机构、程序、依据以及首次注册和重新注册时免予注册检测的条件。自此,医疗器械检验制度的法律地位得到了强化,注册检测作为临床试验和申请注册的前置必经程序,在产品全生命周期管理中的地位进一步得以巩固。

2014 年,《条例》经过首次修订,对第一、二、三类医疗器械注册过程中应提交的检验报告做出了规定。同年修订《器械注册办法》，对医疗器械注册检验也有具体规定：申请第二、三类医疗器械注册，应当进行注册检验；医疗器械检验机构应当依据产品技术要求对相关产品进行注册检验。与 2004 年版《器械注册办法》相比，注册检验制度有了新的变化：一是将"注册检测"改为"注册检验"，并同时规定了产品技术要求；二是产品技术要求成为注册检验的依据，"产品技术要求"概念的首次提出，取代了此前的产品注册标准，使之与国际惯例同步；三是强调注册检验时不仅要提供相关的技术资料以及产品技术要求，而且还强调注册检验样品的生产应当符合医疗器械质量管理体系相关要求。

　　1996 年至今，《器械注册办法》共发布了五版，历次版本中关于注册检验要求的差异对照详见表 1-1；《条例》自 2000 年来，共发布了四个版本，其与《器械注册办法》的对应关系见图 1-1。

表 1-1　五版《器械注册办法》关于注册检验要求的差异对照表

项目＼版本	1996 年版	2000 年版	2004 年版	2014 年版	2021 年版
管理方式	境内实行分类、分阶段注册审查；境外产品注册提供规定证明文件即可	增加境外产品注册要求	取消境内二、三类分阶段注册	境内外一类注册管理改为备案管理	同 2014 年版
审查部门	一、二类：省级医疗器械管理部门；三类、境外：国家医药管理局	一类：设区市药品监督管理部门；二类：省级药品监督管理部门；境内三类、境外：国家药品监督管理局	一类：设区的市级（食品）药品监督管理机构；二类：省、自治区、直辖市（食品）药品监督管理部门；境内三类、境外：国家食品药品监督管理局	同 2004 年版	同 2014 年版
注册检验依据	产品标准	境内：注册产品标准；境外：注册产品技术标准	可以采用国家标准、行业标准或者制定注册产品标准，但是注册产品标准不得低于国家标准或者行业标准。注册产品标准依据国家食品药品监督管理局规定的医疗器械标准管理要求编制	申请人或者备案人编制拟注册或者备案的医疗器械产品技术要求（由相应的审查部门批准注册时予以核准）	同 2014 年版
检验机构资质要求	境内一类：自测；境内二类：需由省级医疗器械管理部门认可；境内三类或境外翻新器械：需由国家医药管理局认可	境内一类：同 1996 年版要求；境内二、三类，境外：需由国家药品监督管理局认可	境内一类：同 2000 年版要求；境内二、三类：需由国家食品药品监督管理局会同国家质量监督检验检疫总局认可，境外医疗器械的注册检测执行《境外医疗器械注册检测规定》	境内外二、三类：医疗器械检验机构应当具有医疗器械检验资质、在其承检范围内进行检验（尚未列入医疗器械检验机构承检范围的医疗器械，由相应的注册审批部门指定有能力的检验机构进行检验）	增加企业自检方式、有资质的医疗器械检验机构（包括第三方）

续表

版本 项目	1996 年版	2000 年版	2004 年版	2014 年版	2021 年版
注册提交报告要求	境内一类注册：产品性能自测报告（出厂检验报告）；境内二类注册：产品性能自测报告（出厂检验报告）及省级医疗器械管理部门认可的医疗器械质检机构出具的产品型式试验报告；境内三类注册：产品性能自测报告（出厂检验报告）及国家医药管理局认可的医疗器械质检中心出具的产品型式试验报告	境内一类注册：产品全性能自测报告；境内境外二、三类注册：产品性能自测报告及国家药品监督管理局认可的医疗器械质检机构出具近一年内的产品型式试验报告	境内一类注册：同 2000 年版；境内境外二、三类注册：国家食品药品监督管理局会同国家质量监督检验检疫总局认可的医疗器械质检机构出具的产品型式试验报告；增加免于注册检测的二三类产品注册条件	境内外二、三类：具有医疗器械检验资质的医疗器械检验机构（或由相应审查部门指定有能力的检验机构）出具的产品型式试验报告；取消免于注册检验的条件	申请人、备案人的自检报告、委托有资质的医疗器械检验机构出具的检验报告

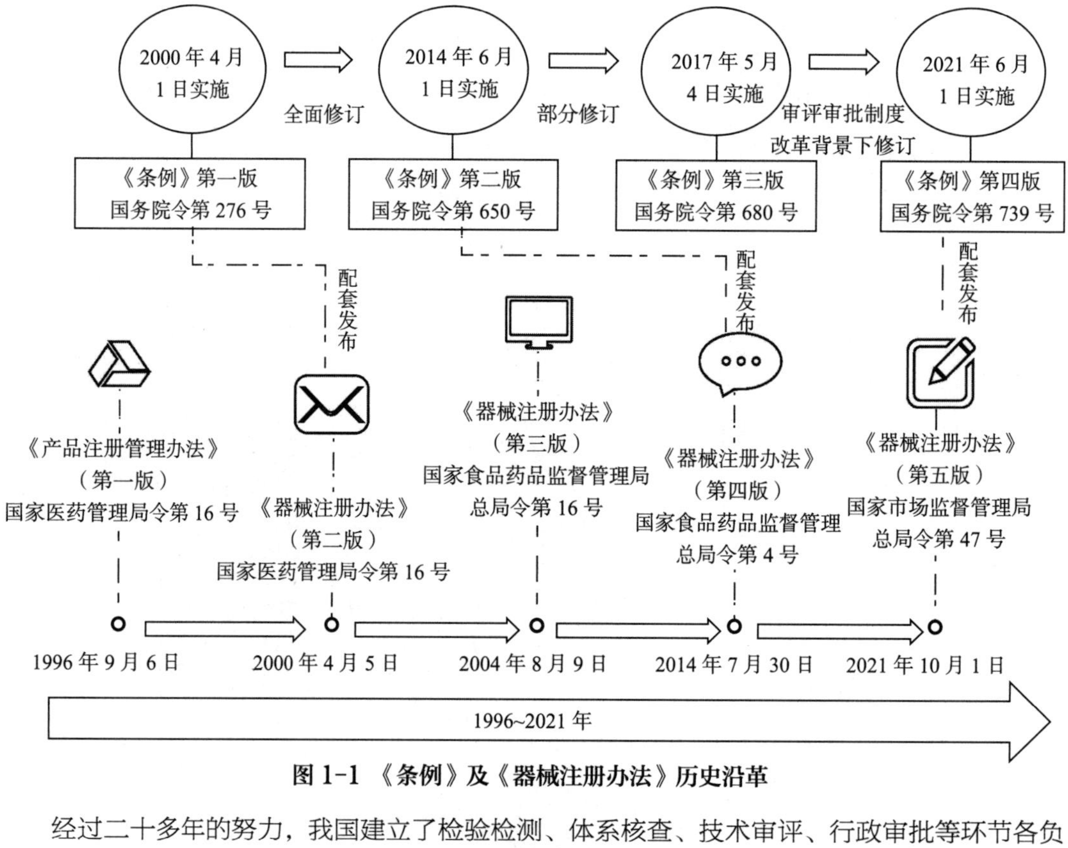

图 1-1 《条例》及《器械注册办法》历史沿革

经过二十多年的努力，我国建立了检验检测、体系核查、技术审评、行政审批等环节各负其责、相互配合的产品注册分段操作程序，逐步实现产品注册环节相关工作的规范化运作。

第三节　医疗器械产业现状

得益于改革开放及国民对健康卫生的重视，过去四十多年里，医疗器械产业发展一直处于高速增长阶段。近十年来，随着产业体量的增大，部分产业发展出现增速放缓迹象，而医疗器械产业却没有受此限制，依然保持高速增长的发展态势。

一、生产企业数量快速增长，20 年间增长超 5 倍

2000 年，我国从事医疗器械生产的企业有 5760 家，至 2021 年底，医疗器械生产企业增长至 2.9 万家，20 年间增长超 5 倍，其中可生产第一类器械企业 1.6 万家，可生产第二类器械 1.3 万家，可生产第三类器械 2184 家。生产企业数量相比 2019 年末的 1.8 万家，到 2021 年末两年间增长了约 61%。

截至 2022 年 2 月，国产医疗器械第二、三类注册证和第一类备案证合计超过 20 万张，其中第一类备案证书 117814 张，第二类注册证书 89854 张。2017~2021 年，国产医疗器械中第二、三类首次注册量年均增长 2332 件。可见，市场和资本对于医疗器械产业均高度看好。

二、产值高速增长，25 年增长超过 45 倍

1997 年，我国医疗器械产值约为 220 亿，至 2021 年底，我国医疗器械产值已达万亿，增长超 45 倍，年复合增长率 16.5%。其中 2006~2020 年，年复合增长率约为 22%，增速远超全球医疗器械市场同期。

1997 年，我国医疗器械出口额为 7.5 亿美元，至 2020 年，医疗器械出口额为 732 亿美元，增长 97.6 倍，年复合增长率 20.1%，且产品的丰富度和技术含量均得到了极大的提升。

三、医疗器械产业经济效益凸显

以经济发展实力较强、领域较全面的广东省为例，根据《2020 年广东省国民经济和社会发展统计公报》，2020 年广东省全年全部工业增加值比上年增长 1.3%，生物医药及高性能医疗器械业增长 14.4%；高技术制造业增加值比上年增长 1.1%，医疗仪器设备及仪器仪表制造业增长 11.1%；全年居民消费价格比上年上涨 2.6%，医疗保健类价格上涨 0.8%。由此可以看出，医疗器械产业发展可持续性良好，部分省市已将医疗器械及生物医药作为地区重点发展产业。

四、医疗器械技术变革已到深水区

医疗器械尤其是第二类、第三类医疗器械，其对技术水平总体要求高。在 2010 年前，以仿造为主，在 2012 年后，"进口替代"成了主旋律，2014 年开始实施的《创新医疗器械特别审批程序》，则是主旋律上最耀眼的花朵。

目前，我国医疗器械技术变革主要体现在以下四个方面。

（1）大批医疗器械产品完成进口替代，并在国际市场占有优势份额或竞争力，例如：①植入性耗材中的心血管支架、心脏封堵器、人工脑膜、骨接合植入产品等；②大中型诊疗设备如监护仪、输注器械、中低端超声诊断仪、DR 等；③体外诊断领域的生化诊断设备；④家用医

疗器械中的制氧机、血压计等。

（2）大批高端医疗器械取得重大技术性突破，例如：组织工程皮肤、脑起搏器、骨科机器人、128 排 CT、3.0T 磁共振、PET-CT、彩色多普勒超声系统等一批关键生物医用材料和先进医疗设备开始打破国外产品的垄断。

（3）部分高端产品的技术处于国际领先水平，例如：生物可吸收冠脉支架、可降解医用镁骨钉、人工心脏等。

（4）创新医疗器械特别审批程序为医疗器械技术引领开辟高速通道。截至 2022 年 5 月，国家药监局共批准注册创新医疗器械 150 余件，为增强产业链、供应链自主可控能力，解决"卡脖子"问题提供了动力。

我国医疗器械产业在改革开放后取得了很大进步和突破，诚然，在某些领域，例如直线加速器和血液透析机等，从首台国产设备至今已超过二十年，但其可靠性和稳定性距离先进设备差距依然较大，发展任重道远，但这也同时意味着未来前景巨大。

第四节　落实注册自检政策的意义

注册人自检政策突破了 1996 年以来形成的注册检验相关规定，在我国医疗器械发展史中必然留下浓墨重彩的一笔，有着其深刻的历史意义，具体可概括为以下五个方面。

一、释放产业创新活力，助力产业高质量发展

党中央、国务院提出深化审评审批制度改革，鼓励药品医疗器械创新，自检政策的实施正是贯彻落实党中央、国务院要求的有力举措。有限政府检验能力永远无法满足无限的市场发展需要，行业需要高质量发展，就应鼓励综合实力强的注册人开展自检，履行注册人主体责任，解决检验资源不足的问题。注册检验的目的是验证医疗器械产品是否满足技术规范的全部要求，设计验证是产品全生命周期的一个环节，是注册人应尽之义。随着产业发展，注册人自身能力不断增强，不少注册人已能够独立完成产品验证工作，另外对于不断涌现的创新产品，注册人自身可能比检验检测机构更早具备相应的检验能力。注册人自检政策的实施将使产品注册检验环节更加灵活，可缩短产品上市周期，这一举措实为大势所趋。

鼓励注册人追求高质量发展的同时，也将淘汰对质量控制能力差的注册人。自检政策的实施，对注册人来说，既是机遇也是挑战，起点高、实力强、具备自检能力的注册人能通过自检政策的红利助推加快产品上市，不具备自检能力的注册人，产品上市就相对较慢，很难再适应竞争激烈的市场环境，这必然会促进产业优胜劣汰。

二、强化注册人主体责任，增强产品质量控制能力

自检政策释放了医疗器械产业创新发展的活力，同时也强化注册人的主体责任要求，使得注册人在意识上更加注重增强产品质量控制能力。根据现行《医疗器械生产质量管理规范》（以下简称《生产质量管理规范》）的要求，生产企业必须配备与其相适应的检验人员、检验设备和环境设施，完成在研发、生产、放行等环节的进货检验、过程检验和成品检验等工作，保证产品质量控制能力。《医疗器械注册自检管理规定》（以下简称《自检规定》）的实施，提出

了关于自检能力的总体要求。《自检规定》《生产质量管理规范》与相关要求相辅相成，有助于更好地提高注册人产品质量控制能力。同时，我国医疗器械监管法规体系发展日趋完善，在产品准入、生产和经营许可、质量抽检、监督检查、不良事件监测、风险会商等方面均有建章立制。严格的监管也夯实了风险控制的基础，有助于生产企业逐渐强化把握产品质量的意识，产品质量控制能力可得到不断提升，为注册人自检政策的实施打下坚实基础。

三、完善检验机构，构建多层次检验体系

新版《条例》为完善检验结构，建立多层次医疗器械检验体系提供了政策基础。建立以注册人自检为第一层次的检验结构，可释放注册人在检验检测投入的动力，集中在产品关键性能的检验；调动市场的积极性，建立以第三方检验机构为主的第二层次检验结构，补充检验市场的不足；第三层次检验结构为政府设立的医疗器械检验机构，主要承担检验技术的研究、标准的制修订、监督抽检、搭建产业服务平台及兜底检验等。

四、体现对监管能力和行业发展的信心

作为政府监管部门，以高度的使命感和社会责任感，保障器械安全有效与促进公众健康，实现医疗器械的经济性是其核心工作。自检政策的实施，解决了政府检验机构既当运动员又当裁判员的角色冲突，使其能够对自身进行更加合理的定位，加强对标准和技术的钻研，搭建创新技术平台，促进行业检验检测技术的共同提升；同时也释放了政府指定检验检测机构的压力，使其有更多精力投入监督抽检工作，利用抽检的手段，实现监管的威慑性以及为行政处罚提供充足依据，从而促进产品质量提升，最终将风险降至可接受范围。

随着我国医疗器械行业监管体系的不断完善和成熟，监管科学研究的赋能，审评审批能力建设不断加强，这些都降低了对注册检验报告来源的依赖度。部分注册人实验室检验能力逐步提升，其检验数据、结果的规范性和可靠性可得到保证。总的来说，注册人自检这一重大制度的调整，是政府对监管能力和行业未来发展充满信心的体现。

五、借鉴国际经验，同步国际发展

在美国、欧盟等医疗器械主要市场国家的法规中，并没有注册检验的概念。如欧盟的《医疗器械法规》（MDR）（欧洲议会和理事会关于医疗器械第 2017/745 号法规），其中并未明确认证过程需提供产品检验报告，在法规的附录Ⅱ技术文件部分，规定制造商需提供符合通用安全与性能要求的证明信息，以证明产品符合通用安全和性能要求。在实际操作过程中，如制造商不具备确认和验证能力，或涉及产品比较关键和复杂的测试项目，制造商会委托符合 GLP 或 ISO/IEC 17025 要求的第三方检测机构进行测试。

在美国，法规要求产品上市前提交的资料包括生物相容性测试、电磁兼容测试、性能测试等，这些资料可以是制造商的自检报告，也可以是具有 GLP 资质的实验室出具的检验报告。

在日本、澳大利亚、加拿大、印度等国家，医疗器械产品在申请注册时，也未强制要求提供由第三方实验室检测出具的报告。可见，在产品注册过程中接受企业自检报告或第三方检验机构的测试报告是国际上大部分国家或地区认可的方式，对于我国的医疗器械注册管理亦具有较好的借鉴意义。

第五节　注册人自检能力现状

开展注册人自检，将原由检验机构承担的注册检验职责回归注册人自身，注册自检自然而然作为重要部分纳入其质量管理体系中。配备与产品检验要求相适应的资源，严格控制检验过程，确保检验结果真实、准确、完整和可追溯，对自检报告负责，这些都对注册人提出了新要求。注册自检政策的实施给注册人带来众多利好的同时，相对于实验室管理更加规范的医疗器械检验机构，注册人在自检过程中短期内可能会暴露一些不足，以下将从六个方面进行简要概述。

一、人员方面

（1）人员配置不足。如人员配置类型与自检活动不相适应，未区分检验人员和管理人员（含审核人员、批准人员）；或未配备专职的检验人员，如临时聘用检验机构人员；又如人员数量配置不足，未根据自检的产品、规模或任务量情况来合理配置人员。

（2）人员能力不足。如检验人员的教育背景与自检活动不匹配，缺乏专业理论和检测技术知识，不具备完成检验工作的技术能力；医疗器械相关法律法规、质量管理和有关专业领域特殊要求的培训和考核缺失。

（3）人员管理不规范。如未对人员进行授权或资格确认、人员培训未达到预期效果、人员监督或能力监控不到位。

二、检验设备方面

（1）设备配置不足。如设备的参数或稳定性不能满足使用要求，或设备精度、测量范围不符合技术要求和标准中检验方法的要求等。

（2）设备管理不规范。如设备的检定/校准、使用、维护和处置等不符合管理体系的规定，或者仪器设备未经检定或校准，无检定/校准计划，超检定/校准周期使用等。

三、样品管理方面

（1）样品管理不规范。如样品缺少唯一性标识和状态标识，多个样品未分别进行编号、样品标识混乱，或错误标识、重复编号，导致样品混淆；样品储存、保护措施不当，以致变质、污染或损坏；样品管理不善导致样品丢失等。

（2）注册检验样品不一致。如自行检验的样品、委托受托生产企业自检的样品和委托医疗器械检验机构检验的样品间的不一致或注册自检过程中涉及产品整改修复的，修复前后的样品不一致。

四、检验方法方面

（1）性能指标不完善。如在制定产品技术要求时，性能指标内容不完整或不适用，对适用的国家标准、行业标准未引用或引用不全，或引用的国、行标非现行有效版本，引用的标准不适宜或不适用等。

（2）标准理解不充分。注册人在自检工作中对标准理解不透彻、不准确，造成检验方法偏差、检验数据不准确等。

（3）方法不具可重复性。当没有适用的国、行标时，注册人自行制定检验方法，但由于标准制修订能力不足，造成检验方法不具备可重复性。

五、设施和环境方面

（1）不满足特定专业领域要求。对设施和环境有特定要求的检验领域，如微生物、化学、医用电气、电磁兼容、金属材料、软件、动物实验、基因扩增等，未满足其特定的专业领域相关要求。如微生物实验室不符合所开展微生物检测活动生物安全等级的要求；化学实验室未配备个人防护装备、洗眼及紧急喷淋装置等；医用电气实验室不具备可靠的接地措施等。

（2）环境条件不满足测试要求。如部分产品或参数的检测需要特定的环境条件，如温度、湿度、噪声、振动、电磁场等，未对环境条件进行控制确保满足测试的要求，如检验环境温度过高、环境本底噪声过高等。

六、其他方面

（1）记录缺乏可追溯性。检验记录缺乏可追溯性，导致报告或记录真实性存疑，如技术记录信息不充分，缺少时间、地点、设备、环境条件等必要信息，缺少操作或复核人员签名；技术记录更改不规范；原始记录不完整，不能充分支持最终报告；记录或报告不真实地描述检验检测的地点、环境条件、主要仪器设备、操作人员和检验依据方法等必要信息。

（2）故意分割检验项目。检验过程中发现检测不合格时，需对样品进行整改后重新检测，而整改工作可能会影响到其他关联项目的检测结果，如产品性能和电气安全项目涉及样品整改时，会影响到其电磁兼容性检测项目。可能存在部分注册人为规避关联项目出现结果不合格的情况，有可能会分割特定检验项目后进行委托检验，以达到其汇总合格报告的目的。

（3）报告不规范对临床试验的影响。根据《医疗器械临床试验质量管理规范》的相关规定，临床试验前，注册人需向临床试验机构提供检验报告，而临床试验机构对报告的审查更多的是形式审查。注册人自检报告可能存在检验项目不全、质量不高或其他问题，尤其是涉及对人身健康有重大影响的产品时，不规范的报告给临床试验也会带来风险，可能对受试者的安全产生重大影响。

（编写：陈宇恩、韩芝斌、张力扬）

第二章
医疗器械标准化

　　标准是通过标准化活动，按照规定的程序经协商一致制定，为各种活动或其结果提供规则、指南或特性，供共同使用和重复使用的文件。医疗器械标准（以下简称标准）是对医疗器械的基本要求，广泛应用于医疗器械产品全生命周期的各个环节。本章概述了标准的分类、层次、结构和作用，并介绍我国医疗器械标准化工作现状，指引了标准查询的有效途径，结合注册人实际，提出了标准化工作的建议，旨在帮助注册人提高标准化能力和水平，从而促进产品质量的提升。

第一节　标准概述

一、分类

　　标准按适用范围可分为国际标准、区域标准和国内标准；根据《中华人民共和国标准化法》，国内标准可进一步分为国家标准、行业标准、地方标准、团体标准和企业标准（图2-1）。

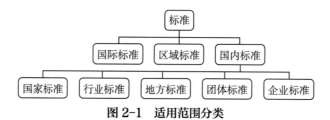

图 2-1　适用范围分类

1. 国际标准

　　国际标准是指国际标准化组织（ISO）、国际电工委员会（IEC）和国际电信联盟（ITU）制定的标准，以及国际标准化组织确认并公布的其他国际组织制定的标准，供在世界范围内参考使用。

2. 区域标准

　　区域标准泛指世界某一区域标准化团体所通过的标准。代表性的区域标准化组织包括太平洋地区标准会议（PASC）、亚洲大洋洲开放系统互联研讨会（AOW）、亚洲标准咨询委员会（ASAC）、亚洲电子数据交换理事会（ASEB）、非洲地区标准化组织（ARSO）、欧洲标准委员会（CEN）、欧洲电工标准化委员会（CENELEC）、欧洲广播联盟（EBU）等。

3. 国内标准

　　国内标准体系包括由政府主导制定的国家标准、行业标准、地方标准，以及由市场主导制定的团体标准、企业标准。

（1）国家标准是由国家的官方标准化机构或国家政府授权的有关机构批准、发布，在全国范围内统一和使用的标准。对保障人身健康和生命财产安全、国家安全、生态环境安全以及满足经济社会管理基本需要的技术要求属于强制性国家标准；对满足基础通用、与强制性国家标准配套、对各有关行业起引领作用等需要的技术要求，可为推荐性国家标准。

（2）行业标准是对国家标准的补充，在没有国家标准、需要在全国某个行业范围内统一的技术要求，可以制定行业标准。行业标准由国务院有关行政主管部门制定，报国务院标准化行政主管部门备案。

（3）地方标准是为满足地方自然条件、风俗习惯等特色而制定的标准。地方标准由省、自治区、直辖市人民政府标准化行政主管部门制定；设区的市级人民政府标准化行政主管部门根据本行政区域的特殊需要，经所在地省、自治区、直辖市人民政府标准化行政主管部门批准，可以制定本行政区域的地方标准。

（4）团体标准是由学会、协会、商会、联合会、产业技术联盟等社会团体协调相关市场主体共同为满足市场和创新需要而制定，由本团体成员约定采用或者按照本团体的规定供社会自愿采用的标准。

（5）企业标准由企业根据需要自行制定，或者与其他企业联合制定。企业标准的技术要求不得低于强制性国家标准的相关技术要求。国家鼓励企业制定高于推荐性标准相关技术要求的企业标准。

二、层次

医疗器械标准可根据医疗器械的种类进行层次的划分，这样更加有助于对产品的认识，也有利于从整体出发，对医疗器械产品的安全性、有效性进行全方面认识。国际标准化组织（ISO）将医疗器械标准划分为基础标准、类标准和产品标准三类。图 2-2 和图 2-3 分别从有源产品电气安全和无源产品的标准层次进行举例。

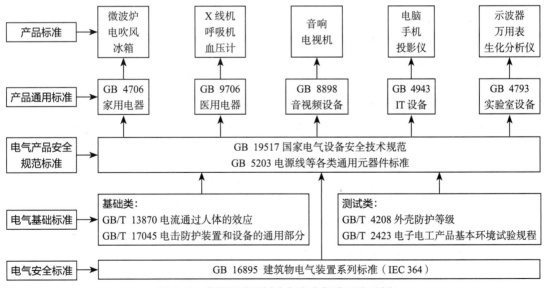

图 2-2　有源医疗器械电气安全标准层次示例

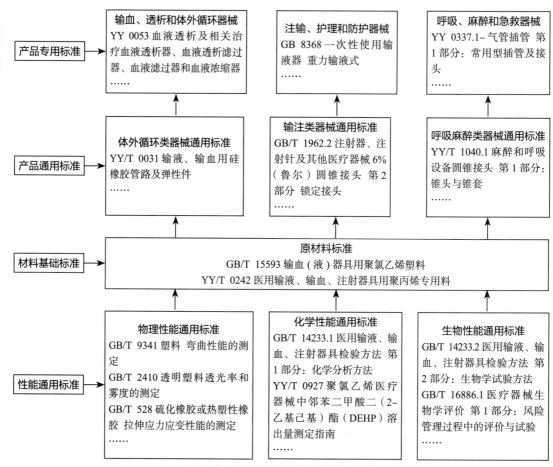

图 2-3 无源医疗器械标准层次示例

三、结构

标准一般由封面、目次、前言、引言、名称、范围、规范性引用文件、术语定义、通用要求、试验方法、附录、参考文献、索引等要素组成，其中封面、前言、名称、范围是标准的必备要素，标准的一般结构见表 2-1。

表 2-1　标准的一般结构

要素	内容要求
封面	包含标准名称、标准代号、发布日期、实施日期、与国际标准关系等
前言	包含本标准与上一版标准的变化（如有）、与国际标准的关系及技术差异（如有）、起草人及单位等信息
名称	由几个尽可能短的要素组成（引导要素、主体要素、补充要素）
范围	规定了标准适用范围、规定的内容等
规范性引用文件	标准中引用的相关文件
术语定义	标准中术语的定义及解释

续表

要素	内容要求
通用要求	规定了安全要求或性能指标
试验方法	规定了安全要求或性能指标对应的试验方法
附录	包括规范性附录和资料性附录，对标准中的条款进行补充或参考
参考文献	标准中相关参考文件

四、作用

医疗器械标准作为医疗器械产品设计、结构、性能、安全、质量控制、风险管理、临床要求等方面的综合性技术文件，与产品安全性、有效性息息相关，是评价产品性能的重要文件，也是我国监管部门对医疗器械安全性、有效性进行监管的重要依据。

1. 产品安全性、有效性基本要求的重要体现

医疗器械标准是医疗器械安全性最基本要求的体现。医疗器械安全的通用要求包括电气安全（如 GB 9706 系列标准）、生物安全（GB/T 16886 系列标准）、电磁兼容等。不同类型的产品需要满足不同的通用安全要求，例如血液净化设备、心脏除颤器等有源医疗器械需要符合 GB 9706 系列标准的相关规定；对于与人体直接（或间接）接触的医疗器械，例如血液透析器、体外循环管路等无源医疗器械则需要依据 GB/T 16886 系列标准的相关规定，进行生物相容性试验，并对产品的生物相容性进行评价以确保安全。此外，根据产品不同的特性，可能需要满足特定的安全要求，例如对于用环氧乙烷灭菌的无菌医疗器械，对环氧乙烷残留量有相关要求；而对于透析用水、透析浓缩液这类与人体直接接触的三类高风险产品，对重金属残留、微粒脱落等都有严格要求。

医疗器械标准也是医疗器械有效性最基本要求的体现。有效性的最基本要求是满足产品功能性要求。功能性要求因产品用途不同而有较大差异。

2. 医疗器械监管的重要的依据

《条例》和《医疗器械标准管理办法》均规定了产品应符合相关标准要求。医疗器械标准是监管部门实施医疗器械监督管理的重要依据。

《条例》第七条规定："医疗器械产品应当符合医疗器械强制性国家标准；尚无强制性国家标准的，应当符合医疗器械强制性行业标准。"

《条例》第二十二条规定："医疗器械强制性标准已经修订，申请延续注册的医疗器械不能达到新要求的，不予延续注册。"

《条例》第三十五条规定："医疗器械注册人、备案人、受托生产企业应当严格按照经注册或者备案的产品技术要求组织生产，保证出厂的医疗器械符合强制性标准以及经注册或者备案的产品技术要求。"第六十七条规定："医疗器械注册人、备案人发现生产的医疗器械不符合强制性标准、经注册或者备案的产品技术要求，或者存在其他缺陷的，应当立即停止生产。"

《医疗器械标准管理办法》第十五条规定："医疗器械研制机构、生产经营企业和使用单位

应当严格执行医疗器械强制性标准。鼓励医疗器械研制机构、生产经营企业和使用单位积极研制和采用医疗器械推荐性标准，积极参与医疗器械标准制修订工作，及时向有关部门反馈医疗器械标准实施问题和提出改进建议。"第二十六条明确："医疗器械推荐性标准被法律法规、规范性文件及经注册或者备案的产品技术要求引用的内容应当强制执行。"即满足强制性标准是产品注册的最基本要求，推荐性标准如适用则鼓励采用，同时明确推荐性标准在被法律法规、规范性文件及经注册或者备案的产品技术要求引用后应强制执行。

第二节　标准化现状

截至 2022 年 6 月 25 日，国内共有医疗器械标准 1883 项，其中强制性标准 385 项（国家标准 90 项，行业标准 295 项）、推荐性标准 1497 项（国家标准 148 项，行业标准 1349 项），基本覆盖了包括医疗器械质量管理、生物学评价、医用电气设备通用安全等各通用技术领域；外科植入物、口腔材料 / 器械和设备、医用 X 线设备及用具、医学实验室与体外诊断器械和试剂等各专业技术领域。

一、标准化技术组织

医疗器械标准化技术组织包括标准化技术委员会、标准化分技术委员会和归口单位。1982 年国家医药管理局（国家药品监督管理局前身）成立了第一个医疗器械标准化技术委员会（以下简称标委会）——医用 X 线设备标委会（SAC /TC10 / SC1）。从此开启了延续至今的国家药品监督管理局主管，标委会负责制修订医疗器械标准的工作模式。

目前，国家标准化管理委员会批准成立了 13 个医疗器械标委会（表 2-2）和 13 个分技术委员会（表 2-3），国家药监局批准成立了 11 个医疗器械标准化技术归口单位（表 2-4）。

表 2-2　全国医疗器械专业标准化技术委员会（SAC/TC）一览表

序号	医疗器械专业标准化技术委员会名称	秘书处所在单位
1	全国医用电器标准化技术委员会（SAC/TC10）	上海市医疗器械检验研究院
2	全国外科器械标准化技术委员会（SAC/TC94）	上海市医疗器械检验研究院
3	全国医用注射器（针）标准化技术委员会（SAC/TC95）	上海市医疗器械检验研究院
4	全国口腔材料和器械设备标准化技术委员会（SAC/TC99）	北京大学口腔医学院口腔医疗器械检验中心
5	全国医用输液器具标准化技术委员会（SAC/TC106）	山东省医疗器械和药品包装检验研究院
6	全国外科植入物和矫形器械标准化技术委员会（SAC/TC110）	天津市医疗器械质量监督检验中心
7	全国麻醉和呼吸设备标准化技术委员会（SAC/TC116）	上海市医疗器械检验研究院
8	全国医用临床检验实验室和体外诊断系统标准化技术委员会（SAC/TC136）	北京市医疗器械检验研究院

序号	医疗器械专业标准化技术委员会名称	秘书处所在单位
9	全国医用体外循环设备标准化技术委员会（SAC/TC158）	广东省医疗器械质量监督检验所
10	全国计划生育器械标准化技术委员会（SAC/TC169）	上海市医疗器械检验研究院
11	全国消毒技术与设备标准化技术委员会（SAC/TC200）	广东省医疗器械质量监督检验所
12	全国医疗器械质量管理和通用要求标准化技术委员会（SAC/TC221）	中国食品药品检定研究院 / 北京国医械华光认证有限公司
13	全国医疗器械生物学评价标准化技术委员会（SAC/TC248）	山东省医疗器械和药品包装检验研究院

表 2-3 全国医疗器械专业标准化分技术委员会（SAC/SC）一览表

序号	医疗器械专业标准化分技术委员会名称	秘书处所在单位
1	全国医用电器标准化技术委员会医用 X 射线设备及用具分技术委员会（SAC/TC10/SC1）	辽宁省医疗器械检验检测院
2	全国医用电器标准化技术委员会医用超声设备标准化分技术委员会（SAC/TC10/SC2）	湖北省医疗器械质量监督检验研究院
3	全国医用电器标准化技术委员会放射治疗、核医学和放射剂量学设备分技术委员会（SAC/TC10/SC3）	北京市医疗器械检验研究院
4	全国医用电器标准化技术委员会物理治疗设备分技术委员会（SAC/TC10/SC4）	天津市医疗器械质量监督检验中心
5	全国医用电器标准化技术委员会医用电子仪器标准化分技术委员会（SAC/TC10/SC5）	上海市医疗器械检验研究院
6	全国口腔材料和器械设备标准化技术委员会齿科设备与器械分技术委员会（SAC/TC99/SC1）	广东省医疗器械质量监督检验所
7	全国外科植入物和矫形器械标准化技术委员会骨科植入物分技术委员会（SAC/TC110/SC1）	天津市医疗器械质量监督检验中心
8	全国外科植入物和矫形器械标准化技术委员会心血管植入物分技术委员会（SAC/TC110/SC2）	天津市医疗器械质量监督检验中心
9	全国外科植入物和矫形器械标准化技术委员会组织工程医疗器械产品分技术委员会（SAC/TC110/SC3）	中国食品药品检定研究院
10	全国外科植入物和矫形器械标准化技术委员会有源植入物分技术委员会（SAC/TC110/SC4）	上海市医疗器械检验研究院
11	全国医疗器械生物学评价标准化技术委员会纳米医疗器械生物学评价分技术委员会（SAC/TC248/SC1）	中国食品药品检定研究院

政策篇

续表

序号	医疗器械专业标准化分技术委员会名称	秘书处所在单位
12	全国医用光学和仪器标准化分技术委员会（SAC/TC103/SC1）	浙江省医疗器械检验研究院
13	全国测量、控制和实验室电器设备安全标准化技术委员会医用设备分技术委员会（SAC/TC338/SC1）	北京市医疗器械检验研究院

表 2-4　全国医疗器械专业标准化归口单位一览表

序号	医疗器械专业标准化归口单位名称	秘书处所在单位
1	医用生物防护产品标准化技术归口单位	北京市医疗器械检验研究院
2	全国医疗器械临床评价标准化技术归口单位	国家药品监督管理局医疗器械技术审评中心
3	医用电声设备标准化技术归口单位	江苏省医疗器械检验所
4	医用卫生材料及敷料标准化技术归口单位	山东省医疗器械和药品包装检验研究院
5	辅助生殖医疗器械产品标准化技术归口单位	中国食品药品检定研究院
6	医用增材制造技术标准化技术归口单位	中国食品药品检定研究院
7	人工智能医疗器械标准化技术归口单位	中国食品药品检定研究院
8	医用机器人标准化技术归口单位	中国食品药品检定研究院
9	医用高通量测序标准化技术归口单位	中国食品药品检定研究院
10	中医器械标准化技术归口单位	天津市医疗器械质量监督检验中心
11	医疗器械可靠性与维修性标准化技术归口单位	广东省医疗器械质量监督检验所

二、我国标准化管理现状

科学、高效、系统地开展医疗器械标准化管理工作，实现资源共享，提升标准的适应性和公信力，是医疗器械标准管理工作的重要内容。国家通过建立和健全医疗器械标准管理信息系统，建立了权威、便捷的信息服务平台，提高了我国标准化工作水平。

第一，建立了医疗器械标准制修订工作系统。目前我国的医疗器械标准制修订管理系统做到了从标准的预立项阶段开始，即时推进和管理标准制修订的各个环节，即时掌握每一项标准的制修订状况。

第二，建立了医疗器械专业标准化技术委员会管理系统。根据医疗器械专业标准化技术委员会的工作要求和特点，为开展符合我国国情的标准科研和创新工作，建立了医疗器械技委会管理系统，以全面、实时、准确地掌握各技委会工作情况，实现动态管理及提升医疗器械标准整体质量的目的。

第三，建立了医疗器械标准信息公众交流平台。为提高医疗器械标准的实用性和服务性，建立了公众交流平台。以达到与公众建立良好互动渠道的目的，并及时解决公众对于医疗器械标准产生的疑问和困惑。

第四，建立了医疗器械标准数据库。为确保医疗器械标准数据的准确和权威，目前国家已经完成了医疗器械数据库的搭建，并实现了及时更新的功能。以达到用新的医疗器械标准适应创新医疗器械产品，每项标准每 5 年复审的动态管理过程。

第三节　标准的查询及引用

医疗器械标准多，涉及面广，使用合理的方法，可以快速、准确地找到所适用的标准，并加以引用。表 2-5 给出了医疗器械标准查询的相关网址。

表 2-5　医疗器械标准查询网站

序号	网址	网站全称
1	http://std.samr.gov.cn/gb	全国标准信息公共服务平台
2	http://openstd.samr.gov.cn/bzgk/gb/	国家标准全文公开系统
3	http://www.csres.com/	工标网
4	http://www.sac.gov.cn/	国家标准化管理委员会
5	https://www.nifdc.org.cn/nifdc/xxgk/sjcx/	国家药监局医疗器械标准管理中心

引用标准时，可能遇到两种不同的情况，第一种为目标产品有能直接适用的国家 / 行业 / 地方标准；第二种为目标产品缺少能直接适用的国家 / 行业 / 地方标准。引用标准的相关流程可参考图 2-4。

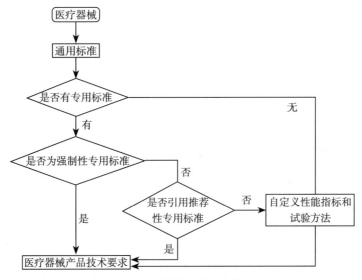

图 2-4　医疗器械标准引用流程图

- 目标产品有能直接适用的国家/行业/地方标准。企业在制定产品技术要求时，若目标产品有适用的国家标准、行业标准和地方标准，可以考虑直接采标，将标准条款内容逐项引入企业产品技术要求中，在此基础上，再根据产品自身的特点、功能性补充适宜的检验要求及试验方法。需注意，若对应产品适用的国家/行业标准为强制性标准，其中的关键性能条款引用需全面，可根据自身产品特点适当提高要求，但不应低于强制性标准的要求。

- 目标产品缺少能直接适用的国家/行业/地方标准。当目标产品没有完全适用的国家标准、行业标准和地方标准时，可参考最新的国家医疗器械分类目录，扩大范围在同属的二级产品类别中查找相对适用的标准，参照目标产品对能直接适用的国家/行业/地方标准中所述方法加以引用；二级产品目录中也无相关标准的，可扩大范围至同属的一级产品类别中进行查找，以此类推。确实无相近类别产品标准时，可先根据产品特性设计适用的性能指标项目，再按具体的性能类型参考引用其他涉及相关性能项目的标准。

引用标准应注意以下事项：

第一，引用标准前应对相关国家标准和行业标准有充分的理解，推荐参加相关标准的培训课程或标准宣贯培训。

第二，关注标准内容中基础检验要求和试验方法的同时，勿忽略标准内容中的前言、引言等信息。通过研读这部分内容，可获知与标准内容密切相关的部分重要信息，例如：标准的具体适用范围；与标准相关的国际标准信息、被替代标准情况及同属系列标准的其他部分参考信息（若有）；该标准为首次出现的标准（制定），或是在原有标准基础上的更新（修订），以及与被修订标准间的主要技术性差异；国际标准要求与国内标准要求间的主要技术性差异；该标准的制定归口单位，若存在疑问或理解争议，可通过归口单位联系最终解释权所在单位。

第四节 注册人标准化工作建议

医疗器械的通用要求，标准相对完善，对于专用的要求，标准覆盖率相对偏低。总体而言，产品注册所需的性能要求中，可直接借鉴相关标准规定的比例为30%~50%。相对于成熟低风险产品，创新高风险产品，相关标准比更低。因此，笔者认为注册人应该从以下几个方面来加强产品的标准化工作。

一、增强标准化意识

《条例》明确了医疗器械强制性标准的地位和作用，保障了医疗器械强制性标准的实施效力，体现了对医疗器械必须实行最严格的监管的精神。而作为医疗器械的注册人，应该对《条例》中涉及标准的相关部分非常熟悉，并做好自身的标准管理相关工作。

近年来，我国政府高度重视医疗器械标准化事业，不断加强标准化教育和宣传，将标准化意识渗透到每个角落。但是注册人对标准化建设的意识、重视程度相对不够，认为大部分国标和行标都是由医疗器械检验机构承担，注册人在其中只是参与的从属地位，扮演着"打酱油"的角色；甚至部分企业认为标准可有可无，只要符合自己制定的产品技术要求即可。

强制性标准相当于技术法规，国、行标和企业的产品注册技术要求等，都属于技术文件，但是标准比技术文件高一个层次，技术文件影响产品或者产品的某一方面，但标准能够影响整个产业。因此，注册人在制定自身产品的技术要求文件时，不仅要考虑自身产品的特殊性，而且更应考虑其与市场同类产品的统一性，这样才能真正向标准看齐。

二、加强标准化人才培养

注册人应利用其自身员工对产品研发、生产等各个环节非常熟悉的技术优势，注重培养医疗器械领域的标准化专家，在掌握了产品的原材料、生产工艺、生产环境等基本要求的基础上，重点提升对医疗器械标准化知识的认识和理解，利用标准化管理的思路在各个环节发挥作用，最终不仅能提升企业本身产品的质量水平，而与之相关的产品技术要求，也能上升为产品的行业标准，甚至是国家标准，从而促进整个医疗器械行业整体实力的进步。

成立标准管理部门或标准管理小组，加强对标准的学习，提高对标准的管理水平。有条件的注册人，通过招聘或培养标准知识人员，应该优先成立标准管理部门，至少要做到成立标准管理小组，负责注册人内部标准法规和知识的宣传、标准更新、标准使用管理、标准使用过程中的问题反馈等等，通过标准的管理，提升注册人自身的技术水平，保证产品符合国家标准相关规定。

三、提升基础研发和技术水平

注册人在不断开发新产品的同时，应注重自身优势产品的迭代升级，对自身的优势产品要做强做精，不仅要重视生产，更要重视产品的基础研发和产品的进一步优化，对一个产品的各项性能要求、检测方法，都要做到精细化。不断打磨自身产品技术的含金量，提升技术指标的科学性、合理性；简化检验方法、提高可操作性。

提高自身的研发能力是医疗器械标准化进程中的重中之重。由于创新能力欠缺和薄弱的研发能力，造成国内在国际标准秩序中缺席的现状，对于医疗器械领域也是一样，加强基础研发能力是提升企业综合竞争力的第一步。同时，标准和研发是互补双赢的关系：高水平的标准能够促进研发能力的提升，而研发能力的提升也会有助于制定和推广高水平的标准；相反，落后的研发只能出台低水平的标准，而低水平的标准也会导致研发体系进一步落后。

加强标准关键技术研究。注册人应对自身产品的技术要求，做好国内外标准差异分析，特别是对于产品出口的注册人，做好与国际标准、国外区域标准或美、日、德等国家标准重要技术指标和对应的试验方法的差异对比分析，提前做好技术储备。对于指标要求有差异或者试验方法有不同的情况，注册人自身要开展多次检测和验证工作，以确保产品在符合国家强制标准的前提下，凸显自身产品的特色和优势。

四、加强技术沟通和交流

医疗器械属于多交叉领域产品，不同注册人以自身产品性能罗列出的技术指标为基础，形成产品技术要求，而要把这些产品技术上升为国家、行业标准，就要加强注册人之间、注册人与医疗器械检验机构之间以及与科研机构、国家监管及审评部门之间的技术交流。

鼓励建立以注册人为主导，产、学、研、医、检相结合的标准化工作机制。根据所制定标准的类别确定人员结构。产品类标准制修订人员应以注册人为主体，产品研发初期，鼓励监管领域专业人员共同参与技术标准的探索；产品研发中后期，监管机构与注册人合作共同起草标准；待技术成熟时，标准颁布，同时新产品投放市场，进入标准与技术的良性互动阶段，同时酝酿新一代产品及标准。基础类标准制修订人员应以科研机构为主体，结合产业需求，政府监督协调，颁布实施。最终目的在于提高标准化工作各主体的积极性，构建各主体之间的协同创新机制。

加强标准实施过程的技术反馈，促使医疗器械标准质量的整体提升。落实注册人在标准实施中的主体责任，离不开注册人及时反馈医疗器械标准实施中存在的问题。注册人通过参加标准制修订、标准解读、宣贯培训等活动，熟悉标准适用范围、条款要求和试验方法等。注册人在新产品申请注册时，认为其结构特征、预期用途、使用方式等与医疗器械强制性行业标准的适用范围不一致的，可提出不适用的说明；对于条款要求不合理以及试验方法可操作性不强，可提供经验证的证明性资料，以上说明和证明资料，对于完善和提升标准，都有重要的意义。

五、强化标准化活动的独立性

我国医疗器械注册人存在多、小、散的现状，基础研发能力相对薄弱，技术人员从属于企业管理者的弱势地位，因此，与技术相关的产品技术要求和标准，当涉及产品的关键性能指标时，往往其指标值和相应的检测方法会受到一定的干扰，因此要保证产品技术要求和标准的科学性和权威性，前提条件是标准化工作和人员的独立性。

（编写：徐苏华、胡相华、刘思胜、廖晓霞）

第三章
产品技术要求

　　2014 年版《条例》（国务院令第 650 号）规定"医疗器械注册或备案应提交产品技术要求""医疗器械生产企业应严格按照经注册或者备案的产品技术要求组织生产，保证出厂的医疗器械符合强制性标准以及经注册或者备案的产品技术要求"，至此，首次提出"产品技术要求"这一概念，取代自 2000 年首版《条例》（国务院令第 276 号）实施以来使用的"注册产品标准"，确立了产品技术要求的法定地位，并沿用至现行的 2021 年版《条例》（国务院令第 739 号）。产品技术要求的演变经历了企业标准→注册产品标准→产品技术要求三个阶段。

- 1996 年，第一版《医疗器械产品注册管理办法》实施后，规定产品注册需提供企业标准。
- 2000 年，首版《条例》实施后，规定产品注册需提供"注册产品标准"。
- 2014 年，第二版《条例》实施后，医疗器械产品技术要求取代了注册产品标准，并沿用至今。

产品技术要求演变概况见表 3-1。

表 3-1　产品技术要求演变概况

阶段项目	企业标准	注册产品标准	产品技术要求
起源	1996 年，第一版《医疗器械产品注册管理办法》颁布实施	2000 年，首版《医疗器械监督管理条例》颁布实施	2014 年，第二版《医疗器械监督管理条例》颁布实施
管理文件	/	《医疗器械标准管理办法》《医疗器械注册产品标准编写规范》	《医疗器械产品技术要求编写指导原则》
编写要求	参照标准法的通用要求编写，能体现产品性能特征	注册产品标准应执行医疗器械国家标准、行业标准和有关法律、法规的要求，并按国务院药品监督管理部门公布的《医疗器械注册产品标准编写规范》的要求起草	产品技术要求主要包括医疗器械成品的性能指标和检验方法
编制主体与管理方式	企业是编制主体	企业是编制主体。注册产品标准接受技术监督局、药监局双重管理	企业是编制和责任的主体。由食品药品监督管理部门在批准产品注册时予以核准
地位	产品注册与检验的技术依据	是产品注册、检验、监督的技术依据，不符合医疗器械注册产品标准的医疗器械视为不符合医疗器械行业标准	同注册产品标准，具有法律地位

<h1 style="text-align:center">第一节　作用</h1>

产品技术要求主要包括医疗器械成品可进行客观判定的功能性、安全性指标和检测方法，在医疗器械产品注册、生产、销售及监督管理各环节发挥了重要的作用，主要体现在以下五个方面。

一、产品性能及质量的具体体现

产品技术要求是产品性能及质量的衡量标准。科学合理的产品技术要求能减少生产成本，提高企业经济效益。

产品技术要求至少应符合强制性国家或行业标准，制定能反馈产品技术性能和质量特征的要求。

医疗器械生产企业应当严格按照技术要求组织生产，保证出厂的产品符合经注册或备案的产品技术要求。

二、产品升级发展的重要见证

产品技术要求是产品变更、迭代输出的重要文件。每一版本的产品技术要求记录了产品的发展，每一个技术指标的变更体现了产品的提升过程。

三、产品监管的重要依据

《条例》明确了产品技术要求的法律地位，第一类医疗器械产品备案和申请第二类、第三类医疗器械产品注册，应当提交产品技术要求等资料。产品技术要求是产品设计开发重要的输出文件和技术指标，是产品上市前技术审评的主要依据，贯穿着产品设计开发、产品质量控制、注册检验、注册审评等环节。

产品性能不仅注册时要满足产品技术要求，在产品组织生产和销售、使用等环节，仍然要保证产品质量，满足产品技术要求。在监督抽查中或质量仲裁时，产品技术要求是药品监督管理部门的重要检验和判定依据。严谨、高质量的产品技术要求可为注册人降低上市后部分不可控的风险。

四、宣传广告的技术参考

产品技术要求是产品广告语、宣传语的主要技术参考，申请的广告内容应以注册或备案时的产品技术要求为准。医疗器械广告的内容应当真实、合法，不得含有虚假或者引人误解的内容，经过省、自治区、直辖市人民政府确定的广告审查机关对广告内容进行审查，并取得医疗器械广告批准文号，才可以发布。

五、市场竞争实力的重要体现

在销售和招标中，产品技术要求也起着至关重要的作用，一份条款清晰、指标严格、书写规范严谨的产品技术要求代表产品的高质量水平，能增强产品的市场竞争力。

第二节　编制

医疗器械产品注册或备案时均需要提供产品技术要求。为便于注册人熟悉产品技术要求的编制要求和流程，本节将从产品技术要求的编制准备、产品技术要求的组成要素和编制过程常见问题进行阐述。

一、编制准备

1.收集相关法规与指导文件

编制产品技术要求前应充分了解相关法规、标准对产品技术要求编制或产品性能指标的基本要求。以下梳理了部分相关的法规和指导文件以供参考，见表3-2。

表3-2　产品技术要求编制相关的法规与指导文件目录

编制要求	文件名称
总体要求	《国家药监局关于发布医疗器械产品技术要求编写指导原则的通告》（2022年第8号）
	《总局办公厅关于医疗器械产品技术要求有关问题的通知》（食药监办械管〔2016〕22号）
产品名称	《医疗器械通用名称命名规则》（国家食品药品监督管理总局令第19号）
	《国家药监局关于发布医疗器械通用名称命名指导原则的通告》（2019年第99号）
	YY/T 1227—2014临床化学体外诊断试剂（盒）命名
有源通用安全要求	《关于执行GB 9706.1—2007〈医用电气设备 第一部分：安全通用要求〉有关事项的通知》（国食药监械〔2008〕314号）

2.明确编制依据，密切关注行业技术动态

产品技术要求编制的主要依据包括相关的法规、行业共识、国际标准、国家标准、行业标准、团体标准中适用的内容、强制性安全标准中适用的要求、产品设计开发过程中确定的技术参数和功能以及同类已上市产品的产品技术要求等文件中的适用内容。

为了使产品具有竞争力，密切关注行业技术动态必不可少，以下列举了部分查询产品行业技术动态的渠道，见表3-3。

表3-3　查询产品行业技术动态的渠道

查询渠道	链接	主要信息
国家药品监督管理局－医疗器械	https://www.nmpa.gov.cn/ylqx/index.html	全国注册证信息查询、分类目录、法规文件通知等
国家药品监督管理局医疗器械技术审评中心	https://www.cmde.org.cn/CL0001/	查询指导原则、标准库、问题答疑、相关审评程序等

政策篇

查询渠道	链接	主要信息
广东省药品监督管理局－数据查询	https://qy.gdfda.gov.cn/gzwz/gdyj/sjwz/Main.faces?menuId=1&amp;navId=1	查询广东省内二类医疗器械注册情况及产品技术要求性能部分内容
江苏省药品监督管理局	http://da.jiangsu.gov.cn/	江苏省内信息数据查询、省局相关通知文件、办事指南等
中国标准在线服务网	https://www.spc.org.cn/basicsearch	标准查新
全国标准信息公共服务平台	http://std.samr.gov.cn/	标准查新
国家药品标准物质目录查询	http://aoc.nifdc.org.cn/sell/home/search.html	体外诊断试剂国家标准物质查询

3. 明确编制主体，制定编制流程

产品技术要求编制是一项严谨的工作，切勿生搬硬套，张冠李戴。编制需要以临床应用为基础，以技术水平及市场定位为导向，以大量的实验技术、生产实践经验、检测手段和大量的调查研究数据为依据。因此需要注册人多部门结合，共同完成产品技术要求的输出。研发部输出性能参数与方法，市场部负责把控市场导向，质量部参与验证，形成总稿，经评审后输出。图 3-1 提供编制产品技术要求的一般流程，以供参考。

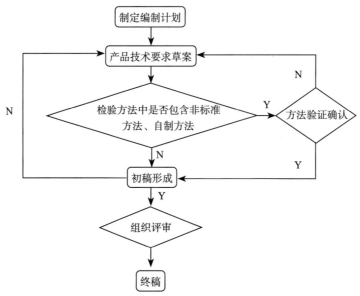

图 3-1　编制产品技术要求的一般流程

二、组成要素

产品技术要求的组成要素一般包括：产品名称，型号、规格及其划分说明（必要时），性能指标，检验方法，术语（如适用）及附录（如适用）。

1. 产品名称

产品技术要求中的产品名称应使用中文，并与申请注册或备案的产品名称相一致。命名时应符合《医疗器械通用名称命名规则》要求或 YY/T 1227—2014 临床化学体外诊断试剂（盒）命名（适用于体外诊断试剂）。按照《医疗器械通用名称命名指导原则》中通用名称组成结构及要求，参考《医疗器械分类目录》中的产品名称举例确定产品名称，产品名称举例如下。

有源类：便携式多参数监护仪、二氧化碳激光治疗机、化学发光免疫分析仪。

无源类：一次性使用静脉采血针、一次性使用动静脉留置针、一次性使用无菌造影导管。

体外诊断试剂类：降钙素原（PCT）检测试剂盒（胶体金免疫层析法）、降钙素原（PCT）测定试剂盒（化学发光法）、人 KRAS 基因突变检测试剂盒（荧光 PCR 法）。

2. 型号、规格及其划分说明

产品技术要求中应明确产品型号、规格。对同一注册单元中存在多种型号、规格的产品，应明确不同型号、规格的划分说明［推荐采用图示和（或）表格的方式］，表述文本较多的内容可以在附录中列明。对包含软件的产品，应明确软件发布版本和软件完整版本命名规则。

3. 性能指标

根据《医疗器械注册与备案管理办法》《体外诊断试剂注册与备案管理办法》等文件规定，性能指标是指对成品可进行客观判定的功能性、安全性指标。

可进行客观判定的指标通常是指可量化或可客观描述的指标，对其安全有效性产生重要影响，宜在产品技术要求性能指标中规定，对产品安全有效性不产生实质性影响的项目可不在产品技术要求性能指标处列明。研究性、评价性及非成品相关内容不建议在产品技术要求性能指标中规定。

产品技术要求中性能指标的制定可参考相关国家标准/行业标准并结合具体产品的设计特性、预期用途且应当符合产品适用的强制性国家标准/行业标准。如产品结构特征、预期用途、使用方式等与强制性标准的适用范围不一致，注册人应当提出不适用强制性标准的说明，并提供相关资料。

产品技术要求中的性能指标应明确具体要求，不应以"见随附资料""按供货合同"等形式提供。

4. 检验方法

检验方法是用于验证产品是否符合产品技术要求的方法，检验方法的制定应与相应的性能指标相适应。应优先考虑采用适用的已建立标准方法的检验方法，同时，应当进行方法学验证，以确保检验方法无歧义、具有可重现性和可操作性。通常情况下，检验方法宜包括试验步骤和结果的表述（如计算方法等）。必要时，还可增加试验原理、样品的制备和保存、仪器等确保结果可重现的所有条件、步骤等内容。如：测量电压，使用万用表测量输出电压应明确计算方式及内阻的要求。对于体外诊断试剂类产品，检验方法中还应明确说明采用的参考品/标准品、样本制备方法、试验次数、计算方法。

政策篇

5.术语及附录

产品技术要求应采用规范、通用的术语。如涉及特殊的术语，需提供明确定义，直接采用相关标准、指导原则中的术语或其他公认术语的，不需要在产品技术要求"4.术语"部分重复列明，不应使用与上述术语名称相同但改变了原义的自定义术语。

对于医疗器械产品，必要时可在附录中更为详尽地注明某些描述性特性内容，如产品灭菌或非灭菌供货状态、产品有效期、主要原材料、生产工艺、产品主要安全特征、关键的技术规格、关键部件信息、磁共振兼容性等。对于第三类体外诊断试剂类产品，产品技术要求中应以附录形式明确主要原材料、生产工艺要求。

三、常见问题

在产品技术要求预评审中，编者发现注册人编制产品技术要求时经常会出现各类错误，以下将从产品技术要求的各组成要素分类归纳、整理。

1.产品技术要求的名称

产品技术要求的名称应与产品在申请注册或备案的名称一致，均应符合国家对医疗器械命名规定的要求，应是统一、规范且唯一的。当不熟悉医疗器械名称规则及相关标准时，在对产品技术要求命名时，容易出现错误。

常见错误：产品技术要求名称与注册申报时的产品名称不一致；容易使用加治疗含义的修饰词、加注商标等；体外诊断试剂类的命名不注重"测定"与"测试"的区别。

2.产品型号、规格及其划分说明

产品技术要求中需明确产品型号、规格。对同一注册单元中存在多种型号、规格的产品，需明确不同型号、规格的划分说明［推荐采用图示和（或）表格的方式］，表述文本较多的内容可以在附录中列明。型号规格的表述应与注册申报产品型号规格一致；对包含软件的产品，需明确软件发布版本和软件完整版本命名规则。

常见错误：产品技术要求上的型号规格与产品注册申报时产品的型号规格表述不一致；产品技术要求上的型号规格没涵盖所有产品的规格型号；产品的型号规格划分规则混乱等。

3.性能指标

产品技术要求的性能指标应明确并尽可能地量化，不应直接引用部分国、行标中表述的"应符合制造商规定"。性能指标中产品所涉及的所有特性、可量化特性的极限值、量值范围的表达应明确，限度的表示应采用不大于或不小于等确切的陈述方式。

数字的应用应符合 GB/T 15835—2011，文字的陈述应采用规范的汉字，即符合 GB/T 15834—2011 的要求。文字陈述采用"应""不应""宜""不宜"。表示尺寸和公差的文字应以无歧义的方式表述，如："不大于""不小于"或确切的数值区间。而"≥""≤""<"">"等符号仅在表中使用，而不用于文字陈述。

物理量的符号应符合 GB 3101—1993 的要求。量的单位应使用我国法定计量单位和符号，应符合 GB 3100—1993 的要求。另外，GB 3101 和 GB 3102.1~GB 3102.13 系列标准规定了各学科技术领域中的量和符号。

常见错误：性能指标未能客观判定产品的功能性和安全性；技术指标的范围表达不确切；物理量符号使用不规范，没能区分符号的大小写以及正体字符或斜体字符；单位组合以及单位符号使用不规范；有源产品的产品技术要求在编制时缺少或错误引用部分关于安全性能的强制性国、行标，如环境试验、电磁兼容相关标准等，无源产品引用的相关药典试验方法不是最新版等。

4. 术语

术语是产品技术要求的可选要素，直接采用相关标准、指导原则中的术语或其他公认术语的，不需要在产品技术要求术语部分重复列明。首次出现的缩略语应有定义或用全称注明。

常见错误：直接采用相关标准和指导原则中的术语或其他公认术语也作了重复列明。

5. 附录

附录也是产品技术要求的可选要素，但部分产品法规对其有特殊的要求，如，第三类体外诊断试剂类产品的产品技术要求中应以附录形式明确主要原材料、生产工艺要求。对于医疗器械产品，必要时可在附录中更为详尽地注明某些描述性特性内容，如产品灭菌或非灭菌供货状态、产品有效期、主要原材料、生产工艺、产品主要安全特征、关键的技术规格、关键部件信息、电磁兼容性等。

常见错误：缺少法规要求的内容。附录内容与产品技术要求性能与检验方法关联的内容前后矛盾。

第三节 预评审

注册人开展自检时，将承担原由检验机构负责的对产品技术要求开展预评审的工作。注册人为确保产品技术要求的规范性和科学性，需要对产品技术要求进行预评审。以下将从总体要求、性能指标与检验方法、引用标准等方面阐述预评审的重点。

一、总体要求

要素齐全，格式规范是产品技术要求的总体要求。应依据《医疗器械产品技术要求编写指导原则》（国家药监局 2022 年第 8 号通告）中的相关规定对要素的完整性和格式的规范性进行评审。

二、性能指标与检验方法

性能指标与检验方法是产品技术要求的核心内容，它关系着产品技术要求的整体质量与水平。因此对产品技术要求中性能指标与检验方法的评审是整个产品技术要求评审过程中最为重要的内容，评审应重点关注以下几个方面。

1. 性能指标的层次架构

性能指标的条款层次架构影响检验方法的合理编排，合理的性能条款设置有利于检验方法的编排及检验的实施。

性能条款层次过少，不利于检验结论的单项判断。性能条款层次过多，易造成整个产品技术要求的框架冗杂。因此在评审性能与检验方法时，应关注其条款层次是否合理。其次，关注性能的条款是否与检验方法逐项对应。

2. 性能指标与检验方法的完整性与适用性

性能指标是指可进行客观判定的成品的功能性和安全性指标。性能指标的评审应从产品的结构特征、预期用途、使用方式、功能性、安全性这几个方面考虑。可进行客观判定的指标通常是指可量化或可客观描述的指标。该指标可直接通过一个确定的且可验证其特性值的试验方法进行检验，并直接获得数据结果。如：血液透析器产品的重要功能是对目标物质的清除，在设定功能性指标时，应考虑是否可直接通过测量被清除目标物质的剩余量作为性能指标；血管内导管产品要求其在使用过程中必须保持无泄漏，因此宜将无泄漏的性能要求作为产品技术要求中的性能；输液泵重要的功能性指标是输液流速和对应的精确度，产品技术要求中宜规定上述指标；影像型超声诊断设备成像分辨力是图像质量的重要技术指标，产品技术要求中宜规定该指标等。

编者在医疗器械监督抽检和注册检验的过程中发现出现性能指标不完整或不适用的案例很多，尤其是某些没有国、行标参照的产品或一类备案的产品，如：

涉及指标不完整性的有：

①病毒保存液性能指标只有简单的外观和 pH 值要求，无其他功能性的指标要求。

②激光治疗仪没有对激光的波长范围、输出能量的精度作要求。

③环氧乙烷灭菌的无菌产品未对环氧乙烷残留量作出要求。

④体外诊断定量测试试剂未对其线性范围作出要求等。

涉及指标不适用性的有：

①将生物相容性指标写在产品技术要求上（一般认为生物相容性属于评价性项目），写在产品技术要求上难以通过简单的实验验证。

②将无源产品或试剂的效期稳定性写在产品技术要求上（一般认作研究性内容），研究性内容一般是为了研究产品特点而开展的试验、分析的组合，通常为在产品设计开发阶段为了确定产品某一特定属性而开展的验证性活动。研究性内容也难以通过简单的实验验证。

为了确保检验方法的完整性与适用性，评审时应重点考虑：检验方法是否与性能指标相适应、是否可用于验证产品符合规定要求，是否优先采用适用的已建立的标准方法作为检验方法，检验方法是否可重现和可操作、是否进行了方法学的验证。

三、标准引用

《医疗器械产品技术要求编写指导原则》（国家药监局 2022 年第 8 号通告）中规定，产品技术要求中性能指标的制定可参考相关国家标准 / 行业标准并结合具体产品的设计特性、预期用途且应当符合产品适用的强制性国家标准 / 行业标准。因此对产品技术要求中国、行标的引用进行评审很重要。产品技术要求中引用国、行标的，评审时需关注所引用国、行标现行有效性，引用标准的完整性、适宜性，引用条款的适用性等。

1. 国家标准 / 行业标准引用分类

根据所引用标准的内容，国、行标引用可分为通用要求、专用要求和特殊要求标准引用。

通用要求是指医疗器械产品同类别的通用的要求，也是产品必备的安全性要求，如无菌无源产品的无菌要求、体外诊断试剂的溯源要求（GB/T 21415—2008）、有源产品的安全通用要求（GB 9706.1—2007/ GB 9706.1—2020、GB 4793.1—2007）、电磁兼容要求（YY 0505—2012/YY 9706.102、GB/T 18268.1—2010、GB/T 18268.26—2010）、环境试验要求（GB/T 14710—2009）等。

专用要求是体现某一种医疗器械产品功能性或者临床使用有效性的性能指标，是产品不可或缺的专用指标要求。如无源产品：医用防护服（GB 19082—2009）、一次性使用无菌导尿管（YY 0325—2016）、呼吸道用吸引导管（YY/T 0339—2019）、医用防护口罩技术要求（GB 19083—2010）、医用包扎敷料救护绷带（YY/T 1467—2016）等；有源产品：心电图机（医用电气设备 第2部分：心电图机安全专用要求 GB 10793—2000）、B型超声诊断设备（GB 10152—2009）、麻醉呼吸机（吸入式麻醉系统 第4部分：麻醉呼吸机 YY 0635.4—2009）、二氧化碳激光治疗机（GB 11748—2005）等；体外诊断试剂类：C反应蛋白测定试剂盒（YY/T 1513—2017）、降钙素原测定试剂盒（YY/T 1588—2018）、总胆固醇测定试剂盒（氧化酶法）（YY/T 1206—2013）、甘油三酯测定试剂盒（酶法）（YY/T 1199—2013）、心肌肌钙蛋白－Ⅰ测定试剂（盒）（化学发光免疫分析法）（YY/T 1233—2014）等。

特殊要求是指部分医疗器械产品有特殊性能要求，如：定制式义齿，部分性能指标根据客户的需求来制定；含有电子可编程系统（内含软件组件）的医疗器械或独立软件的设计应考虑软件的准确度、可靠性、精确度；具有辐射或潜在辐射危害的医疗器械，对辐射剂量和使用环境的要求；具有生物源的医疗器械考虑生物安全相关的要求等。

2. 标准引用预评审要点

（1）引用标准的现行有效性 预评审时可关注引用标准的制修订情况，可在工标网查询标准的实施状态。

（2）引用标准的适宜性 预评审时可关注相关法规、指导文件、标准、文献对性能指标和检验方法的规定，可参考药品监督管理部门官方网站发布的医疗器械注册审查指导原则、医疗器械标准目录以及中国知网、中国生物医学文献服务系统收录的相关论文等。

（3）引用标准的完整性和适用性 预评审时重点关注引用的标准类别（通用要求、专用要求和特殊要求）是否齐全、适用，引用的标准内容是否齐全、适用。避免出现引用的标准类别不完整：如有源产品中的产品技术要求只引用了安全通用要求（GB 9706.1—2020）或电磁兼容要求（YY 0505—2012），而忽略了环境试验标准的引用；引用标准不适用：如在实验室用电气设备（如全自动生化分析仪）的产品技术要求里引用了安全通用要求（GB 9706.1—2020）；引用内容不适用与不完整：如虽然引用了环境试验标准（GB/T 14710—2009）或电磁兼容要求（YY 0505—2012），但产品选择测试要求分组时没考虑产品特征而错误引用了试验分组或缺漏试验组。

（编写：韩芝斌、赵嘉宁、张云、罗庆祥）

能力建设要求篇

第四章
自检能力框架要求

《医疗器械注册自检管理规定》（以下简称《自检规定》）言简意赅地提出了关于注册自检能力的要求，并要求开展自检的注册人将自检工作纳入医疗器械质量管理体系。为了便于注册人对自检能力建设要求有全面、系统的认识，更好地融入现有质量管理体系或建设完善的质量管理体系，本章依据《自检规定》和检测实验室适用的通用要求，结合注册人自检活动的特点，梳理分析自检能力的框架及基本要求。

第一节　基本框架要素

自检能力是产品设计验证和产品质量控制的重要保障，与研发能力、生产能力和销售能力等构成企业的总体能力。编者在参考企业能力理论各流派观点（如资源基础理论、核心能力理论等）基础上，引用核心能力理论的观点，结合国际上关于检测实验室能力的通用要求等标准，对注册人自检活动进行分析，梳理归纳自检能力的框架，包括技术能力和管理能力两大部分，涉及自检活动和自检质量管理活动所需的资源和过程相关要素。

一、能力要求的演变

指导检测实验室开展能力建设和质量管理活动最基本、最重要的国际标准是 ISO/IEC 17025:2017《检测和校准实验室能力的通用要求》，它包含了检测实验室为证明其按管理体系运行、具备技术能力并能提供有效技术结果所必须满足的所有要求。ISO/IEC 17025:2017 由 ISO 导则 25 演进而来，并经历了 ISO/IEC 17025:1999、ISO/IEC 17025:2005 两个版本，详见图 4-1。

内容框架	文件编号	文件名称
通用要求、结构要求、资源要求、过程要求、管理体系要求	ISO/IEC 17025:2017 GB/T 27025—2019	检测和校准实验室能力的通用要求
技术要求 + 管理要求	ISO/IEC 17025:2005 GB/T 27025—2008	检测和校准实验室能力的通用要求
技术要求 + 管理要求	ISO/IEC 17025:1999 GB/T 15481—2000	检测和校准实验室能力的通用要求
技术能力要求 + 管理能力要求	ISO/IEC 导则 25:1990 GB/T 15481—1995	校准和检测实验室能力的通用要求
技术能力要求 + 技术要求	ISO/IEC 导则 25:1982	检测实验室基本技术要求
技术能力要求	ISO 导则 25:1978	实验室技术能力评审指南

图 4-1　实验室能力通用要求的变迁

ISO/IEC 17025 自第一版（1999 年版）开始，标准内容规定了实验室管理和技术两方面的所有要求。根据 ISO/CASCO 关于 ISO/IEC 17025 的结构框架必须满足"CASCO 决议 12/2002"和相关表述必须满足《ISO/CASCO 标准中的公共要素》要求的规定，虽然第三版（2017 年版）细分为"通用要求、结构要求、资源要求、过程要求和管理体系要求"的结构框架，但从具体内容上仍然可归结为技术要求和管理要求两方面。

ISO/IEC 17025:2017 明确标准适用于所有从事实验室活动的组织（无论是第一方、第二方、第三方实验室），该标准同时被广泛应用于各国的实验室认可活动，如被中国合格评定国家认可委员会（CNAS）转化应用为《检测和校准实验室能力认可准则》（CNAS–CL01），认可结果也被相关政府部门采信，如《自检规定》中明确境内注册申请人自身开展自检的实验室如通过中国合格评定国家认可委员会（CNAS）认可，或者境外注册申请人自身开展自检的实验室通过境外政府或政府认可的相应实验室资质认证机构认可时，医疗器械注册申请人可免于提供具有自检能力的声明和注册自检相关的质量管理体系资料，并在注册质量管理体系现场核查时按照医疗器械注册质量管理体系核查指南要求进行，无需增加《自检规定》中相关内容。因此该标准也适用于开展自检活动的注册人，注册人可结合自身角色定位（如第一方实验室）、实验室活动范围（如检测、自校）及过程选择适用的要素和要求开展自检能力建设。

二、框架要素

为了方便理解自检能力的全面要求，首先需要厘清自检能力的框架及要素。

本章结合自检活动和自检质量管理活动所需的资源和过程，提出了自检能力框架及要素：自检能力由技术能力和管理能力组成，其中技术能力包含了人员、设备（含物料）、设施和环境条件等资源要素以及样品管理、检验方法管理（含方法选择、验证、确认等）、检验质量控制、报告结果等技术过程要素；管理能力中包含了组织结构、质量管理体系等资源要素以及委托检验控制、风险管理、文件、记录、数据和信息控制、不符合的控制和纠正措施、内部审核和管理评审、改进等管理过程要素。自检能力框架如图 4-2 所示。

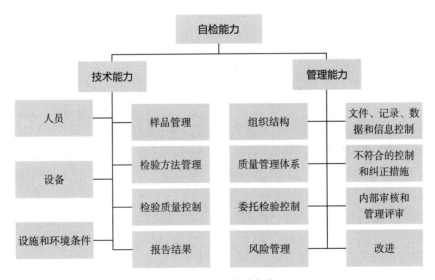

图 4-2 自检能力框架

能力建设要求篇

注册人可通过自检资源的配置、使用和管理，持续改进技术和管理过程活动，不断提升技术和管理能力，从而加强自检能力建设。

第二节　技术能力要求

注册人自检能力在技术能力方面主要体现在人员、设备（含物料）、设施与环境条件等资源配置以及与自检相关的样品管理、检验方法管理、检验质量控制和报告结果等技术过程环节。以下将一一描述技术能力要素的基本要求，部分要素的具体要求将在本书后续章节中进一步展开描述。

一、人员

人员是自检活动的实施主体，也是自检能力最核心的资源要素。《医疗器械 质量管理体系 用于法规的要求》（YY/T 0287）和《自检规定》均对人员作出了较为明确的要求，可以概括为三个关键词：人员充足、能力胜任、管理完善。

1. 人员充足

人员"充足"的要求，首先体现在人员数量上，人员数量应当与自检工作量相匹配。其次，人员配备的类型应当完备，包括检验人员、管理人员（含审核人员、批准人员）等。另外，《自检规定》还要求配备专职的检验人员，故检验人员应当为正式聘用人员，并且只能在本企业从业。

2. 能力胜任

相关法规、标准也对人员能力是否胜任给出了明确的规定和指引，可以从以下几方面考量：

（1）基础知识扎实，如教育背景与自检工作相匹配、熟悉相关标准和产品技术要求；

（2）具备完成自检工作的技术能力，如掌握检验方法原理、检验操作技能、作业指导书、质量控制要求、实验室安全与防护知识、计量和数据处理知识等；

（3）熟悉医疗器械相关法律法规；

（4）满足专业技术领域的特殊要求，如实验动物领域应当配备专职兽医。

3. 管理完善

自检人员的管理应当融入医疗器械质量管理体系之中，包括：

（1）明确自检相关岗位的任职资格和职责权限要求；

（2）明确对人员的培训、考核、监督、授权、能力监控等要求（确保人员获得、保持所需的能力并胜任岗位工作）；

（3）建立自检相关人员个人档案（在职证明、资质能力证明、培训、考核、授权记录等相关资料）。

关于人员的具体要求，详见第五章。

二、设备

广义的检验设备包括但不限于：测量仪器、软件、测量标准、标准物质、参考数据、试剂、消耗品或辅助装置等。

注册人应配备满足检验方法要求的自检设备，可通过设备确认、检定或校准、期间核查等活动确保设备资源的符合性。

建立和实施设备管理程序有助于注册人更加规范地管理、使用和维护检验设备。注册人应加强设备的日常管理，如制定主要设备的操作规程、建立并保存设备档案、保存计量确认、设备使用、维护等记录。对于检验中使用的标准物质，应对标准物质的采购、验收、保管和使用进行控制。

1. 设备配置

根据检验标准、产品技术要求中规定的方法配备满足要求的检验设备，重点关注设备的特性如设备的测量范围、准确度等级、示值误差、分辨力、灵敏度、扩展不确定度、重复性、漂移、响应时间特性等是否满足检验方法的要求。关注标准物质的特性量值是否满足要求，当标准物质用于方法确认、量值传递与溯源时，尽可能使用有证标准物质。

2. 设备确认

（1）测量仪器　美国药典（USP）、经济合作与发展组织（OECD）良好实验室规范（GLP）以及欧洲官方药品控制实验室（OMCL）的设备确认核心文件等提出了设备确认的要求。国外药品行业对设备的质量管理普遍实行"4Q确认"，即设计确认（design qualification，DQ）、安装确认（installation qualification，IQ）、运行确认（operational qualification，OQ）、性能确认（performance qualification，PQ），分别适用于采购、验收、校准核查和期间核查等阶段。

（2）软件　当检验过程中使用非商业化软件或者超出商业化软件设计的应用范围时，应对软件进行功能性确认，确保检验结果的准确性。确认的内容包括但不限于：数据采集的准确性、数据处理结果的正确性、软件运行的可靠性和安全性（如干扰、断电、故障、误操作等造成的检验工作中断或死机应不会造成原有数据的丢失）。

（3）标准物质　标准物质在验收时的确认活动包括以下内容。

①对照经批准的采购计划核对信息符合性；

②检查包装及标识的完好性或密封性；

③检查证书与实物的对应性；

④检查证书中注明的特性量值、基体组成、不确定度、有效期、贮存条件、安全防护要求、特殊运输要求等信息；

⑤有低温等特殊运输要求时，检查接收时的保存状态，可行时检查运输状态；

⑥更换一种标准物质生产商或批次时，可对新旧标准物质进行比对，既可验证旧标准物质特性量值的稳定性，也可确认新标准物质满足使用要求。

3. 检定或校准

为确保测量结果的有效性和计量溯源性，注册人应当对设备进行检定或校准。可通过建立设备检定／校准的管理程序，规范检定／校准的范围、服务提供方的选择和评价、检定／校准方案的制定、校准结果的评价、校准周期的确定和调整等相关工作。

4.设备期间核查

对于使用年限较长、稳定性和可靠性等性能下降、使用频繁、恶劣环境下使用或测量关键项目、对测量准确度要求较高的设备，开展设备期间核查，能够确保设备的准确性。

关于设备（含耗材）的具体要求，详见第六章和第七章。

三、设施和环境条件

设施包括但不限于供水、供电、供气、通风、照明、安全防护、应急及废物处置设施等。环境条件包括但不限于温度、湿度、洁净度、微生物污染、噪声、照度、静电、接地、电磁干扰、辐射、振动、冲击等。注册人应将自检活动所必需的设施及环境条件要求制定成文件。

注册人应确保检验区域与办公、生产、生活区域有效隔离。对不相容的检验活动区域采取措施消除影响，防止干扰或交叉污染。必要时，确定需要控制的区域范围，对区域的进入和使用加以控制，防止影响检验结果。

注册人应确保环境条件满足检验的要求。当检验方法对环境条件有要求或环境条件对检验结果有影响时，对环境条件进行监测、控制和记录。建立主要环境设施的档案，保存使用、维护、维修等记录，保留环境条件相关的检定／校准／检测／验证记录等。

关于设施和环境条件的具体要求，详见第八章。

四、样品管理

注册人应建立并实施检验样品管理程序，包括以下内容。

1.流转控制与记录

确保检验样品在取样、运输、接收、处置、保护、存储、保留、清理或返回等环节予以控制并记录。

2.存放环境控制

确保样品存放环境符合规定的要求，避免样品变质、污染、损坏或丢失，必要时，对样品存放环境条件进行监控和记录。易燃、易爆、有毒气体类样品应存放在具有报警装置的专用气瓶柜中，并在显眼处张贴警示性标识，防止与氧气瓶混放。

3.标识系统

建立具有唯一性标识及检验状态的标识系统。适用时，标识系统应当包含一个样品或一组样品的组成和传递信息，样品在检验期间应当保留该标识。该标识系统应当确保样品在实物上、记录或者其他文件中不被混淆。

对于体外诊断试剂类（IVD）样品，可建立批号管理制度，并且不同种产品的生产和存放应做到有效隔离，以避免相互混淆和污染。

4. 不合格样品管理

对不合格的检验样品应进行标识、记录、隔离、评审，根据评审结果，采取相应的处置措施。

5. 样品一致性

当需要对部分检验项目委托检验时，注册人应当确保自行检验的样品和委托医疗器械检验机构检验的样品是一致的，尤其是涉及多个受托方或在设计验证、注册自检过程中涉及产品整改修复后再次检验时。

6. 样品处置

确保可能对人体或者环境造成危害的医疗器械样品的处置过程安全可控。确保废弃的样品不再进入流通环节或被使用。采取相应的安全措施处理废弃物，防止有害物质对人体和环境造成危害。

五、检验方法管理

检验方法是开展检验活动的依据，检验方法的有效管理是注册人自检能力的重要组成部分，包括建立完善的方法管控程序、方法的选择和验证以及方法的开发和确认。

1. 建立方法管控程序

方法管控程序可以是一份或多份文件，并融入注册人质量管理体系中，明确方法管理各项工作的范围、工作流程、相关人员的职责权限等管理要求。

2. 方法的选择和验证

选择的检验方法应与产品相应的性能指标相适应，首先考虑采用国家标准、行业标准，特别是强制性国家标准、行业标准规定的方法，其次考虑采用国际标准、区域标准规定的相关方法。如果国家标准、行业标准、国际标准、区域标准均不适用，可考虑采用行业公认的检验方法（如知名技术组织或有关科技文献或期刊中公布的方法、设备制造商规定的方法）。如果上述方法均不适用，注册人应当使用经过方法确认并获得批准（根据注册人质量管理体系文件的要求开展）的自行建立的企业内部控制标准和方法。

无论选择哪种检验方法，在引入使用前，均应开展方法验证，从人、机、料、法、环、测以及结果的准确性和可靠性等方面证实注册人能够正确运用该检验方法。

3. 方法的开发和确认

对于某些创新医疗器械产品，当某些性能指标没有适用的标准检验方法时，注册人可以按照本企业质量管理体系文件的规定，制定相关的检验方法。通常情况下，检验方法宜包括试验步骤和结果的表述（如计算方法等）。必要时，还可增加试验原理、样品的制备和保存、仪器要求等确保检验结果可重现的所有条件、步骤等内容。对于体外诊断试剂产品，检验方法中还应当明确说明采用的参考品/标准品、样本制备方法、使用的试剂批次和数量、试验次数、计算方法等。

对于注册人制定的方法、非标准方法、超出预定范围使用的标准方法或其他修改的标准方法，注册人应当进行方法确认，确认上述检测方法的特性参数是否合理、是否能够满足预期的检测目标。

关于检验方法的具体要求，详见第九章。

六、检验质量控制

检验质量控制的目的是监控检验结果（数据）的有效性和质量。开展检验质量控制活动，发现检测结果（数据）的发展趋势，若发现偏离预先判定准则时及时采取措施纠正问题，防止出现错误的结果（数据），是注册人确保检验结果（数据）准确可靠的重要手段。

检验质量控制包括内部质量控制和外部质量控制。注册人应当建立自检质量控制程序，按照程序要求开展内部质量控制和外部质量控制活动。质量控制应覆盖自检项目的类别，应有计划和适当的方法并对质控结果进行评价。

1. 内部质量控制

内部质量控制方法有多种，如与标准物质比对、人员比对、设备比对、方法比对、留样再测、质控图法、分析结果相关性法等，注册人可选取可获取的、适宜的内部质量控制方法。实施内部质量控制活动的一般流程包括以下内容。

（1）制定内部质量控制计划 根据检验项目及检验频次制定内部质量控制计划：包括质量控制对象（检验方法、检验项目/参数）、质量控制方法、质量控制结果判定的准则、超限拟采取的措施、质量控制频次及计划开展时间、涉及的人员和设备。

（2）组织实施 按照计划组织开展质量控制活动，并留存相关记录。依据判定准则对质量控制结果进行分析和评价。超出判定准则规定的要求时，开展原因分析，采取纠正措施。

（3）数据分析利用 对同一项目历次质量控制结果进行趋势分析，利用分析数据对相关检验工作进行必要的改进。

2. 外部质量控制

外部质量控制的主要方式有：能力验证、实验室间比对和测量审核。

（1）能力验证 能力验证是利用实验室间比对，按照预先制定的准则评价参加者的能力，是由认可机构或其授权/认可的机构组织和运作的。能力验证和实验室间比对区别在于行为主体不同，而运作方式基本一致。

（2）实验室间比对 实验室间比对是按照预先规定的条件，由两个或多个实验室对相同或类似的物品进行测量或检验，对各实验室检验的结果进行评价。实验室间比对可以选择同类型、同级别或上一级实验室实施，也可以参加其他实验室或有关监管部门组织的室间比对。

（3）测量审核 测量审核是一个参加者对被测物品（材料或制品）进行实际测试，其测试结果与参考值进行比较的活动，通常在以下情况选择参加测量审核。

①所选项目没有能力验证计划可参加；

②参加能力验证计划结果不满意，作为实验室整改活动申请参加测量审核；

③开展新项目时作为新项目验证的证明材料等。

关于检验质量控制的具体要求，详见第十章。

七、报告结果

注册人应当依据医疗器械产品技术要求规定的项目和方法开展检验，根据检验方法或数值修约等要求准确报告检验结果并出具全项目检验报告。检验报告应当结论准确，便于理解，用字规范，语言简练，幅面整洁，不允许涂改，应有检验人员、审核人员和批准人员的签名或等效标识，必要时包含委托检验和测量不确定度等相关信息。

注册自检报告应符合《自检规定》的要求：

（1）应是注册人出具的检验报告，报告格式和签章应符合有关要求；

（2）检验依据应是拟申报注册产品的产品技术要求；

（3）注册自检报告应当是符合产品技术要求的全项目检验报告（变更注册、延续注册自检报告按照相关规定）；

（4）涉及委托检验的项目，除在备注栏中注明受托的检验机构外，还应当附有委托检验报告原件；

（5）同一注册单元内所检验的产品应当能够代表本注册单元内其他产品的安全性和有效性；

（6）报告应当结论准确，便于理解，用字规范，语言简练，幅面整洁，不允许涂改。

关于检验报告的具体要求，详见第十一章。

第三节　管理能力要求

注册人自检能力在管理能力方面主要体现在注册人的组织结构、质量管理体系等资源要素以及与自检质量管理相关的如委托检验控制、风险管理、文件、记录、数据和信息控制、不符合的控制和纠正措施、内部审核和管理评审、改进等管理活动。

一、组织结构

1. 部门设置

注册人应当建立与自检活动相适应的管理机构，明确各部门的职责和权限。一般情况下，可设置质量检验部门或至少设置专职检验人员，保障独立、公正地开展自检工作；应设置质量管理部门，负责组织开展覆盖自检活动的质量管理活动；应有采购部门，负责自检活动和检验质量控制所需产品和服务的采购。

注册人应以结构图的方式明确其组织结构和管理结构，应注意识别有潜在利益冲突的部分，如检验与研发、采购、生产、销售等各部门间的关系。

2. 岗位职责

注册人应对自检相关的岗位制定岗位职责文件，规定对自检活动结果有影响的所有管理、操作或验证人员的职责、权力和相互关系，如检验人员、审核人员、批准人员等关键岗位。注册人可根据自检工作量情况及管理工作需要，设置采购人员、样品管理人员、设备管理人员等岗位。

二、质量管理体系

注册人应建立、编制、实施和保持与开展自检活动相适应的质量管理体系，并持续改进。

建立质量管理体系的方式灵活多样，注册人可根据自身涉及的医疗器械生命周期阶段以及所在国或产品销售国的相关法律法规要求选择合适的质量管理体系建立依据。如注册人涉及医疗器械生命周期一个或多个阶段（如研发、生产、销售等）的活动，国际上常用的质量管理体系建立依据有 ISO 9001（GB/T 19001）和 ISO 13485（YY/T 0287）等。如注册人还涉及医疗器械产品检验活动，质量管理体系建立依据可适当增加 ISO/IEC 17025（GB/T 27025）的相关要求。表 4-1 列出了供注册人建立与自检活动相适宜的质量管理体系参考的依据。

表 4-1　质量管理体系建设依据

序号	建设依据	适用范围
1	ISO 9001（GB/T 19001）《质量管理体系 要求》	适用于各类组织
2	ISO 13485（YY/T 0287）《医疗器械 质量管理体系 用于法规的要求》	适用于涉及医疗器械生命周期一个或多个阶段的组织
3	《医疗器械生产质量管理规范》及其附录	适用于从事医疗器械研制、生产等活动的组织
4	ISO/IEC 17025（GB/T 27025）《检测和校准实验室能力的通用要求》	适用于检测实验室、校准实验室和抽样活动的组织
5	《医疗器械检验机构资质认定条件》（食药监科〔2015〕249 号）	适用于医疗器械检验机构
6	RB/T 214《检验检测机构资质认定能力评价 检验检测机构通用要求》	适用于检验检测机构
7	RB/T 217《检验检测机构资质认定能力评价 医疗器械检验机构要求》	适用于医疗器械检验机构
8	《医疗器械检验工作规范》（国药监科外〔2019〕41 号）	适用于医疗器械检验机构
9	《医疗器械注册自检管理规定》（国家药品监督管理局公告 2021 年第 126 号）	适用于开展注册自检活动的注册人

根据《医疗器械监督管理条例》《医疗器械生产监督管理办法》等国内法规文件，注册人应当按照《医疗器械生产质量管理规范》，建立健全的、与所生产医疗器械相适应的质量管理体系并保证其有效运行。因此，无论是以哪种依据建立的质量管理体系，至少应满足《医疗器械生产质量管理规范》规定的要求。对于开展自检活动的注册人，可在满足《医疗器械生产质量管理规范》要求的基础上，结合自检活动适用的法规、标准或相关要求将自检工作纳入并完善质量管理体系。

注册人在策划质量管理体系时应考虑其涉及的医疗器械生命周期阶段的所有活动，如医疗器械研发、生产、销售、检验、监测、上市后评价等，将相应活动涉及的法律法规要求、管理部门的要求和注册人自身的要求融入质量管理体系中，建立融合的、唯一的质量管理体系，覆盖其所有活动。

为了便于注册人理解《自检规定》的相关要求，将自检工作纳入质量管理体系，建立和实施与注册自检工作相适应的唯一医疗器械质量管理体系，加强注册自检能力建设，本书梳理了《自检规定》要求与常见的质量管理体系建立依据相关条款及本书相应章节的对应关系，具体见表4-2。

医疗器械注册人应将与注册自检相关的政策、制度、计划、程序和指导书制订成质量管理体系文件，并达到确保检验结果质量所需的要求。质量管理体系中所用文件的架构应清晰、明了，易于检索。质量管理体系文件应传达至有关人员，并被其理解、获取和执行。

表4-2 《自检规定》要求与常见的质量管理体系建立依据相关条款及本书相应章节的对应关系

序号	《医疗器械注册自检管理规定》（国家药品监督管理局公告 2021 年第 126 号）			《医疗器械生产质量管理规范》（国家食品药品监督管理总局公告 2014 年第 64 号）	ISO 13485：2016（YY/T 0287—2017）	本书对应章节
1	一、自检能力要求		（一）总体要求	第五十八条、第二十四条、第十八条、第二十一条、第九条、第五十六条、第五十九条	4.1、4.2、6.3、6.4、7.6、6.2、8.2.5、8.2.6、7.5.9	第四章
2		（二）检验能力要求	1. 人员要求	第九条、第十条	5.5.1 职责和权限 6.2 人力资源	第五章
3			2. 设备和环境设施要求	第十八条、第二十一条、第二十二条、第二十三条、第五十六条、第五十七条	6.3 基础设施 6.4 工作环境和污染控制 7.6 监视和测量设备的控制	第六章、第七章、第八章
4			3. 样品管理要求	第五十一条、第五十二条、第五十五条、第六十七条、第六十八条、第七十条	7.5.8 标识 7.5.11 产品防护 8.3 不合格品控制	第四章第二节
5			4. 检验质量控制要求	第五十六条、第五十八条	8.2.5 过程的监视和测量 8.2.6 产品的监视和测量	第九章、第十章
6			5. 记录的控制要求	第二十七条、第五十九条	4.2.5 记录控制 7.5.9 可追溯性	第四章第三节
7		（三）管理体系要求		第三条、第四条、第二十四条、第二十五条、第七十四条、第七十七条、第七十八条	4.1 总要求 4.2 文件要求 5.6 管理评审 7.1 产品实现的策划 8.2.4 内部审核 5.6 管理评审 8.5 改进	第四章第三节、第十二章
8		（四）自检依据		第五十八条	/	第三章
9		（五）其他事项		/	4.1.5	第四章第三节
10	二、自检报告要求			/	/	第十一章

序号	《医疗器械注册自检管理规定》（国家药品监督管理局公告 2021 年第 126 号）		《医疗器械生产质量管理规范》（国家食品药品监督管理总局公告 2014 年第 64 号）	ISO 13485：2016（YY/T 0287—2017）	本书对应章节
11	三、委托检验要求	（一）受托条件	第五十八条	4.1.5	第四章第三节
12		（二）对受托方的评价	/		
13		（三）样品一致性	/	/	第四章第二节
14		（四）形成自检报告	/	/	第十一章
15	四、申报资料要求		/	/	/
16	五、现场检查要求		/	/	/
17	六、责任要求		/	/	/

三、委托检验

《自检规定》明确委托生产的注册申请人可以委托受托生产企业开展自检，或者境内注册申请人所在的境内集团公司或其子公司具有通过中国合格评定国家认可委员会（CNAS）认可的实验室，或者境外注册申请人所在的境外集团公司或其子公司具有通过境外政府或政府认可的相应实验室资质认证机构认可的实验室的，经集团公司授权，可以由相应实验室为注册申请人开展自检，或者注册申请人可以委托有资质的医疗器械检验机构对拟注册产品进行注册检验。可以是部分项目委托或全部项目委托，可以委托一个或多个受托医疗器械检验机构。

注册申请人委托受托生产企业开展自检的，受托生产企业自检能力应满足《自检规定》的要求。注册申请人应在委托检验协议（或委托生产质量协议等）中明确双方对检验质量的责任和义务，并把产品技术要求以及相关检验标准、检验操作规程等技术文件有效转移给受托生产企业。定期对受托生产企业开展覆盖委托检验相关工作的质量审核活动。

境内医疗器械注册申请人委托所在的境内集团公司或其子公司通过中国合格评定国家认可委员会（CNAS）认可的实验室开展注册自检的，或者境外医疗器械注册申请人委托所在的境外集团公司或其子公司通过境外政府或政府认可的相应实验室资质认证机构认可的实验室开展注册自检的，应经集团公司授权，并确保相应实验室的检验能力范围覆盖注册自检的产品或项目。

注册申请人委托有资质的医疗器械检验机构进行检验的，应确认医疗器械检验机构的资质和检验能力范围，对医疗器械检验机构开展供应商评价，并建立合格受托检验机构名录，保存评价记录。

四、风险管理

《自检规定》中明确注册申请人应当制定所开展检验工作的风险管理文件，并确保其有效实施和受控。所有的活动都涉及风险，本章所描述的风险管理对象是注册人自检活动及相关过程的风险。注册人自检活动的风险可能来自于法律法规、政策、安全、环境、人员能力、设备、耗材、样品管理、检验方法、环境条件、质量控制、文件控制、记录管理、数据和信息安全等方面。注册人应考虑自检活动有关的风险，通过实施风险管理，预防或减少自检活动中的不利影响或潜在失败，确保实现预期目标。

　　风险管理应遵循"整合、结构化和全面性、定制化、包容、动态、最佳可用信息、人文因素、持续改进"的原则，具体参见 ISO 31000:2018。风险管理过程如图 4-3 所示。值得注意的是，风险管理是动态的、迭代的，需要定期或不定期评估原有风险的变化和新的风险，循环实施风险管理过程。

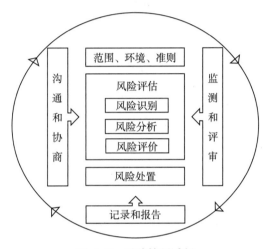

图 4-3　风险管理过程

风险管理具体实施要求详见第十二章。

五、文件、记录、数据和信息控制

1. 文件控制

　　注册人应追踪、识别适用的法律、法规、规章、规范性文件和标准等，及时纳入其管理要求。

　　注册人应充分考虑法律法规、规章、规范性文件和标准等规定，结合自身实际，确保自检活动实施的一致性和结果的有效性，将程序形成文件（文件化），并保证文件内容易于理解和执行。参与自检活动的所有人员应能方便获取适用其职责的文件和相关信息。

　　注册人对与自检活动有关的内部和外部文件加以控制。确保文件有唯一性标识。在使用地点可获得文件的适用有效版本，防止作废文件的误用。并定期审查文件，跟踪查新外部文件，对内部文件的适宜性和有效性进行识别、分析、评估，提出修订建议，必要时更新。注册人应制定文件控制程序，明确文件（含电子文件）的编制、审核、批准、发放、标识、修订、替换或撤销、废止、归档、保存和销毁等规定。

2. 记录控制

注册人应制定记录控制程序，明确记录（含电子存储的记录）的标识、保管、检索、保存期限和处置要求等规定。自检活动相关的记录，包括质量记录（指质量管理活动中的过程和结果的记录，如供应商评价记录、采购记录、内部审核报告及记录、管理评审报告及记录、纠正措施记录等）和技术记录（指检验活动的信息记录，如检验报告、检验原始记录、环境条件控制、设备管理、方法确认、检验质量控制等活动记录），应符合以下要求。

（1）记录内容应真实、清晰、完整、信息充分。

（2）记录不得随意涂改或者销毁。书面记录的更改应当签注姓名（或等效标识）和日期，并使原有信息仍清晰可辨；应保留原始的以及修改后的记录文件，包括更改的日期、标识更改的内容和负责更改的人员；必要时，应当说明更改的理由。技术记录的修改可以追溯到前一个版本或原始观察结果。

（3）记录应易于识别和检索。

（4）记录应予安全保护，防止破损、丢失和未经授权的侵入和修改，并符合保密管理要求。

（5）记录的保存期限应符合相关法规要求。

（6）技术记录应确保检验活动的可追溯性，信息充分，确保能在尽可能接近原条件的情况下重复检验活动。应包括各项技术活动实施人员签字或等效标识。

3. 数据和信息控制

注册人应对自检活动的数据和信息加以控制和保护，对计算和数据传送进行适当地、系统地检查。

若使用信息管理系统（含计算机或自动化设备、自行开发的软件）进行检验数据的收集、处理、记录、报告、存储或检索，在信息管理系统投入使用前应进行功能确认。若对信息管理系统进行任何变更（包括修改软件配置或现成的商业化软件），在实施修改前应经书面批准并再次进行功能确认。

注册人应保证系统在符合规定的环境中运行；防止未经授权的访问；提供安全保护以防止篡改和丢失；以确保数据和信息完整性的方式维护系统；记录系统失效和适当的紧急措施及纠正措施；对于非计算机化的系统，提供保护人工记录和转录准确性的条件。

六、不符合的控制和纠正措施

1. 不符合的控制

注册人应建立不符合工作控制程序，明确不符合工作管理的职责、权利和控制流程。确保当自检活动不符合法律法规、规章、规范性文件、约定的要求或管理体系文件时，实施该程序，包括及时对不符合作出应对，采取适当的措施控制和纠正不符合工作并处置后果，必要时暂停或重复检验工作、扣发、收回、补充、更改检验报告；评价不符合工作的严重性，包括对以前检验结果的影响分析；对不符合的可接受性作出决定；记录不符合工作和措施等。

2. 纠正措施

当识别出不符合时，注册人应对不符合的性质、产生原因进行分析。当评价表明不符合工作可能再次发生时应采取纠正措施，纠正措施应与不符合产生的影响相适应，并评估纠正措施是否会引起不可接受的风险。

应跟踪验证纠正措施的结果，确保纠正措施的有效性。

必要时，更新风险评估结果和（或）变更管理体系。

不符合的控制流程如图 4-4 所示。

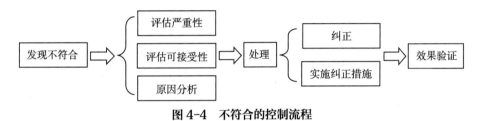

图 4-4　不符合的控制流程

七、内部审核和管理评审

1. 内部审核

注册人应制定内部审核计划，并按照策划的时间间隔进行内部审核，审核范围覆盖自检活动，证实管理体系的符合性和有效性。

实施内审的人员应经过培训，具备审核能力，并独立于被审核活动。

内审发现的不符合应及时采取纠正或纠正措施，并跟踪验证措施的有效性。

具体要求详见第十二章。

内审活动的主要步骤如图 4-5 所示。

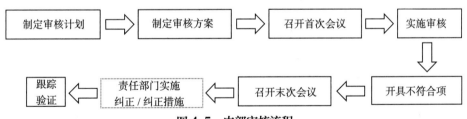

图 4-5　内部审核流程

2. 管理评审

注册人应制定管理评审计划并按照策划的时间间隔组织管理评审活动，对自检活动过程的有效性和管理体系持续的适宜性、充分性和有效性等进行评审，并进行必要的变更或改进。

管理评审输出的变更或改进措施应明确责任部门和时限要求，并提供足够的资源，确保措施得到实施，并对变更或改进结果进行跟踪验证。

具体要求详见第十二章。

管理评审活动的主要步骤如图 4-6 所示。

图 4-6　管理评审流程

八、改进

注册人应应用相关方（如内外部客户、员工等）的反馈（含满意度调查）、投诉、建议或通过对检验相关过程和目标的监视/测量/评审、风险评估、能力验证和数据分析结果、审核结果、纠正措施以及管理评审等识别和选择改进的机遇（无论是技术方面的还是管理体系方面），制定、实施改进措施计划，实现改进。改进活动的主要步骤如图 4-7 所示。

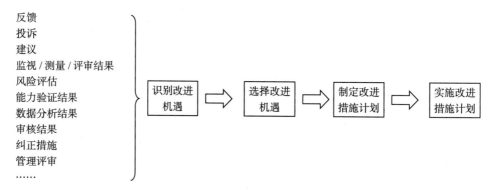

图 4-7　改进的步骤

（编写：李杨玲、张云、张旭）

第五章
人员

　　人员是检验执行的主体，也是检验能力最核心的要素。注册人应当具备与所开展检验活动相适应的检验人员和管理人员，人员的教育背景、技术能力和数量应当与产品检验工作相匹配。注册人应与其人员建立劳动、聘用或录用关系，明确人员的任职要求和岗位职责。技术人员应当经过相关专业技术的培训、考核、监督、授权，还应对能力是否持续保持进行监控。第四章已经简述了人员的总体要求，本章将从人员管理的角度，对人员的资格与职责、培训、监督、授权和能力监控作进一步阐述。

第一节　资格与职责

　　人员的受教育程度、理论基础、技术背景、工作经历、实际操作能力、职业素养等应满足工作类型和工作范围的需要，从事检验工作的人员应能胜任本岗位工作。本节从学历、专业背景、工作经历、专业能力和职称等方面分别阐述了以下几类人员的任职资格要求，同时明确了各类人员的岗位职责。

一、检验人员

　　检验人员应具有相关理工科专业背景，身体健康，经过上岗前的培训考核，获得授权后方可进行检验。

1. 检验人员应具备的资格

　　（1）熟练掌握检验项目的产品标准和技术要求，掌握检验检测方法。

　　（2）坚持客观、公正的原则，严格按照检验检测工作程序操作，做到原始记录完整、数据准确、检验报告或证书规范。

　　（3）了解仪器设备的工作原理，熟练使用仪器设备，严格按照设备操作规程进行操作。

2. 检验人员应负有的职责

　　（1）认真学习和宣传贯彻计量法、标准化法及质量检测的有关条例办法，遵循管理手册的各项规定和规章制度。

　　（2）积极收集有关国内外标准和行业发展资料。

　　（3）正确掌握和执行标准，严格按照产品标准和技术要求进行检验。

　　（4）坚守工作岗位，对检验过程中出现的问题及时处理和上报。

　　（5）认真如实做好检验记录，做出正确的判定，及时出具检验报告，并按规定程序送审。

能力建设要求篇

（6）做好专管使用仪器设备的维护保养，不得随意拆卸仪器，做好使用记录，严格按操作规程操作，发现故障应及时上报。

（7）遵守实验室管理制度，保持实验室环境的清洁卫生，无关物品一律不准带入实验室。

（8）对自己的检验工作提出意见和解释。

二、审核人员

检验报告一般需要进行三级审核，第一级为检验人员，第二级为审核人员，第三级为批准人员。审核人员作为报告审核中的关键人员，负责检验报告的审核，对检验报告的信息内容、数据、结果判定的准确性负有责任，需要重点关注报告中的检验项目是否完整，检验依据是否正确，检验结论是否准确，检验方法是否严格按照标准或技术要求。

1. 审核人员应具备的资格

（1）熟悉相关法律法规、审核和校核方法程序。

（2）掌握必要的专业技术知识。

（3）熟悉检验检测方法及原理、检验过程和过程控制要点。

（4）熟悉实验室的质量管理体系文件。

（5）熟悉程序、目的和结果评价。

2. 审核人员应负有的职责

（1）负责检验报告的审核。

（2）审核报告中的检验项目是否完整，检验依据是否正确，检验结论是否准确，检验方法是否严格按照标准或技术要求。

（3）熟悉产品相关标准，严格按照产品标准执行，对检验报告的信息内容、数据、结果判定的准确性负有责任。

（4）积极关注相关国内外标准和行业发展形势。

（5）对审核过程中出现的问题及时处理和上报。

三、批准人员

批准人员为在其授权的能力范围内签发检验报告的人员。对签发的报告或证书承担全面技术责任。非批准人员不得签发检验报告或证书。

1. 批准人员应具备的资格

（1）熟悉医疗器械相关法律法规，熟悉检验检测机构资质认定要求及其相关技术文件的要求。

（2）具备从事相关检验检测的工作经历，掌握所承担签字领域的检验检测技术，熟悉所承担签字领域的相应标准或者技术规范。

（3）熟悉检验报告或证书审核签发程序，具备对检验检测结果做出评价的判断能力。

2. 批准人员应负有的职责

（1）按照授权领域和范围签发报告，对检验检测结果的完整性和准确性负责。

（2）对签发的报告提出意见和解释。

四、内审员

内审是注册人自身必须建立的评价机制，自检活动应纳入到注册人的质量管理体系中。内审员是指经授权、有能力实施内部审核的人员，主要对检验活动进行审核，保证管理体系得到有效的实施和保持。

1. 内审员应具备的资格

（1）参加内审员培训且考核合格，掌握审核要求和程序方法，具备编制内审检查表和发现不符合项的能力。

（2）熟悉审核范围内相关仪器设备的性能、检验检测方法、检验检测的关键过程和结果评价。

（3）熟悉审核范围内涉及管理体系文件中的各项规定。

（4）工作认真、客观公正、坚持原则，有较强的观察、分析、判断能力和沟通能力。

2. 内审员应负有的职责

（1）根据内审年度计划实施内部审核，验证管理体系运作持续符合性，在资源允许条件下，内审员应独立于被审核的活动。

（2）如实记录审核发现，并跟踪验证。

五、监督员

监督员应按计划对检验人员包括新进员工进行监督，应由熟悉检验检测目的、程序、方法和能够评价检验检测结果的人员承担，一般由经验丰富的资深检验人员担任。监督员须识别本专业领域需要监督的人员，如新进员工、转岗人员、操作新设备或采用新方法的人员等。

1. 监督员应具备的资格

（1）熟悉监督范围内相关检测项目的技术要求。

（2）熟悉管理体系文件中的各项规定。

（3）具有对监督结果进行综合评定，保证监督工作有效性的能力。

2. 监督员应负有的职责

（1）协助自检负责人做好管理评审的工作。

（2）做好日常质量监督管理及内部审核的工作。

（3）对检验工作实施监督。

（4）对有可能存在质量问题的检验结果要求复检，必要时有权终止检验工作。

（5）为确保监督工作的有效性，应选择检验工作中的重点、难点、疑点及易出错环节进行重点监督。

（6）监督的频次视工作需要而定，并将在日常监督中发现的偏离、问题及监督的原因记录在监督记录表中并确认是否有效，重大质量问题应及时汇报，并执行不符合检验检测工作控制程序。

（7）对纠正措施的结果进行跟踪验证，以确保其有效性。

能力建设要求篇

第二节 培训

开展人员培训可以有效提高并保持人员的能力水平,注册人可将培训工作程序制定成文件,包括制定培训目标和计划、开展实施、考核评价等,按照文件规定实施人员培训。注册人应为检验人员建立培训档案,新增的培训记录按要求归档。

一、培训计划

制定培训计划首先要进行需求分析,既要考虑注册人当前和预期的自检需要,与自检能力相适应,也要考虑检验人员以及其他与检验活动相关人员的资格、能力、经验和监督评价的结果。对新开展的自检项目必须组织检验人员参加培训学习,方可开展该项检验工作。

培训计划包括培训目的、内容、形式(内部培训、外出参训、邀请专家授课)、时间安排等,培训内容可包括但不限于以下内容:

(1)医疗器械相关法律法规;

(2)标准规范;

(3)检验检测方法原理、检验检测操作技能;

(4)设备操作规程;

(5)质量管理、质量控制要求;

(6)安全与防护知识;

(7)计量溯源和数据处理知识;

(8)测量不确定度评定;

(9)结果的符合性判定规则。

举例:注册人申请血压计自检需开展的培训

• 医疗器械法律法规学习培训

检验人员需要熟悉相关的医疗器械法律法规和标准,如《条例》《自检规定》、YY/T 0287《医疗器械 质量管理体系 用于法规的要求》和《电子血压计注册技术审查指导原则》等。

• 检验标准学习培训

开展性能自检的需要进行标准 YY 0670《无创自动测量血压计》和 JJG 692《无创自动测量血压计检定规程》相关要求培训;开展安规自检的需要进行标准 GB 9706.1《医用电气设备 第1部分:安全通用要求》相关要求培训;开展环境试验自检的需要进行标准 GB/T 14710《医用电器环境要求及试验方法》相关要求培训;开展电磁兼容项目自检的需要进行标准 YY 9706.102《医用电气设备 第1-2部分:基本安全和基本性能的通用要求 并列标准:电磁兼容 要求和试验》相关要求培训。

• 相关设备培训

如无创血压模拟器、电气安全分析仪、耐压测试仪、保护接地阻抗测试仪等设备的操作、计量要求和期间核查等培训。

• 其他培训

质量管理要求、检验报告和原始记录的撰写等培训。

二、培训考核

培训考核的结果是对技术人员进行授权上岗的依据之一，特别是新增检验人员应参加新人培训，并进行检验检测实操，通过考核方可上岗。

对检验人员、审核人员和批准人员的考核，由注册人组织和监督，可以通过考试、心得体会、技术分析报告、实际操作能力考核、参加能力验证或实验室间比对、组织内部质量控制活动、人员监督评价、外部审核（针对批准人员）等多种方式进行考核，并保存考核评价文件。考核结果等材料，应及时归档，作为人员授权和人员能力监控的依据。

三、培训评价

注册人应对培训结果的有效性进行评价，表 5-1 给出了一种可供参考的评价模型。评价可以是定量 / 半定量的，也可以是定性的；可针对每次培训进行评价，也可针对某时间段或者某领域的培训进行评价。确认是否通过培训达到预期目的，以便持续改进培训项目，保持和提高检验人员、审核人员、批准人员的能力。表 5-2 为培训评价记录表示例，可供参考。

能力建设要求篇

表 5-1　四层次培训有效性评价模型

评价层次	评价内容	方式举例
反应层	参训者的满意程度（对培训内容、讲师、环境等）	问卷形式
学习层	参训者接受培训后，在知识、技能等方面的提高和进步	问答、书面考核、实操考核等
行为层	参训者接受培训后，在实际工作中的行为变化以及工作效率的提升	自我评价、同事评价和领导评价
效果层	组织整体业绩因参训者个人能力的增强而得到提升	对整个组织效率、质量的阶段性或整体性评价

表 5-2　培训评价记录表

培训主题					
培训时间			参训人员		
培训目的					
评价项目＼评价标准	评价：好	一般	差	最低分定义	最高分定义
参加本次培训您的收获大小程度				没有收获	收获明显，超出预期
参加本次培训是否达到预期培训目的				没有达到预期培训目的	完全达到预期培训目的
参加本次培训是否掌握课程内容				没有掌握课程内容	完全掌握课程内容

续表

			课程内容对培训需求无针对性，与培训主题无关，对课程内容满意度低	课程内容完全针对培训需求，紧扣培训主题，对课程内容满意度高
对课程内容的满意程度				
本次培训对实际工作的指导意义			对实际工作无指导意义	对实际工作非常有帮助，希望还有类似培训
课堂讲述精彩程度			课堂讲述乏善可陈，缺乏培训技巧，没有吸引力	课堂讲述非常精彩，培训技巧高，具有很强吸引力
授课讲师表达能力			口齿不清，语言交流有障碍，无辅助性肢体语言	口齿清晰，语言流利，辅助肢体语言丰富，有帮助
总体评分				□优（90分以上） □良好（75~89分） □及格（60~74分） □差（59分以下）
其他建议				

能力建设要求篇

第三节 监督

为确保所有可能影响检验检测活动和结果的人员，无论是内部还是外部人员，均行为公正，受到监督，具备实现岗位职责的能力，并按照管理体系要求履行职责。注册人应设置覆盖其检验检测能力范围的监督员，应按计划对检验检测人员进行监督。监督员应熟悉检验检测目的、程序、方法，能够评价检验检测结果。监督员须识别本专业领域需要监督的人员，如新进员工、转岗人员、操作新设备或采用新方法的人员等。注册人可根据监督结果对人员能力进行评价并确定其培训需求，监督记录应存档。

一、监督内容

（1）对检验人员是否按设备的操作规程进行操作、是否执行相应的标准规范、是否清楚检验检测工作的原理、是否清楚影响检验检测工作结果的主要因素并在具体的试验过程中加以控制等方面实施监督。

（2）对检验人员数据处理和不确定度评定能力进行监督。

（3）对原始记录和检验报告填写是否完整、数据是否准确无误、原始记录修改是否符合要求进行监督。

（4）为确保监督工作的有效性，监督员应选择检验检测工作中的重点、难点、疑点及易出错环节进行重点监督。

例如：注册人申请血压计自检，对检验人员进行监督可从是否按设备的操作规程进行操作、所用的设备是否已进行校准/检定、检验检测工作环境是否满足要求、检验标准和方法是否正确等方面进行现场监督。

二、监督方式

监督工作可按（但不限于）以下方式进行：

（1）选取部分检测项目对相关检测人员至少进行一次具体检验检测过程的监督；

（2）可全过程观察检验人员的检测操作活动或观察某一关键点/主要步骤的操作是否与方法和标准要求一致；

（3）随机抽查检验人员的报告，检查从样品接收到出具报告的整个流程是否符合要求；

（4）批准人员对签发报告或核查报告所涉及的检验检测工作进行监督；

（5）应用或执行新项目、新标准、新方法以及使用新仪器设备时，应对技术人员的标准和方法理解能力、设施环境条件控制能力、设备操作能力、检验检测能力、数据处理、不确定度评定能力、结果报告等方面进行充分监督。

三、监督记录

监督应有记录，监督人员应对被监督人员进行评价。

监督记录应存档，并可用于识别人员培训需求和能力评价，以进行必要的培训和再监督。

监督的频次视工作需要而定，每次监督完成后，监督员应将监督记录汇总并确认是否有效。

日常监督工作应记录在《技术人员监督记录表》中，必要时进行纠正。表5-3为技术人员监督记录表示例，仅供参考。

四、监督中发现问题举例

1. 人员不了解设备性能要求

某检验人员对某质控品的水分含量进行测定，三次测定值分别为：1.74%、2.11%和1.78%，测定均值是1.88%，平行相对偏差是19.6%，高于该检测设备对于平行偏差的要求（≤ 2%）。

2. 人员不熟悉相关工作程序

现场实操过程中出现检测仪器报错时，检验人员直接进行更换并继续后续检测，未进行设备耗材更换后的再确认，也未对之前检测结果进行回顾性分析。

3. 人员不熟悉试剂耗材的使用要求

某检验人员现场操作时使用的溶血剂（一类备案）标识不规范（均为手写），来源不明确。

表5-3 技术人员监督记录表

部门		被监督人	
监督项目			
检测依据			
监督类型	□新进人员监督 □拟申请增加授权人员监督 □开展新项目运行人员监督 □其他：	监督方式	□现场见证 □核查报告和原始记录 □面谈 □结合质量控制活动 □其他：

能力建设要求篇

监督内容（是否满足规定要求）	情况描述
1. 参加标准、安全防护等培训情况：是☐ 否☐	
2. 熟悉检测工作原理、影响因素情况：是☐ 否☐	
3. 检测标准的现行有效性：是☐ 否☐	
4. 环境设施的符合性：是☐ 否☐	
5. 对检测标准／方法的理解及执行情况：是☐ 否☐	
6. 样品制备及试剂耗材的使用情况：是☐ 否☐	
7. 设备操作或设备操作规程执行情况：是☐ 否☐	
8. 数据处理及结果报告：是☐ 否☐	
9. 原始记录的充分性、真实性、及时性、规范性：是☐ 否☐	
10. 测量不确定度评定能力：是☐ 否☐	
11. 检测报告的完整性、准确性：是☐ 否☐	
12. 其他：	
监督员意见	☐符合该项目能力要求。 ☐改进建议： ☐现场纠正： ☐后续采取纠正措施，完成时间： 监督员：　　　　年　月　日
自检负责人意见	☐同意 ☐不同意 自检负责人：　　　　年　月　日

第四节　授权

《自检规定》明确要求检验人员、审核人员、批准人员等应当经注册人依规定授权。该要求表达了两层含义，首先，注册人应当在其质量管理体系中对人员授权做出相关规定。其次，按照规定对检验人员、审核人员、批准人员等进行授权。

注册人应在能力确认的基础上对人员进行授权，授权后对人员的能力进行监控，建立并保存所有技术人员的档案，包括相关培训、考核、监督、能力确认、授权和相关资格的记录，并包含能力确认和授权的日期。

一、检验授权

1. 检验授权的基本条件

检验人员具有与从事的检验领域相关的学历、专业技术资格、教育培训证明、检测经历，经过考核合格后获得授权。

2. 检验授权程序

检验人员对照条件，明确授权的检验领域，提交材料，包括：

（1）《检验授权表》；

（2）个人近期技术工作总结，包括个人基本情况、工作经历、相关学习培训经历、主要技术工作及成绩等；

（3）专业理论和实际操作培训证明，可包括相关标准、检验设备、产品原理、临床相关知识等；

（4）身份证、学历及学位证明复印件。

举例：心电类产品性能自检授权

● 学历证明

检验人员提供学历证明，要有相关电子类理工科专业背景，或者有从事相关工作经验的证明。

● 工作总结

个人技术工作总结中需要重点写到心电类产品相关工作经历、学习培训经历、主要技术工作等内容。

● 培训证明

心电相关理论知识和检测设备操作培训证明，如参加 YY 1079《心电监护仪》、YY 1139《心电诊断设备》、GB 9706.225《医用电气设备　第 2-25 部分：心电图机的基本安全和基本性能专用要求》、GB 9706.227《医用电气设备　第 2-27 部分：心电监护设备的基本安全和基本性能专用要求》等标准培训，以及心电类产品软件功能的确认等相关培训内容。

二、审核授权

1. 审核授权的基本条件

应具有扎实的理论基础和专业技术技能，熟悉授权审核范围的各项检验检测方法、程序、目的、工作质量要求和结果评价，至少开展过相关领域的检验工作，具有相应的能力。

2. 审核授权程序

需明确申请授权审核范围，提交相关材料，包括：

（1）《报告审核授权表》；

（2）技术工作总结，内容包括个人基本情况、工作经历相关培训经历、主要技术工作及成绩等；

（3）职称证书复印件，如有；

（4）社会技术组织任职证明文件，如有；

（5）技术成果证明文件（标准、专利、著作、论文等），如有。

三、批准授权

批准授权的基本条件：

（1）熟悉有关检验检测标准、方法及规程；

（2）与检测技术接触紧密，掌握有关的检测项目限制范围；

（3）熟悉记录、报告及其核查程序；

（4）有能力对相关检测结果进行评定，了解测试结果的不确定度评定；

（5）了解有关设备维护保养及定期校准的规定，掌握其校准状态；

（6）如注册人通过 CNAS 能力认可，报告批准人需通过 CNAS 的授权签字人考核。

第五节　能力监控

技术人员能力监控是指对已获授权的技术人员的能力是否持续保持而进行的监控。人员能力监控包括人员比对、能力验证、检验实际操作过程、核查记录、参加外部比对等方式，应做好监控记录并进行评价。

每年对技术人员进行能力监控，并将相关记录纳入技术人员的技术档案保存，包括：

（1）《技术人员能力监控记录表》；

（2）本年度技术工作总结，内容包括个人基本情况、工作经历、相关培训经历、主要技术工作及成绩等；

（3）专业技术资格或职称证书复印件，如有；

（4）社会技术组织任职证明文件复印件，如有；

（5）技术成果证明文件复印件（标准、专利、著作、论文等），如有；

（6）学习、教育、培训证明文件；

（7）其他文件。

能力监控过程中若发现技术人员能力不满足现有工作时，应采取继续培训、取消授权、暂停检验等措施并保存记录。

（编写：陈婷、张锐钊）

第六章
设备

　　检验设备（以下简称设备）是注册人开展自检工作的重要资源之一，设备的准确性和可靠性对检测结果有决定性影响。注册人开展注册自检活动，应当满足《自检规定》中相关要求，在设备的配置、管理、使用和维护等方面应建立相关程序文件，并纳入医疗器械质量管理体系，强化设备管理，确保检验结果准确、可靠、可计量溯源。

第一节　设备配置

　　注册人应配备正确开展自检活动所需的设备，包括但不限于：测量仪器、软件、测量标准、标准物质、参考数据、试剂、消耗品或辅助装置等。配置的设备应在实验场所内，并对其有完全的支配权和使用权。《自检规定》附件 2 给出了医疗器械注册自检用设备（含标准品 / 参考品）配置表模板，注册人应根据自检范围对照填写。

一、采购

1. 需求研究

　　（1）设备清单及技术参数确认　注册人根据产品的技术原理、自检项目性能指标范围和试验方法要求，综合考虑设备的测试原理、制造商、价格等因素，提出拟采购的设备清单，确认拟采购设备的技术参数，包括精度、测量范围、分辨力等，尤其需要考虑检验项目与检验设备的匹配性，如万用表测量电压，要考虑内阻及所测量电压波形与万用表电压的计算方式是否匹配。

　　（2）内部资源共享　如果有些自检设备在进货检验、过程检验和成品检验已配备，则可以考虑在企业内部共用。

　　（3）设备租赁　自检设备允许租赁，但应签署租赁协议，并明确使用权限，并纳入设备管理程序进行受控管理。CNAS 对认可实验室设备租赁期限的要求是至少 2 年。对于注册申请人而言，考虑到租赁成本和检验量，一般不建议租赁设备。

2. 实施采购

　　（1）设备采购部门应对采购需求进行评估，统筹设备资源配备，提出评估意见。如果在采购经费有限的情况下，可以列出采购优先级。

　　（2）制定采购方案，明确供货方式、设备管理部门、档案建立部门、验收部门等，按方案进行采购。

（3）设备采购合同、发票等相关资料，应作为设备独立调配证明文件归档保存。

二、验收

设备在采购完成后，投入使用前，需由采购部门及使用人员进行验收，并保存验收记录。主要验收内容包括以下 2 方面。

1. 设备清单验收

按照采购合同与到货清单，核查设备外观是否完好以及包括配件在内的设备是否齐全。

2. 技术验收

对设备进行安装调试后，按照采购合同中列明的技术条款，核查设备的参数、使用状况等是否符合合同要求，是否能够满足检测需求。

第二节　设备管理

经验收确认合格的设备应建立设备档案，并纳入质量管理体系进行受控管理。指定专人负责设备的管理，包括检定 / 校准、维护和期间核查等。建立机制以提示对到期设备进行检定 / 校准、核查和维护。

一、管理程序

开展设备管理工作，应制定相应的管理程序，至少涵盖设备配置、建档、检定 / 校准、使用、期间核查、维护保养、故障处理和报废等全生命周期的各管理环节。特别是对以下重点工作内容的管控：

（1）当设备投入使用或重新投入使用前，应验证其符合规定要求。

（2）应有切实可行的措施，防止设备被意外调整而导致结果无效。

（3）如果设备有过载或处置不当、给出可疑结果、已显示有缺陷或超出规定要求时，应停止使用。这些设备应予以隔离以防误用，或加贴标签 / 标记以清晰表明该设备已停用，直至经过验证表明能正常工作。应检查设备缺陷或偏离规定要求的影响，并启动不符合工作管理程序。

（4）在使用移动设备进行检验和抽样时，应当在适当的技术控制和有效监督下进行，确保满足检验要求。

二、建档

设备档案是设备管理是否规范、设备是否受到有效的管理和控制的重要佐证。设备档案应包括从设备采购到设备报废整个生命周期的全部资料，具体如下。

1. 档案资料一览表

记录设备档案资料清单，一般放置在档案资料首页或档案袋 / 盒封面等醒目位置。

2. 设备来源证明

采购论证资料、采购合同及采购发票复印件、租赁合同复印件等。

3. 设备技术文件

主要内容包括设备说明书、合格证、型号规格、出厂编号、制造商名称、验收记录、设备符合规定要求的验证证据等；标准物质的文件、结果、验收准则、相关日期和有效期。

4. 设备管理资料

设备唯一性标识、状态标识、到货日期、启用日期、存放位置、培训记录、授权记录、期间核查记录、维护维修记录等。

5. 计量溯源性资料

包括设备检定证书、设备校准报告及计量评价记录等。

三、检定 / 校准

设备的检定 / 校准是保证检测数据准确可靠的必要手段，设备的检定 / 校准情况是现场检查关注的重点之一。当测量准确度或测量不确定度影响报告结果的有效性和（或）为建立报告结果的计量溯源性时，应对设备进行校准。凡属国家强检范围的设备，按照规定由法定计量机构进行检定。检定 / 校准的量程、计量点、误差、不确定度等应与检测需求相适应，并对校准结果进行评价。

通常有下列方式确保检测结果的量值溯源：一是具备能力的实验室提供的校准；二是具备能力的标准物质生产者提供并声明计量溯源至国际单位制的有证标准物质的标准值；三是国际单位制单位的直接复现，并通过直接或间接与国家或国际标准比对来保证。

对于没有规定的设备，可根据设备的使用状况、频率、历次校准的结果等因素，综合考量制定校准方案，以保证设备的准确度和计量溯源性。

对于化学分析中一些常用设备，通常是用标准物质来校准，实验室应有充足的标准物质来对设备的预期使用范围进行校准。

四、期间核查

期间核查是指检验设备在两次检定 / 校准时间之间，标准物质在有效期内，对其准确性及工作是否正常开展的检查。目的是确保检验设备、标准物质在检定周期内能够在正常工作状态下使用，以保证检验设备的准确性。

核查流程如下：

（1）制定期间核查工作程序，明确规定适用范围、核查的时间和频次、核查方法等内容。

（2）制定期间核查计划，考虑因素包括使用频次较多的、经常搬动的或比较容易出故障的设备。

（3）制定设备的期间核查作业指导书。

（4）依据期间核查计划和作业指导书实施期间核查，并保留记录。通常的核查方法有人员比对、设备比对、方法比对、标准物质验证、留样复测等方式。

（5）出具期间核查报告，详细记录检测数据和检验人员。

（6）利用期间核查报告，对全过程的实施效果进行评估，掌握设备稳定性和准确度的变化。

第三节　使用和维护

一、使用

1. 使用环境

设备应放置于满足设备说明书和测试方法规定的设施和环境条件中，避免对设备和测试结果产生不利影响。

2. 使用培训

应对使用人员进行专业的培训，并进行实操考核，确保使用人员已掌握正确的使用方法，并保留培训记录。

3. 操作规程

对价值较高、具备一定危险性、操作复杂的设备应制定设备操作规程及防护措施。

4. 设备使用授权

对价值昂贵、重点设备、操作复杂且容易损坏、危险类设备（如高温、高压、强电、毒性、辐射等）或对环境有特殊要求的设备可进行授权管理。

5. 使用登记

设备的使用记录是追溯检测数据的重要证据，记录内容应包括时间、任务编号、检测项目、检测人员、设备状态等信息。在设备使用过程中，规范填写设备使用记录、日常维护保养计划和记录等内容。如果存在借用或者移交的情况，使用人应对设备的状态进行检查。

二、维护保养

随着设备的使用时间和使用频率的增加，设备的性能会逐渐下降，定期的维护保养，便于及时发现并有效降低故障的发生频率，延长设备的使用寿命。

可根据设备使用情况，采用相应的维护保养方式。

（1）对于不常使用的设备，可采用定期开机检查的方式。

（2）对于使用频率高的设备，可定期除尘、防潮、防霉、加润滑油、更换损耗部件等。

（3）对于对环境温度波动有要求的设备，可定期检查恒温设备的运行情况。

（4）对于易松动部件可定期进行检查和紧固等。

三、故障维修和报废

当设备出现故障时，应及时进行维修，维修记录应随设备档案一并保存，作为设备状况评价的参考资料。

（1）设备出现故障，应及时处置，防止误用。已显示有缺陷或超出规定要求时，该设备应立即停用，予以隔离并加贴停用标识。

（2）设备维修并恢复正常后，经检定/校准或核查合格方可继续使用，同时评估设备缺陷对之前检测活动造成的影响，必要时追溯相应检测数据和结果。

（3）若设备故障无法解决，则报废处理。

第四节　专业领域的特殊要求

本节给出部分专业领域的特殊要求，注册申请人在开展注册自检时，如果涉及相应的领域应重点关注，同时还应仔细研究相关文件。

一、微生物检测领域

CNAS-CL01-A001:2018《检测和校准实验室能力认可准则在微生物检测领域的应用说明》对设备的相关要求：

（1）实验室应配备满足检测工作要求的仪器设备，如培养箱、水浴锅、冰箱（如菌种用冰箱、冷冻样品缓化用的冰箱、试剂用的冰箱等）、均质器、显微镜等。其中培养箱的配置应考虑到用途、控温范围、控制精度和数量的要求。

（2）实验室必须保存有满足试验需要的标准菌种/菌株（标准培养物），除检测方法（如药物敏感试验、抗菌性能测试）中规定的菌种外，还应包括应用于培养基（试剂）验收/质量控制、方法确认/证实、阳性对照、阴性对照、人员培训考核和结果质量的保证等所需的菌株。

①标准菌种必须从认可的菌种或标本收集途径获得。

②实验室应有文件化的程序管理标准菌种（原始标准菌种、标准储备菌株和工作菌株），涵盖菌种申购、保管、领用、使用、传代、存储等诸方面，确保溯源性和稳定性。该程序应包括：

a. 保存菌株应制备成储备菌株和工作菌株。标准储备菌株应在规定的时间转种传代，并做确认试验，包括存活性、纯度、实验室中所需要的关键特征指标，实验室必须加以记录并予以保存。

b. 每一支标准菌种都应以适当的标签、标记或其他标识方式来表示其名称、菌种号、接种日期和所传代数。

c. 记录中还应包括（但不限于）以下内容：

——从原始菌种传代到工作用菌种的代数；

——菌种生长的培养基及孵育条件；

——菌种生存条件。

（3）对实验室自制的培养基即实验室制备各别成分培养基，实验室应有培养基质量控制程序。该程序包括培养基的性能测试、实验室内部的配制规范等，以监控基础材料的质量，目的是保证培养基验收合格，确保不同时期制备的培养基性能的一致性和符合检测的要求。

（4）所有的标准菌种从原始标准菌种到储备菌株和工作菌株传代培养次数原则上不得超过5次，除非标准方法中有明确要求，或实验室能够证明其相关特性没有改变。

能力建设要求篇

（5）实验室应有程序和措施以保证标准菌种/菌株的安全，防止污染、丢失或损坏，确保其完整性。

（6）对设备的维护要考虑生物安全，避免生物危害和交叉污染。

（7）用于检测和抽样的设备及其软件应达到要求的准确度，并符合检测和相应的规范要求。

（8）对结果有重要影响的仪器的关键量或值，如培养箱温度及其均匀性和稳定性等指标要求，应纳入设备的校准/检定计划。

（9）如果温度直接影响分析结果或对设备的正确性能来说是至关重要的，实验室应监控这类设备（如培养箱）的运行温度，并保存记录。

（10）保证校准/检定设备的修正因子/误差得到及时更新和正确使用。并对校准证书进行确认，以证实其能够满足实验室的规范要求和相应的标准规范。

（11）应定期使用生物指示物检查灭菌设备的效果并记录，指示物应放在不易达到灭菌的部位。日常监控可以采用物理或化学方式进行。

二、电气检测领域

CNAS-CL01-A003:2019《检测和校准实验室能力认可准则在电气检测领域的应用说明》对设备的相关要求：

（1）试剂、消耗品、辅助装置的技术参数要求应满足检测方法或参考相关标准规定的要求。实验室应保留供应商提供的符合证明或实验室自行验证的记录。

（2）当辅助测试装置需与检测设备连接或者组装后使用时，应评估其连接或组装方式对最终检测结果的影响，必要时，应在每次连接或组装后确认其符合性，并保存记录。

三、电磁兼容检测领域

CNAS-CL01-A008:2018《检测和校准实验室能力认可准则在电磁兼容检测领域的应用说明》对设备的相关要求：

（1）实验室应配置正确开展 EMC 检测活动所需要的设备。

（2）实验室的检测仪器设备和辅助设备的测量准确度或测量不确定度应满足 GB/T 6113.101~104 系列标准（等同采用 CISPR 16-1-1~CISPR 16-1-4）、GB/T 17626 系列标准等所申请认可的业务范围及相应标准的技术能力（和参数）要求。

（3）设备校准周期应为 1~2 年。

四、软件检测领域

CNAS-CL01-A019:2018《检测和校准实验室能力认可准则在软件检测领域的应用说明》对设备的相关要求：

（1）软件测试设备可包括测试工具软件以及计算机系统、网络系统、适配器、测试输入和结果输出等硬件设备。当利用计算机或自动设备对软件测试数据进行采集、处理、记录、报告、存储或检索时，实验室应对这些测试数据处理有关的软件进行核实，并对测试环境中测试工具软件的计算和数据转移进行系统和适当的检查。实验室应规定程序保证测试环境中的所有测试软件应为正式软件或与客户约定的软件，且版本正确。

（2）实验室应对测试工具软件进行版本升级和配置控制，防止误用。

（3）有指标要求的测试工具在投入使用前应对其使用范围进行检查。例如，允许500个用户的测试工具，在初次使用前，应采用适当的方法对其是否符合要求予以核查确认。

（4）正在进行测试的设备应张贴"测试中"的标识，并在屏保中设置标识，以避免错误调整测试环境影响测试工作的进行。

（5）设备记录应包括测试所用设备的配置及支撑软件等信息（包括：工具类型、名称、生产厂商、版本号、用途与性能、启用时间、许可证书、主要选件、技术文件及运行平台等信息）。测试工具软件的不同版本，均应加以唯一性标识。

五、基因扩增检测领域

CNAS-CL01-A024:2018《检测和校准实验室能力认可准则在基因扩增检测领域的应用说明》对设备的相关要求：

（1）基因扩增领域标准物质可包括目标生物（微生物、病毒、寄生虫、转基因品系等）、阳性核酸参考物质、质粒/载体等。

（2）基因扩增检验实验室每一区域都须有专用的仪器设备。各区域仪器设备都必须有明确的标识，以避免设备物品（如微量移液器或试剂等）从其各自的区域内移出，造成不同的工作区域间的交叉污染。

（3）对于没有检定、校准规程，但需出具检测数据的仪器设备，实验室应根据随机说明书和有关技术资料确定可接受标准、维护和验证的程序及频次。

（4）微量移液器要定期进行期间核查以保证容积的准确。

（5）基因识别结果或鉴定结果可溯源至公认的基因序列。

六、无菌医疗器械

《医疗器械生产质量管理规范附录无菌医疗器械》（2015年7月10日发布）关于质量控制对设备的相关要求：

（1）应当具备无菌、微生物限度和阳性对照的检测能力和条件。

（2）应当对工艺用水进行监控和定期检测，并保持监控记录和检测报告。

（3）应当按照医疗器械相关行业标准要求对洁净室（区）的尘粒、浮游菌或沉降菌、换气次数或风速、静压差、温度和相对湿度进行定期检（监）测，并保存检（监）测记录。

七、植入性医疗器械

《医疗器械生产质量管理规范附录植入性医疗器械》（2015年7月10日发布）关于质量控制对设备的相关要求：

（1）植入性无菌医疗器械注册申请人应当具备无菌、微生物限度和阳性对照的检测能力和条件。

（2）应当对工艺用水进行监控和定期检测，并保持监控记录和检测报告。

（3）植入性无菌医疗器械生产企业应当按照医疗器械相关行业标准要求对洁净室（区）的

尘粒、浮游菌或沉降菌、换气次数或风速、静压差、温度和相对湿度进行定期检（监）测，并保存检（监）测记录。

八、体外诊断试剂

《医疗器械生产质量管理规范附录体外诊断试剂》（2015 年 7 月 10 日发布）关于质量控制对设备的相关要求：

（1）生产和检验用的菌毒种应当标明来源，验收、储存、保管、使用、销毁应执行国家有关医学微生物菌种保管的规定和病原微生物实验室生物安全管理条例。

（2）应当对检验过程中使用的标准品、校准品、质控品建立台账及使用记录。应当记录其来源、批号、效期、溯源途径、主要技术指标、保存状态等信息，按照规定进行复验并保存记录。

九、定制式义齿

《医疗器械生产质量管理规范附录定制式义齿》（2016 年 12 月 16 日发布）关于质量控制对设备的相关要求：

产品生产过程中可能增加或产生有害金属元素的，注册人应当按照有关行业标准的要求对金属元素限定指标进行检验，配备相应的检验设备。

第五节　设备管理常见问题

从 CNAS 认可实验室的不符合项案例来看，设备是出现不符合项最多的要素之一，占到实验室能力认可准则不符合项总数的 37%。无论是 CNAS 认可还是注册人注册质量管理体系核查，评价设备是否符合有比较客观的衡量标准，注册人可借鉴 CNAS 认可中发现设备要素常见的不符合项加以设备管理改进，以规避发生类似的不符合。编者搜集了设备常见不符合项并进行了分类，主要包括以下方面。

一、检定 / 校准及标识方面

1. 检定 / 校准

（1）配合氧弹一起使用的氧气瓶减压阀因为氧弹已经停用而未安排进行检定，计量过期。

（2）二级反渗透析纯化水装置上的在线电导率仪未进行检定。

（3）未按 GB 27955—2011《过氧化氢气体等离子体低温灭菌装置的通用要求》对生物培养箱关键实验点（56℃）进行校准。

（4）宽带天线在 10m 法屏蔽室使用，计量证书中使用的校准方法是 3m 法。

（5）测量密度用温度计校准证书校准点：-40℃、0℃、50℃、100℃、150℃；偏离常用测试点。

（6）粗糙度测量仪的校准范围不满足 YY 0118—2016 中的要求。

（7）试验使用的秒表校准的最高精度是 10s，不满足试验需求的秒级精度。

（8）核酸检测实验室使用的实时荧光 PCR 仪进行了不同荧光通道的性能验证，但未对仪器的另一关键指标反应板温度进行校准或验证。

（9）查酶标仪及其计量证书，日常检测使用到的 570nm 波长没有计量。

（10）查阅变频电源的计量报告，未包含 150Hz 和 180Hz 参数的校准结果。

（11）拉力试验机校准证书和校准计划无试验速率的校准。

（12）容器属于强制检定仪器，应进行计量检定，但高温蒸煮锅进行的是校准。

2. 检定 / 校准标识

（1）氧气瓶减压阀压力表无计量标识。

（2）离心机等设备缺少有效计量标签。

（3）查全自动激光检测设备和辐射计有进行计量，但是设备上未粘贴计量标签。

二、检定 / 校准结果确认及验证方面

1. 检定 / 校准结果的确认

（1）研究级金相显微镜和磁感应转速表的校准结果确认记录中缺少满足检测方法的确认依据。

（2）湿度检测未引用仪器校准修正值。

（3）查马弗炉校准报告，未对校准结果进行确认。

（4）紫外辐射计校准证书出具的修正系数为 1.21，实际利用修正系数为 1.18。

（5）未能提供全自动生化分析仪校准证书的评价记录。

（6）实验室辐射骚扰检测使用天线，在辐射骚扰测试软件中，天线系数修正值为原厂数据，未根据该天线校准证书中的校准结果进行修正。

（7）查血气分析仪档案，校准 / 测试 / 检测评价结果为"计量结果符合要求，设备可正常使用"，未对设备是否适用于相应检测标准的要求进行确认。

（8）缝合线线径测量仪、呼吸麻醉测试连接系统装置未进行校准确认。

2. 验证

（1）未能提供对租借设备的磁屏蔽设施的技术确认记录。

（2）未规定用于信息技术产品检测的设备的检查和确认要求，实验室用于软件测试的计算机，未纳入设备清单中，未进行定期检查和确认。

（3）实验室利用计算机或自动设备进行数据采集和处理的现象比较普遍，但体系文件缺少对使用的软件进行相应识别的相关规定，仅考虑了使用者自行开发软件的确认，现场交流时发现实验室仅对一个内部开发的输液泵用计算软件进行了验证。

（4）内窥镜光学平台系统用计算机数据采集、处理、记录和存储，未能提供数据完整性验证记录。

（5）未能提供 X 线设备检验区域电源特征符合性的证据。未能提供检测操作区域的照度应不低于 250lx 的相关证据。

（6）数据采集器配套使用的热电偶绝缘层破损且不能满足电磁屏蔽要求。

（7）不能提供定期的电源特性（电压稳定度、频率稳定度、谐波畸变等）质量监测记录。

能力建设要求篇

三、期间核查方面

（1）某 pH 计未见期间核查记录。

（2）医用电气安全分析仪是期间核查设备，实验室未制定相应的期间核查方案。

（3）实验室未制定铅、砷、汞等标准物质期间核查计划。

（4）恒温持黏性测试仪未按要求开展期间核查工作。

（5）未能提供性能测试 Loadrunner 的核查确认记录。

（6）查氧气透过率测试仪档案，未按年度期间核查计划开展期间核查。

（7）未能提供紫外 – 可见分光光度计的期间核查记录。

（8）传导发射测试系统的期间核查记录中，核查结果未给出与上次核查记录的差异，与作业指导书不符。

四、操作规程方面

（1）静电放电模拟器查无操作规程。

（2）精密切割机和自动研磨抛光机无相应操作规程。

（3）大型设备电感耦合等离子体质谱仪未编写设备操作规程。

（4）大型设备热分析、材料试验机、疲劳试验机缺少作业指导书。

（5）未修订气相色谱仪维护操作规程。

（6）实验室缺少软件检测作业指导书。

五、使用授权方面

（1）已投入使用的某离子色谱仪和气质联用仪按规定属一级设备，且为操作分析技术相对要求较高的定量设备，但未纳为授权使用设备。

（2）某功率放大器属于授权设备，已启用，但未对使用人员进行授权。

（3）避孕套爆破试验仪贴有授权使用标识，现场设备操作人员未经过授权。

六、其他

（1）在标准 GB/T 17626.8 的工频磁场检测项目中，因未配备 1m×2.6m 的线圈，无法满足 YY 0505 标准中大型医疗设备的检测要求。另外还缺少用于系统检查的梳状波发生器。

（2）高压试验区域未有效隔离和警示；测试高速旋转的试验样品（如手机）无防护罩保护；实验室的故障项目试验区未设置安全隔离区。

（3）直流电源设备已停用，无停用标识。抗扰度测试仪设备部分功能限用，无限用标识。

（4）共模抑制比测试工装，设备的采购验收记录不完整，不符合程序文件的规定。

（编写：李伟、赵嘉宁、张旭）

第七章
耗材保障

医疗器械检测耗材指用于医疗器械产品检测的各类试剂、原材料、消耗用品等，其对检测结果的准确性、有效性至关重要。根据耗材特性进行分类、科学有效地进行管理，方能确保检测过程受控。

第一节　常用检验耗材的分类

目前，检验耗材还没有较统一的定义，一般认为是实验用消耗频繁的配件类物品，是实验室工作正常开展的物质基础。本章以实用性为原则，结合耗材管理特性，将常用检验耗材简单划分为试剂类耗材和非试剂类耗材两大类。再根据耗材用途或组成特点对耗材进行细分，见表7-1。

表 7-1　常用检验耗材的分类

一级分类	二级分类	三级分类
非试剂类耗材	化学试验耗材	玻璃器皿、石英制品、陶瓷制品、塑料制品、金属制品、橡胶制品、纸制品等，详见表7-2
	细胞培养试验耗材	详见表7-2
	分子生物试验耗材	详见表7-2
	微生物试验耗材	详见表7-2
	过滤/净化耗材	详见表7-2
	防护用品	详见表7-2
	仪器设备专用耗材	详见表7-2
试剂类耗材	生物活性试剂	各类单抗、多抗、重组抗原、中和抗原等抗原抗体类
		血清蛋白临床样本类
		检测用试剂盒类
		生物活性酶类
		引物探针类
		检测片

续表

一级分类	二级分类	三级分类
试剂类耗材	生物活性试剂	质粒类
		质控菌类
	化学试剂	理化危险化学试剂
		健康危险化学试剂
		环境危险化学试剂
	气体	压缩气体
		液化气体
		溶解气体
		低温液化气体

能力建设要求篇

一、非试剂类耗材

根据非试剂类耗材的应用领域特点，将其划分为化学试验耗材、细胞培养试验耗材、分子生物试验耗材、微生物试验耗材、过滤 / 净化耗材、防护用品、仪器设备专用耗材 7 大类，详见表 7-2。

表 7-2 非试剂类耗材的分类

分类	举例
化学试验耗材	玻璃器皿：烧杯、移液管、皿管类、漏斗类、锥形瓶、真空器皿、成套装置等
	石英制品：坩埚、蒸发皿、漏斗、石英管、石英棉等
	陶瓷制品：坩埚、蒸发皿、研钵、布氏漏斗、方舟、白反应板等
	塑料制品：瓶、量筒、漏斗、烧杯、洗瓶、离心管、试管架、枪头、针筒等
	金属制品：样品匙、坩埚、铁架台、滴定台、试管架、坩埚钳、夹子、镊子、实验剪刀等
	橡胶制品：硅胶管、胶塞、吸头、吸耳球、双连球、乳胶管等
	纸制品：试纸、称量纸、擦镜纸、清洁擦拭用品等
细胞培养试验耗材	细胞培养皿、细胞培养瓶、细胞培养板、细胞培养管（袋）、移液管、细胞培养载玻片、细胞计数板、三角瓶等
分子生物试验耗材	免疫检测板、封板膜、封口膜、加样槽、制备管、冻存管、蓝盖瓶、PCR 耗材（PCR 管、八连排 PCR 管、PCR 管架、96 孔板、384 孔板）等
微生物试验耗材	培养皿、培养试管、接种环 / 针、酒精灯、涂布器、三角瓶、均质罐、载玻片、盖玻片、无菌袋、脱脂棉、移液管、无菌过滤膜、无菌过滤器、厌氧罐等

续表

分类	举例
过滤/净化耗材	滤纸、滤膜、针头滤器、固相萃取小柱、玻璃层析柱、净化柱、过滤离心管等
防护用品	头帽、面罩、口罩、手套、鞋套、防护服等
仪器设备专用耗材	枪头、电泳附件、进样针、纯水柱、色谱柱、保护柱、内衬管、石墨管、炬管、雾化器、比色皿等

二、试剂类耗材

根据试剂的成分和形态特点，可将试剂简要分成生物活性试剂、化学试剂、气体三大类。

1.生物活性试剂

生物活性试剂是指其成分具有生物活性的试剂。医疗器械检验常用的生物活性试剂见表7-3。

表7-3　常用的生物活性试剂

类别	举例	获取途径
各类单抗、多抗、重组抗原、中和抗原等抗原抗体类	铁蛋白包被抗体、铁蛋白标记抗体、糖类抗原CA50、游离三碘甲状腺原氨酸抗原等	/
血清蛋白临床样本类	小牛血清、临床血清、血浆、全血、组织液、细胞株等	医院或临检中心
检测用试剂盒类	氯霉素检测试剂盒、禽流感试剂盒、新冠检测试剂盒等	/
生物活性酶类	TaqDNA聚合酶、蛋白K酶、DNA聚合酶、UDG酶等	/
引物探针类	引物探针混合液	人工合成，各类生物信息服务第三方或者用户自行合成
检测片	大肠埃希菌检测片、金黄色葡萄球菌反应片等	国内外有资质的原料供应商
质粒类	内标质粒、DNA模板等	人工合成，各类生物信息服务第三方或者用户自行合成
质控菌类	金黄色葡萄球菌（ATCC25923）、铜绿假单胞菌（ATCC27853）、大肠埃希菌（ATCC25922）、肺炎链球菌（ATCC49619）、白色假丝酵母菌（ATCC10231）等	中国医学细菌保藏管理中心（CMCC）、美国国家典型菌种保藏中心（ATCC）、英国国家典型菌种保藏中心（NCTC）或上级业务部门保存的可溯源的质控菌种

2.化学试剂

根据《全球化学品统一分类标签制度》（GHS）、《化学品分类和危险性公示　通则》

能力建设要求篇

（GB 13690—2009）并参考《危险化学品分类及包装技术》，根据危险特性分为三大类。

（1）理化危险　具体分为爆炸物、易燃气体、易燃气溶胶、氧化性气体、压力下气体、易燃液体、易燃固体等16种。

（2）健康危险　具体分为急性毒性、皮肤腐蚀/刺激、严重眼损伤/眼刺激、呼吸或皮肤过敏、生殖细胞致突变性、致癌性等10种。

（3）环境危险　主要是指危害水环境，具体分为急性水生毒性、生物积累潜力、快速降解性、慢性水生毒性4种。

试验中常用的危险特性化学试剂见表7-4。

表7-4　常用的危险特性化学试剂

化学试剂	危险特性
甲醛	强腐蚀性，有毒性，具有刺激性气味
高锰酸钾	具有腐蚀性、刺激性，避免与甘油、蔗糖、樟脑、松节油、乙二醇、乙醚、羟胺等有机物质混合，以免引起强烈燃烧和爆炸
氨水	强腐蚀性
硝酸	有腐蚀性、氧化性和强烈的刺激性气味
浓盐酸	强腐蚀性，强刺激性臭味
浓硫酸	强腐蚀性
无水乙醇	易燃，易爆
氢氟酸	强腐蚀性
二甲亚砜	有毒，有刺激性
乙酰苯胺	有毒
氢氧化钠	强腐蚀性
三（羟甲基）胺基甲烷	有刺激性
四甲基联苯胺	避免皮肤直接接触
丙三醇	低毒性
乙二胺四乙酸	应远离热源、火种
乙二胺四乙酸二钠	低毒性
硫柳汞钠盐	剧毒性
叠氮钠	剧毒性
硝酸铅	有毒性，避免吸入、食入及与皮肤接触

续表

化学试剂	危险特性
硝酸钾	有毒性，避免吸入、食入及与皮肤接触；应避免与有机物接触，以免引起燃烧爆炸，并放出刺激性气味和有毒气体
氯化高汞	剧毒性
硝酸银	对人体有腐蚀作用；在干燥条件下，受轻微摩擦就发生爆炸
草酸铵	有毒性
二苯胺	避免与眼睛和皮肤接触
甲醇	有毒性，易燃
丙烯酰胺	有毒性
过硫酸铵	有腐蚀性，避免与还原性较强的有机物混合，以免引起着火或爆炸
甲叉双丙烯酰胺	有毒性，轻微刺激眼睛、皮肤和黏膜；应避免与人体长时间接触
四甲基乙二胺	易燃液体，有刺激性，应避免与眼睛、皮肤接触
十二烷基硫酸钠（SDS）	避免与皮肤直接接触
次氯酸钠	有腐蚀性
二甲基甲酰胺	中等毒性，应避免吸入及与皮肤直接接触，遇明火、高热可引起燃烧爆炸；能与浓硫酸、发烟硝酸剧烈反应甚至发生爆炸
过氧化氢	有腐蚀性，氧化性
硼氢化钠	遇湿易燃，有毒性，避免吸入、食入及与眼睛接触
高碘酸钠	对眼、上呼吸道、黏膜和皮肤有刺激性，避免急剧加热，以免引起爆炸

能力建设要求篇

3. 气体

实验室使用的气体种类较多，如氢气、氮气、氩气、氯气、氧气、二氧化氮压缩空气、氦气及乙炔等，具体种类见表 7-5。它们通常储存于气体钢瓶内，由于气体的易燃、易爆、助燃等特性，在使用过程中存在大量的不安全因素，需对气体钢瓶进行安全使用与管理。

表 7-5　气体种类

分类	举例
压缩气体	氧气、氮气、氢气、空气、氩气等
液化气体	二氧化碳、氧化亚氮、一氧化氮、二氧化硫、丙烷等
溶解气体	乙炔等
低温液化气体	液态氧、液态氮、液态氩等

第二节 耗材的选择、验收及供应商评价

一、耗材选择

实验室为保证检验结果准确，应对影响检验结果的各方面因素加以控制。根据 CNAS-CL01:2018《检测和校准实验室能力认可准则》的要求，实验室应获得正确开展实验室活动所需的并影响结果的设备，包括但不限于：测量仪器、软件、测量标准、标准物质、参考数据、试剂、消耗品或辅助装置。在此对开展项目的实验室提出了要求，需在开展实验前根据实验方案的内容获得正确的耗材。根据上一节的耗材分类，对耗材的选择进行详述。

1. 非试剂类耗材

（1）防护用品 为确保试验人员的人身安全，避免试验过程的交叉污染，开展实验前，应根据实验过程涉及的有害成分、侵入身体的途径（眼、鼻、口、皮肤）、健康危害、物理危害、对靶器官的影响选择合适的防护用品，见表7-6。

表7-6 防护用品的选择

侵入身体的途径	主要危害来源	建议的防护装备
眼	挥发性试剂、易燃易爆化学品、易碎实验容器、实验放热飞溅、实验产生气溶胶等	护目镜
鼻	挥发性试剂、传染性病原微生物、气溶胶等	过滤式防毒面罩
口	挥发性试剂、腐蚀性试剂、剧毒试剂等	过滤式防毒面罩
皮肤	易燃易爆化学品、腐蚀性试剂、锐器、易碎实验容器、实验放热飞溅、传染性病原微生物等	手套、防护服等

如涉及二类及以上的病原微生物、临床样本的项目，还需对照《生物安全法》《实验室生物安全通用要求》《人间传染的病原微生物名录》《病原微生物实验室及实验室活动备案通知书》及对应领域的标准要求或规范进行配备。

（2）试验用耗材 在试验前对实验过程进行预推导，确保试验过程中使用的耗材均准备齐全。如化学滴定试验：第一步配制滴定用标准液和指示剂，考虑预计配制的溶液体积，选择对应体积的容量瓶、移取溶液用具（移液管或移液枪）和容器；第二步取检测液，考虑需用到的容器（反应如果放热或吸热需选择抗温度变化耐腐蚀的器皿如耐热玻璃，反应如果有强酸强碱需选择耐酸玻璃/耐碱玻璃，反应对光比较敏感应选择棕色玻璃），移取用具（移液管或移液枪）；第三步滴定开始，选择滴定管（酸碱专用滴定管材质不一样）；第四步记录结果，清理试验台面，应配备剩余溶液、指示剂和滴定结束溶液的回收容器。

其他试验用非试剂类耗材的选择可参考表7-7。

表 7-7　试验用非试剂类耗材的选择示例

用途	耗材选择要求
细胞培养试验	容器和接触的器具需要无菌无毒。细胞培养基分为天然培养基（血清、血浆、淋巴液等）和合成培养基（无机盐、氨基酸、维生素、糖类等细胞生长基本物质的模拟合成物质）。应选择适宜的培养基
分子生物试验	分子生物学试验耗材技术含量高，需掌握不同品牌、货号的耗材性能及使用关键点。由于使用要求精度较高，仪器设备一般选择配套耗材，如非配套，应提前获取小样验证耗材的适配度。不同批次间也有差异，对要求比较高的实验需提前验证
微生物试验	《检测和校准实验室能力认可准则在微生物检测领域的应用说明》对耗材做了比较详细的规定，实验必不可少的耗材在做性能验收后再进行使用
过滤/净化试验	过滤/净化是具有孔隙的物料层截留流动相或样本杂质的过程。该类实验需注意具有孔隙的物料层的选择和装配过滤装置的紧密性

2.试剂类耗材

试剂类耗材选择时，需要特别关注试剂的纯度、等级，以确保满足相应方法的要求。如对于化学试剂，根据纯度高低可分为四个等级，详见表 7-8；对于实验室用水，根据 GB/T 6682—2008，分三个等级，详见表 7-9，纯度高的试剂可替代低纯度的试剂用于相应的试验，反之则不可。

当要求建立测量结果计量溯源性时，常需要用到标准（参考）试剂以确保数据的准确性、可靠性。根据标准物质的纯度等级、是否有证进行选择，医疗器械检验常用的标准物质清单见表 7-10 及表 7-11。

微生物试验时，培养基的选择可参考表 7-12。

表 7-8　化学试剂纯度分级

化学品等级	说明
实验纯	LR 级，纯度较差，杂质含量不做标示，适合于一般化学试验（精度要求不高）和合成制备
化学纯	CP 级，纯度较高，存在干扰杂质并未注明，适合于化学实验和合成制备
分析纯	AR 级，纯度较高，杂质很低，适合于临床检验中常用试剂的制备、工业分析及化学实验
优级纯	GR 级，纯度很高，适合于精确分析和研究工作，有的可作为基准物质

表 7-9　实验室用水分级

实验室用水纯度分级	适用范围
一级实验用水	用于有严格要求的分析试验，包括对颗粒有要求的实验。如高效液相色谱分析用水、电泳、毒理筛查
二级实验用水	用于无机痕量分析、定性化学测定及多数临床测定领域，如原子吸收光谱分析用水、免疫学用水、微生物学用水
三级实验用水	用于一般化学分析实验

能力建设要求篇

表 7-10　化学检验常用标准物质清单

分类	举例
标准溶液	紫外波长标准溶液、磺胺嘧啶标准品、诺氟沙星标准品、正十六烷标准溶液、砷标准溶液、铅标准溶液、重铬酸钾标准溶液等
滴定液	四苯硼钠滴定液、硫代硫酸钠滴定液、氢氧化钠滴定液、硝酸银滴定液、EDTA 滴定液等
缓冲液	醋酸缓冲溶液、EDTA 缓冲液等

表 7-11　体外诊断试剂检验常用标准物质清单

品名	标准物质证号	发布单位（举例）
促甲状腺素标准品	150530、NIBSC81/565	中国食品药品检定研究院、英国国家生物标准与检定所
三碘甲酰原氨酸（T$_3$）标准品	150550	中国食品药品检定研究院
甲状腺素标准品	150551	中国食品药品检定研究院
促卵泡生成素标准品	150533、NIBSC92/510	中国食品药品检定研究院、英国国家生物标准与检定所
促黄体生成素	150531	中国食品药品检定研究院
胰岛素（Insulin）	NIBSC83/500	英国国家生物标准与检定所
降钙素（CT）	NIBSC89/620	英国国家生物标准与检定所
Human Lactate Dehydrogenase Isoenzyme 1（乳酸脱氢酶）	ERM−AD453k/IFCC	European Reference Materials（ERM）
Urea Frozen Human Serum（尿素）	NISTSRM909c	National Institute of Standards and Technology（NIST）
冰冻人血清肌酐成分分析标准物质	GBW09170	中国计量科学研究院
冷冻人血清中肌酸激酶（CK）、乳酸脱氢酶（LDH）、丙氨酸氨基转移酶（ALT）、天冬氨酸氨基转移酶（AST）、γ-谷氨酰基转移酶（GGT）、α-淀粉酶（AMY）催化活性浓度标准物质	GBW（E）090593	北京市医疗器械检验所
丙氨酸氨基转移酶（ALT）（冻干粉）标准物质	GBW（E）090163	北京康彻思坦生物技术有限公司
丙氨酸氨基转移酶（ALT）（冻干粉）标准物质	GBW（E）090164	北京康彻思坦生物技术有限公司
丙氨酸氨基转移酶（ALT）（冻干粉）标准物质	GBW（E）090165	北京康彻思坦生物技术有限公司

表 7-12 微生物检验常用培养基清单

培养基名称	产品说明及用途
胰酪大豆胨琼脂培养基 Tryptic Soy Agar（TSA）	用于一般细菌保存菌种、纯培养以及需氧菌总数计数。生产环境空气微生物监测（沉降皿、接触皿），用于医药工业洁净室沉降菌和浮游菌监测
胰酪大豆胨液体培养基 Tryptic Soy Broth（TSB）	用于药品和生物制品无菌检查以及需氧菌 MPN 法计数以及抑菌效力检查
胰酪大豆琼脂斜面 Tryptic Soy Agar Slant	一般细菌培养、转种、复壮、增菌等
沙氏葡萄糖琼脂培养基 Sabouraud Dextrose Agar（SDA）	用于酵母菌和霉菌培养及总数计数。生产环境空气微生物监测（沉降皿、接触皿），用于医药工业洁净室沉降菌和浮游菌监测
沙氏葡萄糖液体培养基 Sabouraud Dextrose Broth	用于酵母菌和霉菌培养
R2A	用于水中细菌总数的测定
硫乙醇酸盐流体培养基	用于无菌检查
改良马丁培养基 Martin Broth，Modified	用于真菌培养及无菌检查
紫红胆盐葡萄糖琼脂 Violet Red Bile Glucose Agar	用于耐胆盐革兰阴性菌选择性分离培养
麦康凯琼脂 Mac Conkey Agar	用于药品中大肠埃希菌的选择性分离培养
麦康凯液体培养基 Mac Conkey Broth	用于药品中大肠埃希菌的选择性增菌培养
木糖赖氨酸脱氧胆酸盐琼脂培养基 Xylose Lysine Desoxycholate Agar	用于药品中沙门菌的选择性分离培养
甘露醇氯化钠琼脂培养基 Mannitol Salt Agar	用于药品中金黄色葡萄球菌的选择性分离培养
溴化十六烷基三甲铵琼脂培养基 Cetrimide Agar	用于药品中铜绿假单胞菌的选择性分离培养
玫瑰红钠琼脂培养基 Rose Bengal Agar	供霉菌和酵母菌的计数、分离、培养用
念珠菌显色培养基 Chromogenic Candida Agar	用于白色念珠菌的鉴别
营养肉汤培养基 Nutrient Broth	一般细菌培养、转种、复壮、增菌等
营养琼脂培养基 Nutrient Agar	供细菌总数测定、保存菌种及纯培养用

能力建设要求篇

培养基名称	产品说明及用途
三糖铁琼脂斜面 Triple Sugar Iron Agar Slant	用于药品中沙门菌的鉴别培养
三糖铁琼脂培养基 Triple Sugar Iron Agar（TSI）	用于鉴别肠道菌发酵蔗糖、乳糖、葡萄糖及产生硫化氢的生化反应
R2A 琼脂培养基 R2A Agar	用于水中细菌总数的测定
马铃薯葡萄糖琼脂培养基 Potato Dextrose Agar	用于霉菌培养
肠道菌增菌液体培养基 Enterobacteria Enrichment Broth-Mossel	用于药品中耐胆盐革兰阴性菌的选择性增菌培养
哥伦比亚琼脂培养基 Columbia Agar	用于药品中产气荚膜梭菌的分离培养

二、耗材验收

耗材验收既要做到全面，又要做到有的放矢，切合实际的对可能影响检测质量的环节进行检查，排除影响检验工作的因素。管理部门负责耗材的规格、级别、数量、保质期、质量证明文件的验收。使用部门负责耗材质量的验收，对关键性耗材的验收应制定相应的文件来指导验收工作。具体管理详见第三节耗材管理中耗材管理要求验收部分内容。

三、供应商评价

采购前，应对供应商进行评价，建立健全的供应商档案，对供应商的资质、信誉度以及经营的品种进行调查评价，在供应品的采购上既要做到经济，更要保证质量，一定要把供应品的质量放在第一位。

采购部门建立供应商再评价制度，根据采购情况、验收及使用情况定期对供应商进行评价并记录，通过长期的合作筛选出合格的供应商。如可对耗材使用部门征求使用评价意见表，对不同规格或者厂家的耗材进行比对实验，建立实验室的检验标准（尽量使用国际通用标准溯源方法，没有的可建立实验室之间的通用方法），也可以积极参与实验室之间的比对及能力验证实验来验证实验室整个测试系统的稳定性与准确性等，通过以上方式对耗材供应商进行评价。

第三节　耗材管理

一、管理流程

完整的耗材管理流程应至少包含制定文件规范申购计划、耗材验收、耗材入库、耗材存放、耗材的请领、耗材的使用及评价等要素。规范化的耗材使用和管理，应从源头上开始控制实验的质量，杜绝漏洞，减少浪费。如耗材验收后进行入库登记，并制定文件进行出入库管理，都应对关键信息予以记录。具体信息详见表 7-13。

表 7-13　耗材管理一般流程

流程	内容	需要包含的信息
制定申购计划	申请部门明确所需耗材的具体要求和验收准则，向采购部门提出申请。采购申请经过审查和批准后方可组织实施。采购部门保存相应申请、审评采购、验收等文件记录，与外部供应商进行沟通	申请部门信息、申请人、耗材名称、耗材具体要求、数量、使用场所、耗材用途、验收准则等
耗材验收	由采购部门和申请部门/使用部门共同对耗材进行验收。采购部门主要负责数量、生产许可证、生产合格证等证明文件资料及信息的收集和确认。申请部门/使用部门负责对产品质量、产品适用性、理化性质等信息进行验收	申请部门/使用部门申请人、保管人、名称、数量、规格、批号/货号、单位、验收准则和结果记录；供应商名称、联系人、联系电话、联系地址等
耗材入库	一般由采购部门汇总耗材信息并建立档案（台账），如申请部门/使用部门设立分保存地点，需有保存部门设立人员、场所，建立档案进行管理	名称、数量、规格、有效期、批号/货号、价格、单位、说明书/证书、保存条件、存放地点
耗材存放	关注设立存放区域及存储设备的稳定性，考虑的变量为温度、湿度、气流、光等对耗材产生影响的因素，定期盘点核查	管理员、盘点核查周期、核查项目、耗材保存变量监控记录
耗材的请领及退还	为保障物料平衡，耗材使用需申请登记，未使用完的耗材需退还并记录	领取时间、领取人、使用人、使用地点、数量、规格、批号/货号、用途；剩余的实验耗材归还记录：耗材名称、领取人、退还人、退还时间、耗材单位、退还数量
耗材的使用及评价	制定对供应商的确定、选择、评价准则，并保存相关评价、选择、监控、再评价记录以及根据评价、监控表现的结果采取措施的记录。必要时，应制定合格供应商名录	程序制定的部门负责汇总，使用部门填写相关评价、选择、监控、再评价意见。明细：使用部门、评价人、审批人、耗材名称、供货商、型号规格、批号/货号
耗材废弃/处理	对使用后的耗材废弃物，考虑其生物危害、物理危害、环境危害，制定对应的文件进行规范处理，涉及需要第三方提供处理服务的，需验证其资质并进行监控评价	申请部门、名称、数量、规格、批号/货号、价格、单位、废弃/处理原因；提供处理服务方资质、服务类型、服务评价要求等

举例：气瓶的存放及管理

制定申购计划：气瓶作为特殊的压力容器，主要参数包括：正常保存环境温度、工作压力范围、容积、盛装气体类型、气瓶压力阀。从具有气瓶审查或气瓶充装许可证的厂家采购或充装气瓶。

气瓶验收：接收前应进行检查验收（验收包括检查气瓶有无定期检验，有无钢印、查气瓶出厂合格证、查气瓶有无防震圈、查气瓶有无防护帽、查气瓶气嘴有无变形、开关有无缺失、外观是否正常、颜色统一、其他附件是否齐全，是否符合安全要求）。气瓶使用单位应指定气瓶现场管理人员，在接收气瓶时以及在气瓶使用过程中定期对气瓶的外表状态进行检查。按照《安全目视化管理规定》的有关要求，挂贴相应的标签。对有缺陷的气瓶，应与其他气瓶分开，并及时更换或报废。

能力建设要求篇

气瓶入库：经验收合格的气瓶，记录气体类型、数量，放置在合适的存放区域。气瓶的放置地点不得靠近热源，应与办公、居住区域保持10m以上。瓶应防止曝晒、雨淋、水浸，环境温度超过40℃时，应采取遮阳等措施降温。氧气瓶和乙炔气瓶使用时应分开放置，至少保持5m间距，且距明火10m以外。盛装易发生聚合反应或分解反应气体的气瓶，如乙炔气瓶，应避开放射源。气瓶应立放使用，严禁卧放，并应采取防止倾倒的措施。气瓶及附件应保持清洁、干燥，防止沾染腐蚀性介质、灰尘等。氧气瓶阀不得沾有油脂。

气瓶存放：气瓶宜放置在专用的气瓶柜，房间通风良好，定期对气瓶进行检查，气瓶的检查主要包括气瓶是否有清晰可见的外表涂色和警示标签、气瓶的外表是否存在腐蚀、变形、磨损、裂纹等严重缺陷、气瓶的附件（防震圈、瓶帽、瓶阀）是否齐全、完好、气瓶是否超过定期检验周期、气瓶的使用状态（满瓶、使用中、空瓶）。

气瓶使用过程中的控制：委托具有气瓶检验资质的机构对气瓶进行定期检验，检验周期如下。盛装腐蚀性气体的气瓶（如二氧化硫、硫化氢等），每两年检验一次；盛装一般气体的气瓶（如空气、氧气、氮气、氢气、乙炔等），每三年检验一次；盛装惰性气体的气瓶（氩、氖、氦等），每五年检验一次。气瓶在使用过程中，发现有严重腐蚀、损伤或对其安全可靠性有怀疑时，应提前进行检验。超过检验期限的气瓶，启用前应进行检验；库存和停用时间超过一个检验周期的气瓶，启用前应进行检验。设置管理员，制定检查周期，对气瓶进行检查。

气瓶使用：气瓶使用完毕，要妥善保管。气瓶上应有状态标签（"空瓶""使用中""满瓶"标签）。使用过程中发现气瓶泄漏，要查找原因，及时采取整改措施。

气瓶的处置：使用后的气瓶交由有资质的供应商处理，不可随意丢弃。

二、耗材管理要求

注册人应对实验室耗材进行合格有序的管理，养成正确规范的耗材使用习惯，确保自检工作稳定安全进行。

1. 验收、保存与使用

（1）验收　耗材验收方式中的难点是如何做到避免验收工作流于形式，又不过分增加验收工作的工作量。可采用ABC分类法，又称主次因素分析法，该分类法是管理学常用的方法，核心思想是在决定一个事物的众多因素中分清主次。采用该分类法，按照重要性大小、数量多少、批次间不稳定性的大小将实验室耗材分为A、B、C三类进行管理，以达到平衡验收工作量的目的。A类耗材为重要性大、数量少、批次间不稳定性大的耗材，要做综合性能评价型验收，加强管理；B类耗材次之，为重要性较高、数量较少、批次间不稳定性较为大的耗材，可根据耗材实际使用场景，进行关键性能验收；C类耗材为重要性小、数量多、批次间不稳定性小的耗材，进行常规的验收即可。

综合性能评价型验收一般需要将验收方法制定成文件化的控制程序。关键性能验收指针对性验证对实验有影响的性能，对需要控制的变量进行验收核查。常规验收指对耗材外观、资料等核查验收。验收的控制程序应包含以下信息：使用范围、被测物的描述、被测物的参数范围、仪器设备（应有性能方面的要求）、所需耗材/标准物质/其他服务、环境要求、时间周期、方法的具体实施内容、接收或拒绝的要求和判断、需记录的数据及分析、不确定度评价

（如需）、检出限（如需）。

如一次性无菌培养皿，通过外观验收，在耗材接收时，检查产品合格证明，批号和（或）生产日期、有效期及贮存条件，外包装密封性等。再针对无菌项目进行检验验收，用营养琼脂培养基培养 48 小时后，检查培养皿上是否生长菌落或计算平板菌落数。所有检查培养皿均不生长菌落，则该样品达标，可判为合格，通过验收，可投入使用。

使用部门负责对耗材进行性能评价，包括理化性能、准确度实验、精确度实验、干扰试验、稳定性实验、线性范围检测等。耗材使用中出现的问题等信息，应由程序规定的部门进行汇总，再进行综合评价，以加强采购过程中的科学性，确保试剂耗材质量和检验结果真实可靠。

（2）保存　长久保存（低温冰箱）的菌株需按所附说明书要求妥善保存，并以双人双锁方式受控管理，以保证安全，防止意外；移植传代后的菌株于普通冰箱内 2~8℃上锁受控保存，定期检查冰箱温度、湿度及菌种有无异常；质控菌株应根据使用情况（冻存种和各级工作菌株等）区分不同温度进行保藏，新购入菌株在未验收前应根据说明书规定进行保存并尽快制作冻存种。

对于危险化学品及贵重化学品必须严格遵守双人管理机制，加装视频监控系统，根据使用量取用，并实时对危险化学品流向在管理信息系统中进行登记，使用、处理和废弃均需有记录。提高实验室的安全防范能力。

滴定液与标准溶液由专人发放并满足相关管理要求。如滴定液与标准溶液试剂质量要求：①配制滴定液与标准溶液的试剂为基准试剂或分析纯试剂，配制前检查封口及包装情况，应无污染，在规定的使用期内；②配制滴定液与标准液所用的水为符合中国生物制品要求的纯化水；③用来标定滴定液浓度的基准物质应为"基准试剂"，为防止基准试剂存放后可能吸潮，配制前应干燥至恒重。滴定液与标准溶液的配制要求：①称重需使用灵敏度为万分之一的专用天平；②玻璃仪器应清洁无痕迹，所用容量玻璃仪器须经过校正，有校检合格证，如容量瓶、滴定管、移液管均选用一等品（A 级）；③滴定液标定和复标所需天平与玻璃仪器要符合相关要求；④滴定溶液配制后应摇匀，放置三天以上方可标定（有些需过滤）；⑤滴定溶液要由第一人进行标定，第二人进行复标；⑥每次标定或复标应作几份平等操作，一般不得少于三份，其结果应有严格的一致性，然后采用算术平均值，结果的相对偏差均不得超过 0.1%；⑦如果标定与复标结果满足误差限度的要求，则将二者的算术平均值作为滴定结果。滴定液的配制、标定、复标与标准溶液的配制应有完整的专用原始记录。复标合格的滴定液及配制好的标准溶液须贴签，标签上写明：品名、浓度、配制日期、标化日期、标化温度、标化人、复标温度、复标日期、复标人、使用有效期等。滴定液应定期复标。滴定液的使用期限除另有规定外一般为 1~3 个月，超过期限不得使用。

（3）使用　标准物质使用管理应满足以下要求：使用时应从部门管理员处领用，并填写使用记录表。标准物质应当按需使用，已取出的标准物质严禁倒回原瓶中，如用移液管移液时应润洗移液管，并不得回放，润洗及使用剩余的标准物质应集中收集，集中处理，防止污染。使用人在使用前应对标准溶液外观进行检验，如有异常，应停止使用或重新标定。使用中发现异常时应及时进行处理，并对之前的检验结果进行追踪。超过有效期的应及时处理。

细菌菌株的移植传代由专人执行，该人员必须受过专业培训，有足够的菌种处理经验。长久保存的菌株在启用时，要经移种至适宜的培养基上进行培养，生长良好，有典型的形态和生化特征方可使用。使用斜面低温保存法保存的菌株须按规定时间进行传代。保存时间依微生物的种类而有所不同，对于工作种、霉菌、放线菌及有芽孢的细菌最长可以保存 2 个月；酵母菌最长可以保存 1 个月；细菌最长可以保存 2 周。移植传代时核对编号、传代次数、传代日期、所用培养基等并记录，每次移植传代后，要与原种的编号、名称核对，检验培养特征无误时方可再继续保存。传代次数必须严格按照相关标准的要求执行，以免因传代次数过多，造成突变，影响实验结果。质控菌株的相关传代操作必须在生物安全柜中进行。

2. 耗材期间核查

在实验室耗材的管理上，定期检查和审核是非常有必要的，应当制定相应的措施进行控制，如进行多次的检查和排除以确保耗材的储存状态，或者可以定期检验耗材储存状态并有明确的规定。

对于使用年限较长、稳定性和可靠性等性能下降、使用频繁、恶劣环境下使用、测量关键项目或对测量准确度要求较高的参考物质，医疗器械注册人应当进行必要的期间核查活动。

大多数情况下，对标准物质特性量值准确性的核查比较困难也不太现实。因此，开展标准物质期间核查时，对未开封的有证标准物质，核查是否在有效期、是否按规定条件正确保存；对已开封的有证标准物质，核查是否在有效期、使用次数及保存条件是否满足证书规定的要求，必要时（基于风险评估），对其特性量值的稳定性进行核查，核查的方式包括：与上一级或不确定度相近的同级有证标准物质进行量值比对、送有资质的检测 / 校准机构确认、进行实验室间的量值比对、测试近期参加能力验证且结果满意的样品、采用质控图进行趋势分析等。

3. 耗材损耗管理

一般企业都有两个经济上的目标：生存与利润，而一切的管理效率工作都是在这两大目标下求取最大的达成率。进行耗材管理的目的就是让企业以最低的费用、理想且迅速的流程，适时、适量、适价、适质地满足使用部门的需要，减少损耗，发挥耗材的最大效率。耗材管理的目标主要体现在以下四个方面。

（1）正确计划损耗　耗材管理的首要目标是正确计划损耗。一般来说，实验室会根据检验流程的要求，不断对耗材产生需求。耗材管理部门应该根据实验室的需要，在不增加额外库存、占用资金尽量少的前提下，为实验室提供检验所需的耗材。这样，就能做到既不浪费耗材，也不会因为缺少耗材而导致检验停滞。

（2）适当的库存量管理　适当的库存量管理是耗材管理所要实现的目标之一。由于耗材的长期搁置，占用了大量的流动资金，实际上造成了自身价值的损失。因此，正常情况下企业应该维持多少库存量也是耗材管理重点关注的问题。一般来说，在确保实验所需耗材量的前提下，库存量越少越合理。

（3）发挥盘点的功效　耗材的采购一般是按照定期的方式进行的，企业的采购部门必须掌握现有库存量和采购数量。有些企业忽视了耗材管理工作，对仓库中究竟有多少耗材缺乏了解，耗材管理极为混乱，以致影响了正常的生产。因此，耗材管理应该充分发挥盘点的功效，使管理工作的效率不断提高。

（4）确保耗材的品质　任何物品的使用都是有时限的，耗材管理的责任就是要保持好耗材的原有使用价值，使物质的品质和数量两方面都不受损失。为此，要加强对耗材的科学管理，研究和掌握影响耗材变化的各种因素，采取科学的保管方法，同时做好耗材从入库到出库各环节的质量管理。

耗材管理所要处理的内容不是一成不变的，而是随着其在检验过程中的作用不断扩大而变化的，我们应该正确划分好耗材管理的范围，使耗材管理处于井然有序的状态，才能更好地实现耗材管理的目标。

4. 剩余耗材处理

一次性损耗耗材做销毁处理，或物理处理，或化学处理，生物危害性耗材做医疗垃圾处理，需要特别标识，用密闭不漏水的污染袋（箱）分类打包，专人收集并灭菌后送专门机构集中处理，均不可再次使用。可多次使用的耗材则需要关注的信息比较多，如校准品、参考品或者是抗原抗体纯品必须在有效期内使用。对于冻存的校准品、参考品或者抗原抗体纯品则需要关注说明书中说明的冻融次数，超过规定的冻融次数不能继续使用。使用前必须先检查溶液的有效期，若超过有效期或在有效期内有长菌、浑浊、颜色变化等异常现象，则不能继续使用。

三、耗材管理记录要求

耗材管理过程中，每一步的数据都应记录，这样也方便后期的检验核查、追溯及参考。耗材经验收合格之后入库，进行库存登记，记录耗材信息及库存情况；根据耗材的特性不同，储存条件不同进行分类存放，同时对存放环境的相关参数（如温湿度、光照、风速等）进行监控记录，确保环境满足耗材的要求；在领用耗材时，建议确认耗材详细情况，如试剂类耗材是否变质，是否存在破损情况等，确认无误后进行耗材领用登记，管理人员做好出入库记录。自配标准物质（标准溶液）由检验室指定专人配制、标定和保管，保留配制记录。

日常工作中，工作人员要熟悉掌握耗材特点，及时更新数据信息，明确库存情况，兼顾库存情况与日常检验，确保日常检验顺利进行。

有条件的实验室，可以采用实验室信息系统电子化库存控制系统管理。电子化管理系统能够监控有效期，防止使用过期耗材，并定期检查一次耗材的库存量及有效期，以便确定是否需要采购新的耗材。

耗材基本信息确认和登记应包括以下内容：

（1）对非试剂类耗材，如医用材料、低值易耗品等，由采购人员与库房保管人员对物资型号、数量、用途、有效期、生产销售合法性验收确认，凭发票登账入库，并建立库存台账。入库信息建议包含但不限于以下内容：入库单编号、供货单位、原始凭据号、经办人、发票号码、物资名称、规格型号、设备出厂序列号、生产厂家、产地、单位、单价、数量、金额、进价、合计、制单人、制单日期、记账人、记账日期等。

（2）对试剂类耗材，如化学试剂、生化类标准物质、微生物菌株等，试剂出入库需写明时间、领用试剂名称、规格、数量、领用人姓名、使用量及归还时间。同时对于有特殊保存条件要求的标准物质、微生物菌株等，应确认保存要求及相关信息。

自配标准溶液应贴有专用标签，标签应包含标准溶液名称、溶液溶度、介质名称（必要时）、配制日期、有效期、配制人等信息。

　　标准物质应建立一览表并保存，表格格式可参见表 7-14。化学标准物质使用时应填写使用登记表，表格格式可参见表 7-15。对质控菌株进行处理时应保存记录，表格格式可参见表7-16。

表 7-14　标准物质一览表

序号	名称／编号	型号／规格／浓度／定值范围	批号	…	开封时间	用完时间	生产厂家	有效期至	保存要求	保管人
1										
2										
…										

表 7-15　化学标准物质使用登记表

1. 基本信息

试剂名称：

批号：　　　　　　　　　　　　浓度：

购买日期：　　　　　　　　　　有效日期：

规格：　　mL（g）　　　　　　购买数量：　　瓶

申购科室（部门）及联系人：

2. 使用情况

序号	开瓶日期	检验项目（用途）	使用量	余量	使用者签名	使用日期

表 7-16　质控菌株处理记录表

菌株名称	购买日期	传代情况	灭活日期	灭活方式	灭活时间	登记人

（编写：姚燕丽、陈宇恩、曹春玲、张润锋）

第八章
设施和环境条件

　　设施是指为某种需要而建立的一个建筑系统，如为控制微生物、微粒等污染物（同时对温湿度、压力等进行控制）而设计建造的洁净室。环境条件是指产品在贮存、运输和使用场所中涉及的物理、化学和生物等条件要素的总和，如气候环境条件、生物环境条件、化学、机械等环境条件。

　　设施是保障环境条件达到要求的基础，应适合实验室活动，不应对结果的有效性产生不利影响。开展注册人自检，之所以强调配备与产品检验要求相适应的设施和环境条件，一方面是为注册人提供统一的设施和环境条件参照标准，以确保检验结果的有效性和重现性；另一方面也是为产品检验过程的科学性和合理性提供保障。

第一节　常见影响因素

　　实验室的建设、总体布局和设施应能满足从事检验工作的需要，并以能获得可靠的检测结果为重要依据、同时满足所开展检测活动生物或物理安全等要求。实验室建设过程中，应充分考虑设施和环境的影响因素。常见影响因素如表 8-1 所示。

表 8-1　常见影响因素

影响范围	常见因素
设施和环境	能源（水、电）、照明、供电、通风、实验用气、网络安全、温度、湿度、电磁干扰、辐射、灰尘、噪声、振动、微生物污染等

　　根据检验的不同要求，需要采用空调、抽湿机、消声材料、照明用具、接地端子和温湿度控制系统、紫外线杀菌灯等仪器设备对环境条件进行有效控制。此外，还应注意设备存放和使用对环境的要求，如硬度试验机、电子天平等精密仪器应避免受到振动的影响；实验室使用的大型材料试验机和机械加工设施引起的振动不应对检测环境造成不利影响。

　　不同实验室对设施和环境的要求不尽相同，本章以几个不同检测领域的实验室为例，介绍其相关的设施和环境要求。

第二节　通用实验室

　　医疗器械检测通用实验室一般包括化学实验室、通用物理实验室、通用电气检测实验室等。

一、化学实验室

化学分析检验是医疗器械检验的重要组成部分，应在化学实验室进行。化学实验室一般包括理化实验室、精密仪器室（区）、高温室（区）、药品储藏室（区）等。主要进行样品处理、容量分析、离心、沉淀、过滤等常规实验操作或仪器分析，其影响因素有环境温湿度、电源电压等方面。

1. 设计布局

化学实验室各功能区设计应着重考虑以下几个方面。

（1）根据检验工作流程设计，要与通风橱、实验台及实验仪器设备的布置、结构选型及管道空间布置紧密结合，使检验流程顺畅合理，避免检验过程出现交叉污染和相互干扰。

（2）根据专业实验室设计规范及空间标准要求设计，化学室应与生产、生活办公区域进行有效隔离，同时明确需要控制的区域范围和有关危害的明显警示，检验区与相邻区域不得存在相互干扰、交叉污染的风险。

（3）根据实际检验工作载荷要求，例如气压、尘埃等自然因素，对电源、水源等基础设施进行设计布局。

（4）充分考虑有效的保护防护措施，配置与检测范围相适应并便于使用的安全防护装备及设施，如个人防护装备、洗眼及紧急喷淋装置等，并定期检查其功能的有效性。

2. 供电及照明

（1）化学实验室设备用电中，24 小时运行的设备如冰箱宜单独供电，其余电器设备均由总开关控制，烘箱、高温炉等大功率设备应有专用插座、开关及熔断器。其他用电应符合具体设备要求。

（2）化学实验室宜采用细管直管形三基色荧光灯。空间高度高于 8m 的实验室宜采用金属卤化物灯或高频大功率细管直管荧光灯。无长时间逗留或只进行检查、巡视和短时操作等工作的场所，宜采用 LED 灯。在室内及走廊上安装应急照明，以备突然停电时使用。应急照明的设置应符合 GB 50034《建筑照明设计标准》、GB 50016《建筑设计防火规范》和 JGJ 16《民用建筑电气设计规范》的有关规定。

3. 通风系统

化学实验室需要具备良好的通风换气条件，确保室内不滞留有毒有害气体。同时，根据 JGJ 91《科研建筑设计标准》中强制性的要求，使用对人体有害的生物、化学试剂和腐蚀性物质的实验室，其排风系统不应利用建筑物的结构风道作为实验室排风系统的风道。

实验室的通风排气装置主要有通风橱、局部排风装置等。使用易挥发的试剂或产生有毒有害气体的试验应在通风橱中进行。局部排风装置的设计要合理，要考虑操作方便也要考虑节能，必要时应设空调。

（1）对于通风橱不多的小型实验室，通风橱的控制可采用单独控制，即每台风机控制一台通风橱，在这种排风系统中，单股气流不会和其他气流相互影响，风机关闭也只影响到一个通风橱。大型的实验室，可采用集中控制，即一台风机控制多台通风橱，加装变频或变风量系统，减少能耗。

（2）局部排风装置主要设置在操作台面作局部排气。局部排风装置常见万向排气罩和原子吸收罩两种。万向排气罩的排风量较少，一般集中控制，加装变频器，不使用时关闭抽风口，可降低风机频率达到节能目的。原子吸收罩的功率比较大，材质为不锈钢材料，可耐高温，但噪音比较大。注册人可根据具体需求选用。

（3）通风橱和局部排风装置不断将室内空气排走，对于不能开窗或排风量大的房间要采用补充新风装置，一般通过新风机补进新风，使房间形成微负压环境，防止室内的有毒物质逸出室外。

（4）为避免实验室内含尘量过高，附着在设备或器皿中，影响设备性能或实验结果，应经常保持实验室的清洁。

4. 温湿度控制

一般化学实验室建议温度为 20~26℃、相对湿度为 30%~65%，从事痕量分析的实验室应根据具体仪器和检验方法设定温湿度，避免检测设施和环境对检测结果产生不良的影响。

为保证环境温湿度能够满足实验各个过程的需要，可从以下步骤确定实验室环境温湿度控制范围。

（1）识别各项工作对环境温湿度的要求。主要从仪器的需要、试剂的需要、实验过程的需要以及实验室人员的人性化四个方面综合考虑，列出对温湿度控制范围要求的清单。

（2）选择并制定有效的环境温湿度控制范围。从各要素要求中获取最窄范围作为该实验室环境控制的允许范围，并依据实际情况制定合理有效的操作规程。

对环境温湿度进行监控并做好监控的记录，超过允许范围应及时采取措施，利用空调、加湿器、除湿机等设备进行调节，确保环境的温湿度在控制范围内。

5. 实验用水及水质监控

实验室水路设计应合理规范，一般区域与污染区域的排水系统应分开，高温灭菌的排水系统和氯气灭菌（如有）的排水系统分开。

实验用水直接影响实验结果的准确性，是化学实验室内部质量控制的重要环节之一。根据 GB/T 6682《分析实验室用水规格和试验方法》的规定，实验室用水分为一级水、二级水和三级水。

（1）一级水用于有严格要求的分析实验，包括对颗粒有要求的实验，如高效液相色谱用水。一级水可用二级水经过石英设备蒸馏水或离子交换混合处理后，再用 0.2nm 微孔滤膜过滤来制取。

（2）二级水用于无机痕量分析等实验，如原子吸收光谱分析用水。二级水可用多次蒸馏或离子交换等制取。

（3）三级水用于一般的化学分析试验。三级水可用蒸馏或离子交换的方法制取。

评价水质等级的技术指标详见表 8-2。实验室可依据实验频次及实际需求进行水质监控。

表 8-2　实验室用水等级技术指标

名称	一级	二级	三级
pH 值范围（25℃）	—	—	5.0~7.5
电导率（25℃）/（mS/m）	≤ 0.01	≤ 0.10	≤ 0.50
可氧化物质含量（以 O 计）/（mg/L）	—	≤ 0.08	≤ 0.4
吸光度（254nm，1cm 光程）	≤ 0.001	≤ 0.01	—
蒸发残渣（105℃ ±2℃）含量 /（mg/L）	—	≤ 1.0	≤ 2.0
可溶性硅（以 SiO_2 计）含量 /（mg/L）	≤ 0.01	≤ 0.02	—

注：1. 由于在一级水、二级水的纯度下，难于测定其真实的 pH 值，因此，对一级水、二级水的 pH 值范围不作规定。

　　2. 由于在一级水的纯度下，难于测定可氧化物质蒸发残渣，对其限量不作规定，可用其他条件和制备方法来保证一级水的质量。

6. 其他辅助区域及分析仪器实验室

（1）药品储藏室（区）　由于大部分化学试剂都具有一定毒性，因此较大量的化学试剂应存放在药品储藏室（区）内，由专人保管。药品储藏室（区）宜在实验室的背阴侧、干燥、通风良好。

化学试剂按安全管理一般分为非危险化学试剂和危险化学试剂。

①非危险化学试剂：可根据管理需要进行分类存放，一般可分为有机试剂、无机试剂、标准物质、基准试剂、仪器分析试剂、指示剂和试纸、高纯试剂和其他八大类，按属性将试剂分类存放于通风、阴凉、温度低于 30℃的药品柜中，有特殊存放要求的，应按其要求存放，如遇光容易分解的化学试剂，应避光保存。

②危险化学试剂：最重要的原则是将不相容化学试剂分开存放，具体贮存禁忌可参考 GB 15603 附录 A。一般按照易燃、易爆、剧毒、强腐蚀性分开存放，可配备二次容器作为泄露防护，或用具有隔离作用的二次包装有效控制化学试剂的相互作用和反应。有条件的应采用配备过滤器和风机的专业试剂柜，根据存放试剂性质选取不同的过滤器。

管制类危险化学试剂购买应严格按照《易制毒化学品购买、运输管理办法》（公安部令第 87 号）相关程序进行购买并备案，采购完成后应按当地公安局规定做好登记确认。管制类危险化学试剂应同时考虑配伍禁忌和防盗，故除注意分类存放外还应有防盗措施，一般建议双人双锁，领用应有详细记录，如产生有害废弃品，还应有处理过程记录。

（2）气瓶室（区）

①当采用瓶装气体供气时，宜集中设置气瓶室，采用管道供应。气瓶室内应安装气瓶固定装置。气瓶室宜单独设置或设在无危险性的辅助用房内。

②可燃气体及助燃气体的干管及支管宜明敷。

③可燃、助燃气体管道的放散管应引至室外并高出屋脊 1m，放散管应设有防雷措施。

④可燃气体及助燃气体管道严禁穿过生活间、办公室。

⑤可燃气体及助燃气体的管道不宜穿过不使用该种气体的房间，当必须穿过时，应采取相应措施。

（3）精密仪器室（区）　精密仪器室（区）用于存放对环境有特殊要求的精密分析仪器，比如色谱分析仪、质谱分析仪、光谱分析仪等。常用分析仪器环境要求如下。

①色谱分析室（区）：气相色谱分析室（区），主要用于容易转化为气态而不分解的液态有机化合物及气态样品的分析。主要设备有气相色谱仪，具有计算机控制系统及数据处理系统，自动化程度很高，对有机化合物具有高效的分离能力，所用载气主要有 H_2、N_2、Ar、He、CO_2 等。但对高沸点化学物、难挥发或热稳定性差的化合物、离子化合物、高聚物的分离无能为力。

液相色谱分析室（区），主要用于高效率分离，对复杂的有机化合物分离制取纯净化合物进行定量分析和定性分析等。主要设备有高效液相色谱仪，适用于高沸点化合物、难挥发化合物、热稳定性差的化合物、离子化合物、高聚物等，弥补气相色谱仪的不足。

②质谱分析室（区）：主要用于对纯有机物的定性分析，实现对有机化合物的相对分子质量、分子式、分子结构的测定，分析样品可以是气体、液体、固体，主要设备有质谱仪、气-质联用仪。质谱仪是利用电磁学的原理，使物质的离子按照其特征的质荷比（即质量 m 与电荷 e 之比，m/e）来进行分离并进行质谱分析的仪器，缺点是对复杂有机混合物的分离无能为力，气相色谱分离效率高、定量分析简便，结合质谱仪灵敏度高、定性分析能力强的特点，两种仪器联用为气-质联用仪，可以取长补短，提高分析质量和效率。

③光谱分析室（区）：主要是根据物质对光具有吸收、散射的物理特征及发射光的物理特性，在分析化学领域建立化学分析。主要仪器有原子发射光谱仪、分光光度计、原子荧光光谱、荧光光度计、射线荧光仪、红外光谱仪、电感耦合等离子（LCP）光谱仪、拉曼光谱仪等。

以上精密仪器分析实验室（区）应有空调，一般温湿度要求为温度 20~26℃，相对湿度30%~60%。宜布置在实验室的背阴侧，应采取有效措施防止酸、碱、腐蚀性气体对仪器的损害，远离辐射源；室内应有防尘、防震、防潮等措施。仪器台与墙之间要有一定距离，便于对仪器的调试和检修。根据设备和实验需求，可选择合适的局部排风装置。

精密仪器室一般要求兼有交流、直流电源以及单相、三相两种电源插座，并有稳压要求。安装时应充分考虑设备的安装条件，对于防震要求高的仪器设备，除了考虑实验室（区）的位置外，还需考虑设置独立的设备防震措施。有防电磁干扰的要求，需要接地和电磁屏蔽等；需要冷却水和各种气体供应，需做好冷却水管路和气体管路的规划等。从事痕量分析的实验室（包括 GC、LC、IC、ICP、AA、GC-MS 等操作复杂的精密仪器）应单独配备一套专用的器皿，以避免可能的交叉污染，特别是将用于痕量金属分析的器皿使用前浸泡于酸液中以去除痕量金属。同时，应关注检测方法中器皿的清洗方法和注意事项。

（4）天平室（区）

①不同精度天平对环境要求不同，一般影响因素有：温湿度、防震、防尘、防腐蚀等。对精度 0.1mg 以上的天平，应设专用天平室以减少环境对天平的影响。

②天平室以北向为宜，还应远离震源，不能与高温室和有较强电磁干扰的房间相邻。精度为 0.001~0.002mg 的微量天平应设在底层。

③天平室要采用双层窗，利于隔热防尘，天平室最好设置过渡间进入，以免受气流的影响，有空调，风速宜小，风口应避免对着天平位置。

④天平室内不得设置水盆或有任何管道穿过室内，以免管道渗漏、结露或在管道检修时影响天平的稳定；尽量不要放置一些不必要的家具，以减少积尘。

⑤对天平产生影响的其他环境因素：人的走动、门的开关等。环境低频共振对天平的影响最大。安装时，不能紧贴墙身，防止来自震动的影响。

（5）高温实验室（区）

①根据需求配备样品处理间（区）：高温实验台、万向抽气罩等。

②不宜将其他易受温度影响的设备放在同一个房间或区域。

③有明显的高温标识，有充足的散热空间，有相应的降温措施。

④通风：要有良好的通风，在仪器的上方要有局部排风罩装置。

7. 废弃化学品的处理

（1）废弃化学品分类　废弃化学品主要指丢弃的、废弃不用的、不合格的、过期失效的化学品，也包括包装过化学品的容器，如包装袋、包装桶、试剂瓶、气体钢瓶等。根据 GB/T 31190 中分类，主要分为 5 类，见表 8-3。

表 8-3　实验室废弃化学品分类

序号	类别	说明
1	优先控制的实验室废弃化学品	优先控制化学品主要是固有危害属性较大，环境中长期存在的并对环境和人体健康造成较大环境风险的化学品，目录详见环境保护部、工业和信息化部、国家卫生和计划生育委员会联合发布的《优先控制化学品名录》
2	实验过程中产生的废弃化学品	在实验室活动中产生的实验室废弃化学品，共 19 类，详见 GB/T 31190 中表 2
3	过期、失效或剩余的实验室废弃化学品	指未经使用的报废试剂等
4	盛装过化学品的空容器	指盛装过试剂、药剂的空瓶或其他容器，无明显残留物
5	沾染化学品的试验耗材等废弃物	指试验过程中被污染的耗材等

（2）废弃化学品收集　废弃化学品的收集应按分类进行，并注明废弃化学品种类。如需对废弃化学品进行混合收集，收集前应明确废弃化学品的成分，根据 GB/T 31190 中附录 B 的化学品相容性表及化学品安全说明书的有关安全数据进行收集并如实进行标识，危险废物标识参考标签如图 8-1 所示。废弃化学品须使用密闭式容器收集贮存，贮存容器应与实验室废弃化学品具有相容性，一般可为高密度聚乙烯桶（HDPE 桶），若与 HDPE 桶不相容则使用不锈钢桶或其他相容性容器。常见的废弃化学品收集、贮存要求见表 8-4。

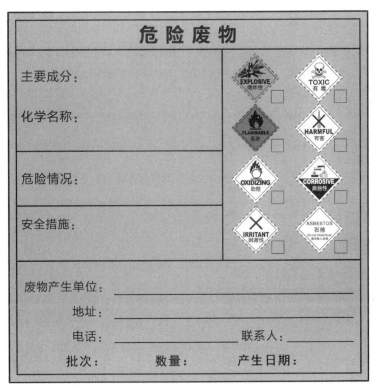

图 8-1　危险废物标识参考标签

表 8-4　常见实验室废弃化学品收集、贮存要求

序号	类别	贮存要求
1	酸类	应远离活泼金属、接触后即产生有毒气体的物质（如氰化物、硫化物等）
2	碱类	应远离酸及性质活泼的化学品
3	易燃	宜置于暗冷处并远离有氧作用的酸或产生火花火焰的物质，且其存量不可太多
4	氧化剂类	应放置于暗冷处，并远离还原剂
5	与水易反应的	应存放在干冷处并远离水
6	与空气易反应的	应采取隔绝空气（如水封、油封或充惰性气体隔离）处理并盖紧瓶盖
7	与光易反应的	应存放在深色瓶中，避免阳光照射
8	可变成过氧化物的	应存放在深色瓶中，避免阳光照射
9	有机类	多为易挥发的液体，易燃且有毒性，应存放在低层且通风良好处

注：1. 高浓度报废化学品使用原容器暂存；
　　2. 剧毒类废弃化学品按照剧毒类化学品贮存和管理；
　　3. 重金属（如镉、汞）含量较高的应单独收集，不得与其他废弃化学品混合；
　　4. 涉及危险化学品的，贮存要求按 GB 15603 的有关规定；
　　5. 产生大量废弃化学品的，应优先考虑综合利用，或预处理后减少危险废弃化学品数量，不能利用和处理的按照以上要求收集。

能力建设要求篇

（3）废弃化学品处理　实验室产生的废弃化学品，应优先考虑预处理以减少危险废弃化学品含量、数量和危险性，不能利用和预处理的按照 GB/T 31190《实验室废弃化学品收集技术规范》的要求分类收集和贮存。常见实验室废弃化学品安全预处理的方法见表 8-5。

表 8-5　常见实验室废弃化学品安全预处理一般方法

废弃化学品类型	预处理方法
弱酸/弱碱/有机酸/有机碱	中和
浓酸/浓碱	稀释、中和
无机氧化剂/有机氧化剂	稀释、还原
有毒重金属/毒性有机物	还原、氧化
还原性水溶液	稀释、氧化
氰化物、硫化物和含氨溶液	稀释、氧化
固体（沉淀残渣）	无毒无害类：如经浸提后的样品，可按一般垃圾分类处理； 有毒有害类：如经预处理后的沉淀物，交由有资质的相关处理机构处理
固体（空容器/耗材）	可冲洗干净的：清洗后的洗液参考以上方法处理，容器/耗材按一般垃圾分类处理； 不可冲洗干净的：交由有资质的相关处理机构处理
废气	通风系统有净化装置的，通过通风装置统一处理； 通风系统无净化装置的，硫化氢、氯化氢、氯气、溴气等气体可用碱液吸收，二氧化硫、二氧化氮等气体可用水吸收，使其生成相应的水溶液，吸收液参考以上方法处理； 大量气体或毒性较大的气体参考工业废气处理方法（吸附、吸收、氧化、分解等）

对废弃化学品进行预处理时应做好个体防护，对优先控制的废弃化学品的预处理过程应保留详细记录。实验室应有应急程序，以应对实验室废弃化学品预处理时发生的溢出、泄漏、火灾等紧急情况。一些常见实验室液体废弃化学品安全预处理步骤，可参考 HG/T 5012《实验室废弃化学品安全预处理指南》。

二、通用物理实验室

通用物理实验室指应用于检测医疗器械中物理性能的实验室，以下简称物理实验室。物理性能的实验包括力学性能、阻隔性能、老化性能和热学性能等。物理实验室设计除应符合 GB/T 32146.1《检验检测实验室设计与建设技术要求　第 1 部分：通用要求》外，还应根据不同的实验和检验设备要求对设施和环境条件进行设计和监控。

1.常规物理实验室

一般常规物理实验室，设计中应优先保证用电、用气、用水安全，保证满足通用型实验室的功能要求。在设计中应考虑各设备放置是否相互影响，如包含精密传感器的设备应避免放置在大型电机或高电压装置旁，以防电磁干扰。根据不同领域的检测项目设计规划实验室，将同一类别检测领域统一放置，以方便实验，并根据设备大小分为不同房间，小型设备和工装尽量集中放置。需氮气、液氮等配套气体的实验室，则应配置气瓶柜或气瓶间及相关保护装置，以确保用气安全。而一般光学设备如显微镜等，保持室温、洁净无尘即可，但应避免过高湿度和过低温度对设备造成的损坏及数据误差，通常配置空调和除湿装置以保证比较稳定的温湿度。

水压试验、漏水试验等应考虑试验用水和排水便利，同时防止发生地面积水、短路等情况。而环境试验、疲劳试验等长时间重复性试验，实验室应保证必要的通风，配备相应功率的不间断电源和监控。用于重复性试验的大型设备和小型设备应分别放置于不同房间，以避免大型设备对小型设备的干扰。

2. 恒温恒湿室

医疗器械产品检验中，对环境温度和湿度有恒温要求的实验应在恒温恒湿室进行。设计时应考虑建筑材料，墙体应使用保温效果较好的建筑材料，门窗应避免留有缝隙并配置可自动测量、记录和存储房间温湿度的装置。

3. 微粒检验室

微粒检验室用于检测不溶性微粒、落絮、药液滤除率等项目，其操作试验环境应不得引入外来微粒，对环境要求较高。一般可在符合 GB/T 25915.1 中 N5 级的净化工作台或洁净工作台中进行实验。

4. 血气分析室

血气分析室用于与血液相关产品的分析实验。血气分析室一般温度要求为 15~25℃（温度变化率 ≤ 2℃/h），相对湿度要求为 45%~75%（湿度变化率 ≤ 5%/h），大气压力 70~106Pa，配置空调抽湿机等辅助调温调湿设备。分析室内不得使用会产生机械振动的设备，不得安放强电磁干扰源。不得堆放易燃、易爆物品和有害气体，不得堆放有碍试验正常进行的其他物品。保持环境整洁无尘，维持检测环境通风。

三、电气检测实验室

电气检测实验室是对有源医疗器械安全性进行验证必不可少的部分。对场地、试验区域以及设施和环境均有相应要求。

1. 场地布局

对于电气检测实验室的建设而言，场地布局非常重要，好的场地布局对检测工作能够起到事半功倍的作用，可以有效减少样品及检测人员运转的距离和次数，提高检测人员的检测效率。实验室的总面积和各区域的分配面积要结合实验室现有业务量和未来的市场规划进行统筹设计，合理布局各区域。

2. 场地要求

场地是实验室最基础的设施，电气领域最基础的设施就是提供最基本的防电击危险措施，避免出现不可接受的风险，具体通过以下方式来实现。

（1）重点关注实验室的线路布置，考虑线路可承受的最大功率，确认电源线的线径可以承载该线路可能出现的最大电流以及其他要求。

（2）设计足够数量的插座并选择合适位置，有效区分市电插座和稳压电源输出电插座，用标签进行标记识别。

（3）地处潮湿地区的实验室应安装具有冷暖和除湿功能的空调或其他装置，以满足对实验环境的要求。

（4）实验室的接地应满足相关标准的要求。电气实验室建筑按具体要求，可设置系统接地、保护接地、防静电接地，在部分测试项目中也需要引入接地端子。

3. 试验区域要求

试验区域布局应结合实验流程、安全性和设备等因素进行设计，一般可参考以下方面。

（1）实验区的检测顺序：先进行非破坏性测试，比如结构检查、输入功率、接地阻抗、漏电流、温升测试等；后进行破坏性测试，比如单一故障测试等。

（2）将高压危险测试集中在一个区域进行，地面使用绝缘垫片和隔离带进行隔离，比如电介质强度，做好警示标志等。

（3）材料和燃烧测试应单独设置房间，方便集中进行通风、供气和消防等处理，注意气瓶放置区的安全。比如水平垂直燃烧测试等。

（4）在靠近墙壁或检测人员比较少流动的地方进行机械物理测试以避免误伤，比如稳定性测试、跌落测试、冲击测试和振动测试等。

4. 设施和环境条件

按照 CNAS-CL01-A003:2019《检测和校准实验室能力认可准则在电气检测领域的应用说明》，还有以下要求。

（1）实验室应采取措施防止实验室的设施和环境条件对检测结果的有效性产生不利影响。这类措施包括（但不限于）：

——应具备可靠的接地措施并予以维护，必要时，应提供到每个检测设备的保护地；

——如果检测项目和（或）所用的检测设备对背景电磁辐射敏感，应安装适当的电磁屏蔽、吸收、接地、隔离或滤波之类的设施并予以监控和维护；

——如果检测项目和（或）所用的检测设备对背景声频敏感，应安装适当的声频屏蔽、消音或隔离之类的设施并予以监控和维护；

——如果检测项目和（或）所用的检测设备对静电敏感，应安装适当的防静电工作台面、防静电地板、接地设施以及其他防静电用品并予以监控和维护；

——如果检测项目和（或）所用的检测设备对环境敏感或有特殊要求，例如湿度，大气压力、洁净度等，应有满足此类要求的环境设施或相应措施，并予以监控和维护；

——如果检测项目和（或）所用的检测设备对机械振动和冲击敏感，应保持与振动和冲击源的有效隔离。

（2）实验室的面积应满足检测工作的需要，应为工作设备和所有必要的辅助装置保留存储空间，应给检测人员留有足够的操作空间。

（3）实验室的检测操作区域应提供充分照明，一般来说照度应不低于 250lx。必要时，实验室应根据检测项目要求另加局部照明，或降低照度值。

（4）实验室应配备足够的电源容量，当试验用电源特性对检测结果有影响时，电源特性参数如电压额定值、频率额定值、电压稳定度、频率稳定度、总谐波失真等，应符合检测方法要求或保证检测结果的不确定度在预计的范围内。

（5）实验室为检测对象供电的电源应由独立电源支路供应，并应与为检测设备、辅助装置、空调及照明系统等供电的电源支路分开。

（6）实验室进行高电压测试时，应按电压等级提供有充分的安全保护的房间，或封闭区域并保证安全距离。在进行升压操作时至少应有 2 人在场，1 人操作，1 人监督和保护。

（7）为确保工作人员健康和安全，实验室还应建立并实施必要的安全保护措施。这类措施包括（但不限于）：

——对于高压试验区域，有潜在爆炸或高能射线泄漏等危险的区域应有安全隔离措施，并给出明显、醒目的警示标志；

——对于从事高电压类试验的实验室，应为检测人员配备符合电气绝缘等级要求的安全防护用具（例如：绝缘手套、安全胶鞋等）和（或）在检测区域采取安全保护措施；

——对于从事激光光学测量的实验室，应配备专用的光学暗室并为检测人员配备激光防护眼镜；

——火焰燃烧试验用的储气瓶应与试验区有效隔离；

——如果检测项目产生对人员有害的气体，试验区域应有排放措施和（或）配置及要求操作人员使用个人防护用具；

——如果检测项目使用化学类消耗品，应对其有妥善的保管、存放、使用和废弃的措施和程序；

——带电操作时，操作人员应具有有效的防电击措施；

——如果检测项目产生过高的声、光、电磁等非电离辐射，试验区域应有消音、视力防护、电磁屏蔽等相应的保护措施；

——当故障项目可能产生起火、冒烟、爆炸等危险时，实验室应对该项目试验区设置安全隔离区并具备足够的灭火措施；

——实验室应具备紧急出口并有明确的标识；

——试验中对于高速旋转的样品应有机械安全防护措施；

——试验中样品产生较高压力时应有相应的防爆措施。

第三节　专业实验室

医疗器械检测专业实验室一般包括微生物实验室、电磁兼容实验室、电声学检测实验室等。分子诊断实验室建设要求见本书第十八章。

一、微生物实验室

微生物实验室是指进行微生物研究的场所，应具有进行微生物检测所需的适宜、充分的设施条件，实验环境应保证不影响检验结果的准确性。微生物实验室应专用，并与生产、办公等其他区域分开。

1. 实验室的布局和运行

微生物实验室布局设计既要最大可能防止微生物的污染，又要防止检验过程对人员和环境造成危害，同时还应考虑活动区域的合理规划及区分，遵循"单方向工作流程"原则，避免混乱和污染，提高微生物实验室操作的可靠性。

一般情况下，微生物检验的实验室应独立设置符合相关要求的洁净室（区）或隔离系统，并配备相应的阳性菌实验室、培养室、试验结果观察区、培养基及实验用具准备（包括灭菌）区、样品接收和贮藏室（区）、标准菌株贮藏室（区）、污染物处理区和文档处理区等辅助区域。不同的功能区域应有清楚的标识，应正确使用与检测活动生物安全等级相对应的生物危害标识。微生物实验的各项工作应在专属的区域进行，以降低交叉污染、假阳性结果和假阴性结果出现的风险。对特殊区域，还应以文件形式明确其特定用途、限制措施以及采取限制措施的原因。

（1）装修要求　洁净室的地面应采用无缝的防滑耐腐蚀材料，地面与墙角相交位置及其他围护结构的相交位置，宜作半径不小于 30mm 的圆弧处理或采用其他措施，以减少灰尘聚集，便于清洁；实验室墙面、顶棚的材料应易于清洁消毒、耐腐蚀、不起尘、不开裂、光滑防水，表面涂层宜具有抗静电性能。实验室里配制的实验台面应光滑、不透水、耐腐蚀、耐热和易于清洗。为防止意外危害实验人员的防护装备，生物安全实验室的试验台、架、设备的边角应以圆弧过渡，不应有突出的尖角、锐边、沟槽等。

（2）门窗要求　因洁净室对环境要求较高，为减少不必要的进出，无窗洁净室的门宜设视窗，便于外界随时了解室内各种情况，同时也有助于提高实验操作人员的安全感。门上的视窗宜采用双层玻璃，玻璃表面与门窗齐平，还应密封良好。

门宜向洁净级别高的方向开启，同一洁净度时，宜向空气压力高的方向开启。

不同洁净级别房间之间的门应具有良好的气密性。洁净室的门不应设置门槛。

（3）配电系统　实验室的用电负荷等级和供电要求，应根据 GB 50052《供配电系统设计规范》的有关规定和生物安全要求确定。净化空气调节系统用电负荷、照明负荷宜由变电所专线供电。消防用电设备的供配电设计应符合 GB 50016《建筑设计防火规范》有关规定；应设置足够数量的固定电源插座，重要设备应单独回路配电，且应设置漏电保护装置；宜选用外部造型简单、不易积尘，便于擦拭的照明灯具，宜明装不宜悬吊。采用吸顶安装时，灯具与顶棚接缝处应采用可靠密封措施。需设置紫外线消毒灯的房间，其控制开关应设置在房间外。

应根据实际工作的要求设置照明，主要工作室一般照明的照度值宜为 300lx，辅助工作室、走廊、人员净化等房间照度值宜为 200lx。主要工作室，一般照明的照度均匀度不应小于 0.7。

（4）水系统　用水：微生物实验室用水一般来说满足培养基的配制要求即可。《中国药典》一般采用纯化水，GB/T 14926.43《实验动物　细菌学检测　染色法、培养基和试剂》中要求用蒸馏水，GB 4789.28《食品安全国家标准　食品微生物学检验　培养基和试剂的质量要求》和SN/T 1538.1《培养基制备指南　第 1 部分：实验室培养基制备质量保证通则》中要求更为详尽，除对水的电导率和微生物污染有指标要求，还对用水的日常监控作了规定。申请人可结合自身情况选择适宜的实验室用水，但应对水质进行定期监控，并保留相应的记录。

排水：凡带有活菌的物品和实验用品，必须经消毒灭菌后才能用水冲洗，严禁污染下水道。

（5）消防和应急照明疏散标志　微生物实验室中消防的要求，除了考虑人员疏散，还应考虑设备的贵重程度，有生物安全隐患的区域，更应该保护实验人员免受感染和防止致病因子的外泄。通常规模较小的微生物实验室，建议设置手提灭火器等简便灵活的消防用具。

消防应急疏散标志灯安装应符合消防的相关规定，此外还应注意，在洁净区内的标志灯宜为嵌入式，周边应密闭。

（6）空气净化系统　洁净区域应配备独立的空气机组或空气净化系统，包括控制温度、湿度、压力、换气次数和噪声等，以满足相应的检验要求。空气净化系统通常设置三级过滤，三级过滤指的粗效过滤器、中效过滤器、高效过滤器。一般粗效过滤器设置在新风口或紧靠新风口处，中效过滤器设置在净化空气处理机组的正压段，高效过滤器设置在净化空气调节系统的末端。但在回风和排风系统中，高效空气过滤器及中效过滤器应设置在系统的负压段。

根据《中国药典》2020年版要求，无菌检查应在隔离器系统或B级背景下的A级单向流洁净区域中进行，微生物限度检查应在不低于D级背景下的生物安全柜或B级洁净区域内进行。A级和B级区域的空气供给应通过终端高效空气过滤器（HEPA）。

为了满足试验环境需求，同时节约成本，在设计净化空气调节系统时应合理利用回风，但需注意：如无菌检查室、微生物限度检查室各自单独设置空调系统时可各自单独回风；如合用空调调节系统时，微生物限度检查室不应回风，需直排；阳性对照室，应单独设排风系统，不能利用回风。微生物实验室内的新鲜空气量，应从两方面计算，并取其中最大值：①补偿室内排风量和保持室内正压所需新鲜空气量之和；②保证供给室内每人新鲜空气量不小于40m³/h。各级别洁净环境技术指标可参考表8-6。

表8-6　各级别洁净环境技术指标

监测项目		技术指标							
		A级		B级		C级		D级	
温度（℃）		18~26							
相对湿度（%）		45~65							
风速（m/s）		0.25~0.50（设备）0.36~0.54（设施）		0.25~0.50（单向流，静态）—（非单向流）		—		—	
换气次数（次/h）		—		40~60		20~40		6~20	
静压差（Pa）		不同级别洁净室（区）及洁净室（区）与非洁净室（区）之间≥10洁净室（区）与室外大气≥10							
尘埃数（个/m³）		静态	动态	静态	动态	静态	动态	静态	动态
	≥0.5μm	≤3520	≤3520	≤3520	≤352000	≤352000	≤3520000	≤3520000	—
	≥5μm	≤20	≤20	≤29	≤2900	≤2900	≤29000	≤29000	—
浮游菌数（个/m³）		≤5		100		500		—	
沉降菌数（个/皿）		≤1		≤3		≤10		≤15	

注：表中"—"表示不作要求。

虽然同级别的静压差没有要求，但考虑到每个房间的作用和产生污染不同，一般来说：无菌检查室应比相邻房间保持正压；阳性对照室应对相邻房间保持负压，同时应根据所处理对象的危害程度分类及其生物安全要求，在相应等级的生物安全实验室内进行。

空气过滤系统应定期维护和更换，具体维护周期可根据实际使用频次来确定，一般过滤器维护周期为：粗效过滤器一般每两个月更换或清洗，中效过滤器每半年更换或清洗，高效过滤器每年更换或经测试确认符合要求，可以继续使用。此外如果过滤器两端压差超过报警值，也应及时更换或清洗，更换或清洗应保存相关记录。

2. 人员和物品的管理

实验室应制定进出洁净区域的人和物的控制程序和标准操作规程，微生物实验室使用权限应限于经授权的人员，实验人员应了解洁净区域的正确进出程序，包括更衣流程，该洁净区域的预期用途、使用时的限制及限制原因，适当的洁净级别。进入洁净区的物品应有传递通道，同时应配有相应的灭菌消毒措施。

对可能影响检验结果的工作（如洁净度验证及监测、消毒、清洁、维护等）或涉及生物安全的设施和环境条件的技术要求能够有效地控制、监测并记录，当条件满足检测方法要求方可进行样品检测工作。

3. 环境监测

微生物实验室应按相关国家标准制定完整的洁净室（区）和隔离系统的验证和环境监测标准操作规程，环境监测项目和监测频率及对超标结果的处理应有书面程序。监测项目应涵盖到位，包括对空气悬浮粒子、浮游菌、沉降菌、表面微生物及物理参数（温度、相对湿度、换气次数、气流速度、压差、噪声等）的有效控制和监测。环境监测按《中国药典》2020年版（9205药品洁净实验室微生物监测和控制指导原则）进行。

4. 清洁、消毒和卫生

清洁和消毒的目的是为了保证洁净室能在一个合适的时间周期内达到规定的微生物洁净水平要求。消毒采用化学杀菌方式，以杀灭大量的微生物繁殖体，《药品生产质量管理规范》（简称GMP）中规定，一般情况下，所采用消毒剂的种类应当多于一种，且不得用紫外线消毒替代化学消毒。理想的消毒剂既能杀死广泛的微生物、对人体无毒害、不会腐蚀或污染设备，又有清洁剂的作用，性能稳定、作用快、残留少、价格合理。一般选用中性、非离子型的、不起泡沫的、残留不会削弱消毒剂效果的清洁剂。所用的消毒剂种类应满足洁净实验室相关要求并定期更换。对所用消毒剂和清洁剂的微生物污染状况应进行监测，并在确认的有效期内使用，A级和B级洁净区应当使用无菌的或经无菌处理的消毒剂和清洁剂。

微生物实验室应制定清洁、消毒和卫生的标准操作规程，规程中应涉及环境监测结果。实验室在使用前和使用后应进行消毒，并定期监测消毒效果，要有足够的洗手和手消毒设施。实验室应有对有害微生物发生污染的处理规程。

5. 污染废弃物处理

应评估实验室中可能产生的废弃物来源并对其分类，制定妥善处理废弃样品、过期（或失效）培养基和有害废弃物的流程。污染废弃物管理应符合国家和地方法规的要求，并应交由当地环保部门资质认定的单位进行最终处置，由专人负责并书面记录和存档。废弃物分类和处理原则参考表8-7。

表8-7　废弃物分类和处理原则

分类	一般废弃物	感染性废弃物			
分类	未被感染性物质污染的试剂瓶、试剂或包装盒等	标准菌株、阳性对照品、培养基、菌种保存物等	使用过的一次性手套、口罩、吸管等一次性试验用品	可重复使用的锥形瓶、剪刀、镊子等	容易刺伤或割伤人体的针头、刀片、玻璃片等
处理原则	按一般垃圾处理原则处理	高压蒸气灭菌后再按一般垃圾处理原则处理	使用消毒液浸泡或高压蒸气灭菌后再按一般垃圾处理原则处理	使用消毒液浸泡或高压蒸气灭菌后再清洗	收集到耐扎容器中，满四分之三时将容器封口，进行高压蒸气灭菌后按一般垃圾处理原则处理

能力建设要求篇

微生物实验室应当根据所操作的病原微生物致病性及对周围人群和环境危害的程度进行分级，同时制定相应的安全应急预案，规范生物安全事故发生时的操作流程和方法，避免和减少紧急事件对人员、设备和工作的伤害和影响，如活的培养物洒出必须就地处理，不得使培养物污染扩散。实验室还应配备消毒剂、化学和生物学的溢出处理盒等相关装备。

二、电磁兼容实验室

1. 屏蔽室

电磁屏蔽室的目的是屏蔽和防护屏蔽体内外通信及信号的传输。屏蔽室有六个面，每个面均采用金属材料，主要功能：一是防止外部电磁信号的干扰，二是防止室内大功率高频装置向外泄露。电磁屏蔽室就是利用屏蔽的原理，减弱其电磁波能量而产生屏蔽作用。电磁屏蔽室作为存放检验检测设备的场地，可以限制其内部的电磁能量向外传播，同时可防止或降低外界电磁辐射能量向其传播。

不同行业对电磁屏蔽室都有不同的要求，对屏蔽室指标进行了规定和要求。制定的国家标准有：国家保密局 BMB 3—1999、中国人民解放军 GJBZ 20219—94、中国人民解放军国防、人防 GJB 3928—2000、RFJ 01—2015 和部队军标 GJB 5792—2006。仅从技术角度分析，这些标准制定相互之间有参考，施工工艺并没有太大区别，电磁屏蔽室基本上都划分为装配式、可拆卸式和焊接式，主体材料均为金属丝或金属板，技术指标均能保证。

电磁屏蔽室的有效性以屏蔽效能（SE）来进行度量。屏蔽效能是没有屏蔽时空间某个位置的场强 $E1$ 与有屏蔽时该位置的场强 $E2$ 的比值，它表征了屏蔽体对电磁波的衰减程度。由于屏蔽体通常能使电磁波的强度大大衰减，因此通常用分贝（dB）来表述屏蔽效能，见式（8-1）。

$$SE=20\lg（E1/E2）（dB） \qquad (8-1)$$

屏蔽效能的测量一般是将规定频率的模拟信号源置于屏蔽室外，接收装置在同一距离条件下在室外和室内分别接收。

电磁屏蔽室规划时应确保在物理空间上有足够的安全距离；选址应远离产生粉尘、油烟、有害气体等，远离强震源和强噪声源；电磁屏蔽室工程设计应严格按照国家有关标准进行选型与配置，力求功能齐全，技术规范，安全可靠。

焊接式电磁屏蔽室由以下五部分组成：屏蔽壳体、屏蔽门、通风波导窗、强弱电滤波器和接地系统。

（1）屏蔽壳体　屏蔽壳体是保证电磁屏蔽室性能的基础，同时也是各种装饰材料及辅助装置安装的载体。屏蔽壳体主要包括六面屏蔽材料、支撑龙骨和材料之间的连接组成。

屏蔽效果与其屏蔽材料具有非常密切的关系，金属板可以最大限度地减少缝隙，提高屏蔽性能，基本保证在 100dB 以上，适用于建造高效能屏蔽室；金属网作为屏蔽材料，电气连接性能差，有缝隙，即使采用双层金属网屏蔽，其屏蔽效能只有 80~90dB，适合建造低效能屏蔽室。

支撑龙骨：地面存在空气和水分，将会导致金属接地体腐蚀，在接地体和地面之间，整体进行防潮防湿处理，采用绝缘垫块将电磁屏蔽室主体支起与地面绝缘。屏蔽壳体不同部位其承载力不同，应根据其受力情况选择不同截面积的矩形钢龙骨作为其支撑龙骨。材料之间的连接一般采用 CO_2 气体保护焊，连续满焊，其特点是受热面积小，焊缝抗氧化好，可保证焊缝处屏蔽效能。

（2）屏蔽门　屏蔽门为电磁屏蔽室的重要组成之一，是整个屏蔽机房唯一可活动的部分，主要方便工作人员及设备进出。屏蔽门是屏蔽机房系统中最薄弱的部件，容易导致屏蔽机房性能下降，原则上应选用屏蔽效能不低于电磁屏蔽室主体的屏蔽门。在确保屏蔽效能的前提下，屏蔽门的可靠性、实用性及开启方便将至关重要。电磁屏蔽门宜选用市场成熟的产品，具有性能稳定、屏蔽效能高、维护维修方便等显著特点。屏蔽门既可选电动控制，也可通过应急装置手动开启，门净宽不宜小于 1.2m，净高不宜小于 2.2m。

（3）通风波导窗　为了电磁屏蔽室内部保持空气的流通，还需要在屏蔽壳体上设置通风波导窗。波导窗是屏蔽室内空气与外界交换的主要通道，它能够有效截止电磁波的穿越，在保证空气流通的同时阻止电磁信号的泄露。通风波导窗截面形状有以下类型：六角形、圆形及方形等。试验证明，在同等插入衰减能力条件下，六角形波导的通道面积大于方形或圆形波导的通道面积，能扩大通风面积，并减少换气阻力，故其截面形状一般设计制作为六角形。通风波导窗设计效能指标应不低于电磁屏蔽室的屏蔽效能，常见的通风波导窗的尺寸为 300mm × 300mm × 5mm 或者 600mm × 600mm × 5mm。

（4）强弱电滤波器　电源线或信号线等导体进入电磁屏蔽室，都会夹带电磁干扰，应配有相应的滤波器进行滤除。滤波器是一种无源双向网络，其一端是"源"，另一端是"负载"，当信号从源端进入时，仅容许工作必需的信号频率通过，而对工作不需要的信号频率有很大的衰减作用。常用强弱电滤波器有电源滤波器、信号滤波器、烟感滤波器、温感滤波器等。根据各类强弱电信号种类及作用，分别选用与屏蔽室屏蔽效能相适应的滤波器，滤波器应集中安装，以方便后期维护和保养。

（5）接地系统　接地的目的主要是防止电磁干扰，消除公共阻抗的耦合，同时保证人身和设备的安全。通常在电磁屏蔽室四周及活动地板下铺设铜带组成接地网格，屏蔽室内电气设备外壳、金属管道、屏蔽门等均通过软铜线就近与接地网格连接。电磁屏蔽室内交流工作地、安全保护地、防雷保护接地、直流接地系统建议使用实验室所在建筑综合接地系统。

2.开阔试验场

辐射发射的理想测量是在开阔试验场地上进行的，该开阔试验场地具有空旷的水平地势特征，试验场地应避开建筑物、电力线、篱笆和树木等，并应远离地下电缆、管道等。为了得到一个开阔试验场地，在受试设备和测量天线之间需要一个无障碍区域，无障碍区域应远离那些具有较大电磁场的散射体，并且这个区域应足够大，使得无障碍区域以外的散射不会对天线测量的场强产生影响。

由于来自物体散射场强的幅度大小与许多因素（如物体的尺寸、受试设备的距离、受试设备所在的方位、物体的导电性和介电常数以及频率等）相关，所以，对所有设备规定一个必须且充分适宜的无障碍区域是不切实际的。一般，推荐使用椭圆形的无障碍区域，被测设备与接收天线分别置于椭圆的两焦点上，长轴是两焦点距离的 2 倍，短轴是焦距的 $\sqrt{3}$ 倍，如图 8-2 所示，如要满足 10m 法试验要求，则场地的尺寸至少为 20m × 18m。对于该椭圆形的无障碍区域来说，其周界上任何物体的反射波的路径均为两个焦点之间的距离的 2 倍。

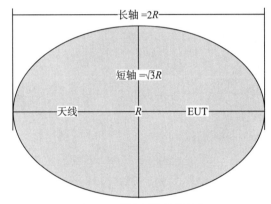

图 8-2　椭圆形测试场地

市区的电磁环境往往无法满足开阔场要求，开阔试验场地一般建设在远离市区的地方，使用不便，于是模拟开阔试验场地的电磁屏蔽半电波暗室成为应用更普遍的 EMC 测试场地。半电波暗室的五面贴吸波材料，模拟开阔试验场地，即电磁波传播是只有直射波和地面发射波。鉴于半电波暗室中的测试环境是要模拟开阔试验场电磁波的传播环境，因此暗室尺寸应以开阔试验场的要求为依据：测试距离 R 为 3m 或 10m 等，测试空间的长度为 2R，宽度应为 $\sqrt{3}$ R，高度应考虑上半个椭圆的短轴高度 $\sqrt{3}$ R/2 加上发射源的高度，暗室的高度应考虑为 $\sqrt{3}$ R/2+2m。

3.半电波暗室

半电波暗室是由装有吸波材料的屏蔽室组成。屏蔽室将外部环境的电磁波如电视信号、无线电广播、个人通信及人为环境噪声隔离，使暗室内部只有被测设备的电磁波。暗室墙面上的吸波材料吸收被测设备发射出来的电磁波，将入射的电磁能转化成热能，避免表面反射，使得天线接收到的只有直射波和地面反射波。目前广泛应用的吸波材料由铁氧体片和尖劈型含碳吸波材料组合而成。铁氧体主要吸收低频的电磁波。含碳吸波材料主要吸收高频电磁波，材料的吸波性能与电磁波的入射角度密切相关，垂直入射时，吸波性能最好；斜射时，性能降低。尖劈越长，吸收率越高。半电波暗室的结构示意图见图8-3。环境评估测试根据 GB 18883 标准要求，对电波暗室内空气中甲醛和苯等有害物质含量进行测试。

暗室地板是电磁波唯一的反射面，地板应平整无凹凸，不能有超过最短波长的 1/10 缝隙出现，以保持地板的导电连续性。金属地板上不能再铺设木地板或塑料地板。暗室的电源需安装滤波器，避免外界的干扰通过电源线进入。电源线和接地线要靠墙脚布设，不可横穿室内。

电波暗室是一个金属壳体的大型六面屏蔽体，其性能主要由以下几个参数来衡量，包括屏蔽效能、归一化场地衰减（normalized site attenuation，NSA）、辐射抗扰度测试时的场均匀性、1GHz 以上测量时全电波暗室的电压驻波比（site voltage standing wave ratio, SVSWR）等。

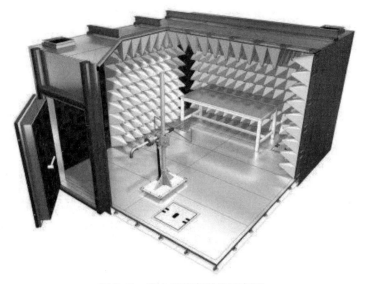

图 8-3　半电波暗室结构示意图

（1）屏蔽效能　屏蔽是利用屏蔽体阻止或减少电磁能量传输的一种措施，为了使测试空间内的电磁场不泄露外部或外部电磁场不透入到测试空间，需把整个测试空间屏蔽起来，这种专门设计的能对射频电磁能量起衰减作用的封闭室称为屏蔽室。屏蔽室的屏蔽性能用屏蔽效能来进行考量。其定义为：没有屏蔽体时空间某点的电场强度 E_0（或磁场强度 H_0）与有屏蔽体时被屏蔽空间在该点的电场强度 E_1（或磁场强度 H_1）之比。屏蔽效能应根据 EN 50147-1 进行评估，测试范围为 14kHz~40GHz，测试频点根据标准选定典型点（不超过 15 个）。

在屏蔽效能 S 的计算和测试中，往往会遇到场强值相差非常悬殊的情况，为了便于表达和运算（乘除变为加减），常采用对数单位——分贝（dB）进行度量，见式（8-2）和式（8-3）。

$$S_E = 20 \lg \frac{E_0}{E_1} \tag{8-2}$$

$$S_H = 20 \lg \frac{H_0}{H_1} \tag{8-3}$$

（2）归一化场地衰减（NSA）　NSA 是评价电波暗室性能的主要指标之一，它的结果直接决定了电波暗室的整体性能以及是否可用于辐射发射测试。NSA 主要针对暗室场地性能评价。信号从发射源传输到接收机时，由于场地影响所产生的损耗为 NSA，它反映了场地对电磁波传播的影响。根据 GB/T 6113.104 要求，NSA 测试值与理论值的差值应小于 4dB。若误差在 ±4dB 以内，则认为其 NSA 指标合格，可以在暗室内进行辐射发射测量。场地按照 ANSIC 63.4 和 CISP 16-1-4 新版本要求，在 30MHz~1GHz 的范围内，在 1.5m 直径、2.0m 高度的圆柱体内，在 3m 测距进行 NAS 测试。

（3）场地电压驻波比（SVSWR）用于 1GHz 以上的测量是在全电波暗室进行，地面需要铺设吸波材料形成自由空间，用 SVSWR 来验证测试场地，归一化场地衰减的测量方法不再适用于 1GHz 以上频率的场地测试。SVSWR 方法的目的是检查被测空间的周边条件，即由接收天线 3dB 波束宽度形成的切线 W 所提供的自由空间条件，SVSWR 是由反射信号与直射信号路径引起的最大接收电压与最小接收电压之比。当 SVSWR ≤ 6dB 时，场地符合要求。具体按照 CISPR 16-1-4 最新版要求，在 1GHz~18GHz 的范围，1.5m 直径、2.0m 高度的圆柱体内，在 3m 测距进行 SVSWR 测试。

4. GTEM 小室

吉赫兹横电磁波室（gigahertz transverse eletromagnetic，GTEM 小室）是 80 年代末国外的一种电磁兼容测试设备。其具有工作频率宽、内部场强均匀、屏效好、体积小、成本低、试验中能量利用率高等优点，广泛应用于替代开阔场和电波暗室完成辐射抗扰度的测试。在医疗设备相关的辐射抗扰度试验中，助听器和轮椅的辐射抗扰度测试都可以使用。

GTEM 小室结构原理图见图 8-4，为半锥形的同轴结构。其中心导体展成一块宽的隔板（通称芯板），其后壁用锥形吸波材料覆盖，选取合适的角度、芯板高度和宽度，构成复合式匹配负载，使小室的时域阻抗为 50Ω 左右，以达最小终端反射。基于同轴及非对称矩形传输线原理，当小室馈入端注入功率信号时，在小室内便会产生横电磁波，其波阻抗为 377Ω，在芯板与底板之间所形成的电场，其方向与横电磁波传播的方向垂直，在阻抗匹配良好的情况下，小室内某段空间场的分布是均匀的，这些都与自由空间的远场电磁波特性相同，相当于模拟了开阔场的电磁环境。因此，可以作为开阔场的替代测试环境。

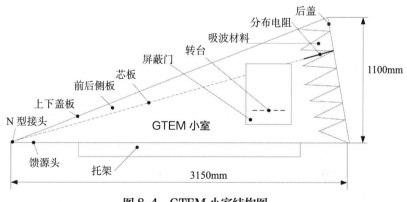

图 8-4　GTEM 小室结构图

特别注意 GTEM 小室的选取要满足以下要求：

（1）要符合 IEC 6100-4-20 的要求；

（2）小室的频率响应范围和场强大小是否可以覆盖标准规定的范围；

（3）小室的屏蔽门开门方向和波导管位置应便于测试和被测样品的连接，波导管的长度和孔径应满足试验的频率响应特性；

（4）小室的屏蔽效能应确保测试环境背景噪声不会对被测设备的输入相关干扰电平数值 IRIL 造成干扰。若不能满足要求，则需要选择在特定环境下测试，如电声屏蔽室。

三、光学设备实验室

光学设备实验室是主要用来检测医用光学仪器的实验室。常用的医用光学仪器主要有眼科光学仪器、显微镜、医用内窥镜和医用激光仪器四大类。不同类别的仪器对实验室要求不尽相同，如内窥镜检测时对环境照度有要求、激光仪器检测需做好人员防护。

1. 暗室

应能保证在暗环境下，环境照度不大于 2lx，试验检测场所应设置各种必要的安全防护门、安全警告牌和安全连锁装置，即检验区内所有的门必须有联锁装置，检验区危险部位和门上方应装设有"光测试中，危险""严禁入内"等标志牌。所有安全指示、警告信号、联锁装置必须灵敏可靠。

2. 安全防护要求

在设计时应充分评估激光或光源超过 MPE 的激光辐射的可能性，制定相应的安全防护措施，需配备相应的防护眼镜、防护服，有符合 GB 7247.1 规定的警告标识。防护眼镜应专门为所使用的激光波长和输出设计的，且应明确标示波长和对应的光学密度，以便使用人员选择适当的防护眼镜。

四、放射性实验室

随着有源医疗器械的蓬勃发展，核能及放射性同位素的应用越来越普遍，各种用途的放射性实验室已在我国各地相继建立起来。在使用和接触放射性物质的过程中，会遇到不同类型的放射性核辐射，如电磁波辐射（X 线和 γ 线等）。由于射线的辐射电离作用，会引起机体复杂的生物效应，使细胞中正常的新陈代谢紊乱。关于放射性实验室的要求如下。

1. 放射性实验室设计要求

实验室应注重合理布局，功能区分区明确。在满足试验要求的前提下应考虑通风、供水、排水以及电气的因素，力求科学、合理、先进实用、美观大方，充分利用空间，节约占地面积。实验室的设计，应按其最高试验电压等级、实验项目、产品特点等有关技术数据，使其所处位置与其他建筑物、设施保持足够的安全净距，应有足够宽度和通畅无阻的运输、消防通道。

实验室必须按设计要求装设接地装置，严禁利用保护接地系统作为大电流的放电回路。所有检验设备和样品的金属外壳和支架必须有良好的接地（或接零）线。接地装置的设计必须符合下列要求。

（1）接地电阻值应符合电气装置保护上和功能上的要求，并长期有效。

（2）能承受接地故障电流和对地泄漏电流而无危险。有足够的机械强度或有附加的保护，以防外界影响而造成损坏。

（3）严禁用易燃易爆气体、液体、蒸气的金属管道做接地线；不得用蛇皮管、管道保温用的金属网或外皮做接地线。

（4）每台电气设备的接地线应与接地干线可靠连接，不得在一根接地线中串联几个需要接地的部分。

（5）明设的接地线表面应涂黑漆。在接地线引入建筑物内的入口和备用接地螺栓处，应标以接地符号。

2. 放射性实验室人员要求及注意事项

放射性实验室应仅限经授权的工作人员进入。经特别批准进入的人员，必须遵守各项安全制度，服从工作人员安排，在指定的安全区内活动，禁止随意走动。由于实验室的特殊性，放射性实验室工作需要注意以下事项。

（1）实验室内应划分活性区和非活性区，操作和存放放射性物质的器皿必须作出标记。

（2）实验室内只能放置必需的用具，如便于使用的个人安全防护装备。与操作无关的物品，特别是办公用品，如图书等严禁携入。

（3）实验室内应有通风装置，并保持良好的通风。

（4）实验室屏蔽门外应有电离辐射警告标志，门上方应有醒目的工作状态指示灯，灯箱上应设置如"射线有害，灯亮勿入"的可视警示语句。屏蔽门应有联动装置。

（5）使用、贮存放射性同位素和射线装置的场所，应当按照国家有关规定设置明显的放射性标志，其入口处应当按照国家有关安全和防护标准的要求，设置安全和防护设施以及必要的防护安全联锁、报警装置或者工作信号。

（6）放射性同位素的包装容器、含放射性同位素的设备和射线装置，应当设置明显的放射性标识和中文警示说明；放射源上能够设置放射性标识的，应当一并设置。

（7）实验人员应了解所用的放射源的性能，操作前应作好充分的准备，操作时必须严格遵守操作规程，切实做好安全防护，以免发生事故。

（8）放射性同位素贮存场所应当采取防火、防水、防盗、防丢失、防破坏、防射线泄漏的安全措施。

3. 放射性实验室关于机房和屏蔽的要求

一般需满足 GBZ 130—2020 放射诊断放射防护要求、GBZ 121—2020 放射治疗放射防护要求。

五、电声学检测实验室

部分有源医疗器械工作时会发出声音，如制氧机内部电机发出声音、监护仪的警报声等，声音过大，会产生噪音危害，损害人的听觉系统，所以要求噪声保持在一定水平范围内。

声学检测实验室与检测实验室设计最大的不同在于除了对建筑物理方面的隔声、隔振、减震均有特殊的要求外，还要求有效地衰减外界噪声和振动对实验室产生的影响。

1. 设计和布局

通常一个电声学检测实验室要包括全消声室、半消声室、混响室等，半消声室的设计本底噪声要求小于 7dB，而全消声室的设计本底噪声要求小于 4dB，因此围护结构必须具有非常好的隔声和隔振性能，根据隔声、隔振、减震的特点，可设计成"房中房"结构，并且内、外部宜采用不同材质的材料，若采用同质材料则结构构件厚度不能相同，这样可有效地衰减外界噪声和振动对实验室产生的影响。

通常相关标准都会明确噪声的检测方法和场地设施的要求，申请人可结合产品特点，设计和配备适合自身的电声学检测实验室。

2. 实验室要求

结合 CNAS-CL01-A003:2019《检测和校准实验室能力认可准则在电气检测领域的应用说明》附录 B 的要求，电声学检测实验室应满足以下要求。

（1）音频电声产品性能的检测应在消声室进行；噪声限值的检测应在半消声室进行；声功率检测可在半消声室或混响室进行；耳机的性能检测使用耳模拟器。

（2）消声室和半消声室的性能要求见表 8-8。

表 8-8　消声室和半消声室的性能要求

类型	自由声场条件			本底噪声	应用
	频率范围	距离	允差		
消声室	50~16000Hz	≥ 3m	± 1dB	在 20~20kHz 范围，线性计权 ≤ 30dB，A 计权 ≤ 20dB（A）	音频电声测量（注：在一些低频要求不高的情况下，下限频率可适当放宽要求，同时注明限制范围）
半消声室	≤ 630Hz；800~5000Hz；≥ 6300Hz	≥ 1.5m	± 2.5dB ± 2.0dB ± 3.0dB	A 计权 ≤ 20dB（A）	噪声限值测量

消声室应满足自由声场条件，包括符合频率范围、主测量线上同声源位置有关的距离和要求的允差，其鉴定方法参考 GB/T 6882。消声室的体积、尺寸按要求来设定，是否达到要求，按 GB/T 6882 中的规定进行鉴定并应有完整的检测报告。

半消声室应满足自由声场条件，包括符合 GB/T 6882 中所规定的半消声室自由声场的允差要求、测试室要求和测试半球面半径的要求。

（3）混响室性能应符合 GB/T 6881.1 的规定。混响室鉴定方法执行 GB/T 6881.1。

（4）耳模拟器性能应符合 GB/T 25498.1、IEC 60318—4、IEC 60318—7 和 ITU-T P.57 的规定。

（5）扬声器主观评价用试听室性能应符合 GB/T 12060.13 中 2.1 试听室的规定，其他产品主观评价用试听室性能参考此标准规定。

（6）部分被测产品对测试环境的要求见表 8-9。

表 8-9　部分被测产品对测试环境的要求

检测产品	检测内容	产品检测环境	
		性能检测	主观评价
传声器	常温性能、主观评价	消声室	试听室
耳机	常温性能、主观评价	耳模拟器	试听室
扬声器	常温性能、主观评价	消声室	试听室
扬声器系统（音箱）	常温性能、主观评价	消声室	试听室
组合音响	常温性能、主观评价	消声室	试听室
电子琴	常温性能、主观评价	消声室	试听室
电视机	常温性能、主观评价	消声室	试听室
通信设备	常温性能、主观评价、噪声限值、声功率	消声室、半消声室、混响室	试听室
信息技术设备、家用电器（如电冰箱、空调器、洗衣机、小家电等）	噪声限值、声功率	半消声室、混响室	—

（编写：王一叶、张群英、黄勇、李伟）

能力建设要求篇

第九章
检验方法

　　检验方法是医疗器械注册人开展自检活动的依据，本章从建立检验方法管控程序、方法的选择、验证、开发和确认、测量不确定度评定方法、检验方法常见问题等方面进行梳理，在检验方法管控的关键控制点方面，为注册人建立自检能力提供参考，本章仅给出检验方法管控相关环节的一般原则或流程，注册人可根据自身产品特性进行细化。

第一节　管控程序

　　注册人检验方法管控程序，应当建立在充分研究法规要求的基础上，需要特别关注的是《医疗器械检验工作规范》和《医疗器械注册自检管理规定》。另外，国家药品监督管理局在2021年76号通告中废止了《医疗器械检验机构开展医疗器械产品技术要求预评价工作规定》，该文件的废止，更加突出了注册人的主体责任，注册人应当有能力对自身制定的产品技术要求进行自我确认和评价，尤其是对检验方法可操作性、可重复性以及与性能指标的适应性等方面的自我评价。

　　自检方法管控程序可以是一份或者多份文件，但至少需满足以下要求：

　　（1）应符合本企业医疗器械质量管理体系关于文件制定的要求，并与现有管理体系文件相融合。

　　（2）将法规关于自检方法的相关要求纳入文件，包括对特殊领域检验方法的要求。

　　（3）明确自检方法选择的原则和方法验证的工作流程。

　　（4）明确方法开发、制定的工作流程，方法开发相关人员的任职资质、职责权限、授权管理等要求。

　　（5）明确方法确认的工作流程。

　　（6）明确制定检验细则制定的时机、要求和流程等。

　　图9-1给出了一种可能的医疗器械注册人检验方法管控的技术路线示意图。

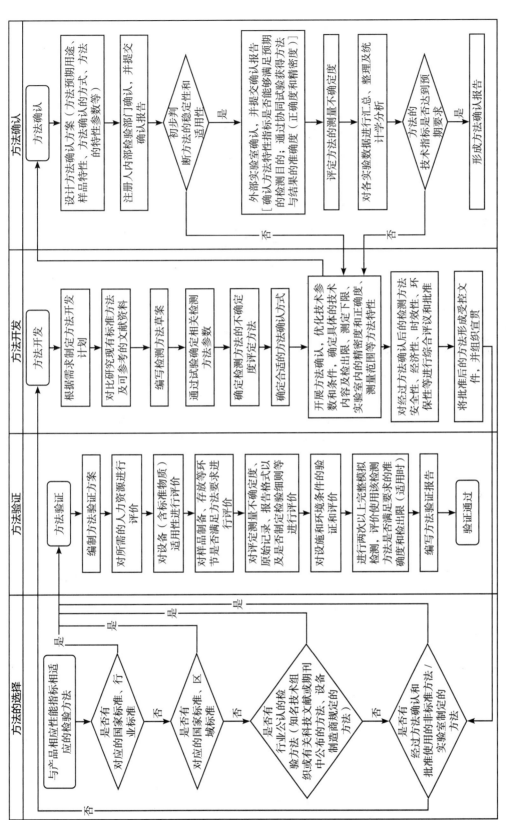

图9-1 医疗器械注册人检验方法管控技术路线示意图

能力建设要求篇

第二节 方法选择和验证

一、选择

注册人在确定采购物品、中间品、成品质量控制以及注册自检的检验方法时，应把握以下原则：

（1）与产品相应的性能指标相适应。

（2）优先考虑采用国家标准、行业标准，特别是强制性国家标准、行业标准的相关内容。

（3）其次考虑采用国际标准、区域标准的相关内容。

（4）如果国家标准、行业标准、国际标准、区域标准均不适用，可考虑采用行业公认的检验方法（如：知名技术组织或有关科技文献或期刊中公布的方法、设备制造商规定的方法）。

（5）如果上述方法均不适用，注册人应当使用经过方法确认并获得批准（根据注册人体系文件的要求开展）的自行建立的企业内部控制标准和方法。

（6）当标准检验方法未明确详细的操作过程或标准检验方法中信息容易造成理解歧义时，应当制定检验规程/细则，保证检验结果的一致性。注册人可以采用比对试验的方式，确定是否制定检验规程/细则，即在相同的试验条件下，两组或多组人员以"背对背"的方式按照标准检验方法独立开展检验，对检验结果进行统计学分析，各组数据间存在显著性差异时，应制定检验规程/细则。

（7）如果同一种质量控制性能指标有多种检验方法，注册人应当根据检验目的确定合适的检验方法，并在相应的检验规程/细则中予以明确。必要时，注册人应当在内部控制标准与外部标准间建立对应关系。

无论选择哪种检验方法，在引入方法前，注册人都应当开展方法验证，证实能够正确地运用该方法，以确保实现所需的方法性能。

二、方法验证

方法验证是指在标准方法或者经确认后的非标方法引入检验部门首次使用前，检验部门应对其能否正确运用这些方法的能力进行验证，验证不仅需要从相应的人、机、料、法、环、测等方面评定，还应通过试验证明结果的准确性和可靠性，如准确度、检出限（适用时）等方法特性指标，必要时应进行实验室间比对。

对于标准方法的验证，识别人员、设施和环境、设备等的需求只是一方面，更重要的是要通过试验进行验证，验证的内容应全面覆盖方法的要求，必要时应包括采样、样品制备（包括前处理）、检测、报告结果等全过程。试验验证的目的是要证明检验部门能够正确运用方法，具备使用该方法开展检测活动的能力，能够实现方法的性能，同时也可以在试验过程中找出不足，加以改进，因此在进行试验验证时，不应该是模拟试验，应使用实际样品，在实际测试环境中实施检测活动。试验验证过程中的所有记录均作为证据予以保留。

对于修订后的方法，检验部门应识别修订变更的内容，当识别出对现有技术能力有影响时，如称样量变化、测试方法改变、新增测试项目等，应针对与变更有关的部分重新进行验证，包括开展试验验证。

方法验证的目的在于证实检验部门能够正确运用该方法，其与方法确认的区别如表 9-1 所示。

表 9-1　方法验证和方法确认对比表

	对象	目的	范围	工具	时机
方法验证	标准方法和经过方法确认的非标方法	验证是否有能力按方法要求开展检测活动（证实检验部门能够正确运用该方法）	实验室内	从"人、机、料、法、环、测以及结果的准确性和可靠性"等方面去证实	首次引入使用前，使用一段时间
方法确认	非标方法、实验室制定的方法、超出预定范围使用的标准方法、其他修改的标准方法	确认方法的特性参数是否合理、是否满足预期的检测目标（方法能不能用）	实验室内、实验室间	常用的五种确认方式	在转化为标准方法前

方法验证的一般步骤如下。

（1）编制方法验证方案（必要时），对于样品类型单一、方法技术较为完善、方法性能指标比较完整的标准方法，可无须拟定专门的验证方案，验证人员可通过简单构思，列明关键控制点来准备相关验证计划。对于样品类型复杂、方法技术不够清晰、缺少方法特定指标的标准方法，宜策划设计验证方案，包括：验证的目的、对象、方法的适用范围、常见样品类型、所需的资源条件、评定方法特性参数的试验方法（如仪器和试剂、标准物质、采用的样品类型及数量、样品测定方法和条件、测定次数、数据计算或统计方法等）、评价准则等。

（2）准备测试样品，除可以使用有证标准物质 / 标准样品外，还应选择实际样品进行方法验证，实际样品应尽量覆盖方法的适用范围。

（3）在方法验证前，参加验证的操作人员应熟悉和掌握方法原理、操作步骤及流程，必要时应接受培训。

（4）方法验证过程中所用的试剂和材料、仪器和设备及分析步骤应符合方法相关要求。

（5）参加验证的操作人员按照要求如实记录原始测试数据，可能时，附上与该原始测试数据内容相符的图谱或其他由仪器产生的记录打印条等。

（6）根据方法验证数据及统计、分析、评估结果，最终形成《方法验证报告》。

方法验证报告的内容包括但不限于以下内容。

（1）对执行新方法所需的人力资源的评价，即检测人员是否具备所需的技能及能力，必要时应进行人员培训，经考核后上岗。

（2）对现有设备适用性的评价，是否要补充新的设备（含标准物质）。

（3）对自检样品的评价，包括对样品制备、储存、流转、前处理等各环节是否满足方法要求的评价。

（4）对过程要求的评价，包括测量不确定度、原始记录、报告格式及其内容是否适应方法要求、是否需要制定检验规程 / 细则等。

（5）对设施和环境条件的评价，必要时进行验证。

（6）对新方法正确运用的评价，当有旧方法变更时，应对新旧方法进行比较，尤其是差异

能力建设要求篇

分析与比对的评价。

（7）按方法要求进行两次以上完整检测（包括使用实际样品的检测），评价使用该检测方法是否满足要求的检出限（适用时）和准确度等特性参数要求，并出具两份完整结果报告。

有关检出限和准确度的概念及确定在本章第三节相关内容中阐述。

三、验证报告模板样例

表 9-2 给出了供参考的方法验证报告模板样例，注册人可根据待验证的方法和自身样品的特点进行具体分析和完善。

能力建设要求篇

表 9-2　方法验证报告模板样例

××××方法验证报告	
目的	验证本检验部门是否具备正确使用××××（方法）的能力
方法原理	方法原理的描述
检测步骤	对检测步骤的简述
人员配备	对执行本方法所需的人力资源的评价，即配备检测人员是否具备所需的技能及能力，包括人员专业背景、对标准的理解、实操能力等，必要时应进行人员培训，经考核后上岗
仪器设备配置	标准对仪器设备性能参数的要求，对现有仪器设备适用性的评价，是否要补充新的设备，仪器设备计量溯源性的评价等。如仪器设备的测量范围、准确度等级、校准点和校准范围的适用性等
试剂/耗材	是否能够符合方法要求的评价
设施和环境条件	对设施和环境条件满足方法要求的评价，必要时进行验证，附验证材料，如温度、湿度、噪声、通风、洁净度、照度等验证资料或检测报告
样品处置	对自检样品制备，包括前处理、存放等各环节是否满足方法要求的评价
原始记录、结果报告格式	编制原始记录、报告格式，及其内容是否适应方法要求的评价
检验规程/细则	对是否需要制定检验规程/细则等的评价，需要时，附相关检验规程/细则
试检验情况	按方法要求进行两次以上完整检测（包括使用实际样品的检测），并附两份完整结果报告
方法特性参数验证	根据方法特点，验证检验部门使用该方法时相关特性参数是否满足方法的要求，如线性范围、实验室检出限和定量限（适用时）、准确度（精密度和正确度）等，并附相关验证材料（参考本章第四节相关内容）
测量不确定度	对于应定量检测，评定检验部门使用该方法的测量不确定度，附该检测方法的测量不确定评定报告（如果检验部门已经对方法精密度和正确度进行验证，则可以不对测量不确定度进行验证。然而，对不确定度的评定可能是法规对注册人自检的专门要求）
其他需要说明的情况	

续表

××××方法验证报告			
验证结论	基于上述方面的验证结果，总体评价检验部门正确使用该方法的能力		
验证人员		日期	
批准人意见	签名：		日期：

第三节　方法开发和确认

当某些医疗器械产品性能指标的检验方法没有可参考的标准方法时，注册人可以按照本企业质量管理体系文件的规定，制定相关的检验方法。通常情况下，检验方法宜包括试验步骤和结果的表述（如计算方法等）。必要时，还可增加试验原理、样品的制备和保存、仪器等确保结果可重现的所有条件、步骤等内容。对于体外诊断试剂产品，检验方法中还应当明确说明采用的参考品/标准品、样本制备方法、使用的试剂批次和数量、试验次数、计算方法等。

对于自制方法、超出预定范围使用的标准方法或其他修改的标准方法，注册人应当进行方法确认。

一、方法开发

广义的方法开发包括注册人自制方法、超出预定范围使用标准方法或其他修改适用标准方法。方法开发的一般程序：

（1）根据需求制定方法开发计划。

（2）对比研究现有标准方法及可参考的文献资料。

（3）编写检测方法草案。

（4）通过试验确定检测方法相关参数。

（5）确定检测方法的不确定度评定方法。

（6）确定合适的方法确认方式。

（7）进一步开展实验研究，通过对方法的各项技术参数和条件进行优化实验，确定具体的技术内容及检出限、测定下限、实验室内的精密度和正确度、测量范围等方法特性，进一步修订方法草案。

（8）最终确定的检测方法草案一般由 5 名或以上技术熟练的检测人员（至少包含技术负责人）分别进行检测，应根据方法的特点采用适当的方式开展检测，如内标法、外标法、标准物质检测、重现性检测等方式，且单项检测重复次数不小于 10 次，不同人员间、各项方式的检测结果不存在显著性差异的可信度在 95% 及以上。

（9）至少在 3 个不同实验室的同一类型检测仪器上按照最终确定的检测方法草案开展检测，三个实验结果不存在显著性差异的可信度在 95% 及以上。

能力建设要求篇

（10）对各实验数据进行汇总、整理及统计学分析，在此基础上对检测方法草案进行完善。如方法的技术指标未达到预期要求，应通过进一步实验，并组织方法确认。

（11）对检测方法开发、试验、确认过程进行总结，形成方法确认报告。

（12）组织相关人员对方法确认报告以及方法的安全性、经济性、时效性、环保性等进行综合评议，并形成检测方法有效性、可行性的最终决议。

（13）对方法草案及评定决议进行批准。

（14）对批准的方法形成受控文件，并组织宣贯。

表 9-3 给出了一种检测方法草案的模板样例。

表 9-3　×××检测方法草案模板样例

×××检测方法草案	
方法名称	一般由方法适用对象＋所测的指定特性＋试验方法的性质组成
警示	所测试的样品、试剂或试验步骤，如对健康或环境可能有危险或可能造成伤害的，应指明所需的注意事项，以引起试验方法标准使用者的警惕
方法适用范围	应简明地指明拟测定的特性，并特别说明所使用的对象。必要时，可指出标准不适用的界限或存在的各种限制
检测原理	必要时，"原理"可用于指明试验方法的基本原理、方法性质和基本步骤
试验条件	如果试验方法受到试验对象本身之外的试验条件的影响，如温度、湿度、气压等，应明确指出开展试验所需的条件要求
仪器设备	列出在实验中所使用的仪器设备的名称及其关键参数
所需试剂、参考品、标准品	列明所使用的试剂和（或）材料的清单，包括试剂纯度的级别、纯度、批次和数量等，必要时，给出相应的化学文摘登记号。应特别指明贮存试剂和（或）材料的注意事项和贮存期
样品	给出制备样品的所有步骤，明确样品的采集、运输和保存要求
试验步骤	包括试验前的准备工作和试验中的实施步骤，包括校准仪器、预试验或验证试验（可用标准品）检查仪器功能、空白试验、比对试验等的步骤，以及试验次数的要求
试验数据处理	列出试验所要录取的各项数据，应给出试验结果的表示方法或结果计算方法
其他说明	质量保证和质量控制要求、结果报告要求、其他特殊情况、参考文献及文件资料等

二、方法确认

方法确认是指通过试验，提供客观有效证据证明特定检测方法满足预期的用途，其目的是确认检测方法的特性参数是否合理、是否满足预期的检测目标。常用的方法确认方式有：使用参考标准或标准物质进行比较；与其他方法所得的结果进行比较；实验室间比对；对影响结果的因素作系统性评审；根据对方法的理论原理和实践经验的科学理解，对所得结果不确定度进行评定等。

注册人应当根据方法的预期用途、样品的特性、数量、委托部门的特殊要求等具体情况，选择需要确认的方法特性参数，典型的需要确认的方法特性参数见表 9-4。

表9-4　典型方法确认特性参数的选择

待评估性能参数	方法确认	
	定量方法	定性方法
检出限 [a]	√	√
定量限	√	—
灵敏度	√	√
选择性	√	√
线性范围	√	—
测量范围	√	—
基质效应 [b]	√	√
精密度（重复性和再现性）	√	—
正确度	√	—
稳健度	√	√
测量不确定度（MU）	√	—

注：1. √：表示正常情况下需要确认的性能参数；—：表示正常情况下不需要确认的性能参数。
　　2. a 目标分析物的浓度接近于"零"时需要确认此性能参数；b 化学分析中，基质指的是样品中被分析物以外的组分。基质经常对分析物的分析过程有显著的干扰，并影响分析结果的准确性。
　　3. 当已经确认检出限，定量限也可以省略；当已经确认线性范围，测量范围可以省略。
　　4. 基质效应和稳健度确认通常不一定单独进行，可在对其他方法性能参数确认时加以考虑。

1. 检出限和定量限

通常情况下，检出限和定量限可分为三类：

（1）仪器的检出限和定量限　仪器检出限是仪器可靠地将目标分析物从背景（噪声）中识别出来时分析物的最低浓度或最低量值，会随仪器分辨力的提高而降低，精度不高的仪器的检出限通常是仪器分辨力的1/2，例如，分辨力为1g的天平，其仪器检出限是0.5g。检出限和灵敏度是两个从不同角度表示检测仪器对测定物质敏感程度的指标，灵敏度越高、检出限越低，说明检测仪器性能越好。

（2）方法检出限和定量限　通俗地讲，方法检出限是采用特定方法检测某种物质或测定信号时，能定性检出该种物质或信号的最低浓度或量值，即低于这个浓度或量值时，用该方法检测不出来。方法定量限则是所采用特定方法检测某种物质或测定信号时，能定量检出该种物质或信号的最低浓度或量值，也就是说低于这个浓度或量值的时候，用这个方法检测出来的值的准确度就没有保障。方法检出限是衡量一个分析方法及测试系统测试范围的重要指标，一般在开发新的检测方法时，需要确认方法检出限。如果注册人采用国家标准、行业标准或国际标准等标准方法时，则不需要做方法检出限，一般标准方法会标明方法检出限。

（3）实验室检出限和定量限　实验室检出限，即某实验室使用特定分析方法（测量系统）

可以从试样中定性检出的某种物质或测定信号的最小浓度或最小量值。通俗讲就是低于这个浓度时，该实验室使用该方法检测不出来。实验室定量限是某实验室使用特定分析方法以给定的置信水平，在允许的误差范围内，可以从试样中定量地检出待测物质或信号的最小浓度或最小量值。也就是说低于这个浓度时，该实验室使用该方法检测出来的值的准确度就没有保障。优秀的实验室可以使实验室检出限与定量限低于方法的检出限与定量限。实验室在做标准方法验证时，需要验证实验室检出限和定量限（适用时）。

确定和评估检出限和定量限的方法很多，适用时，注册人可参考相关国家标准来评估和确定检出限和定量限的数值，如 GB/T 27415《分析方法检出限和定量限的评估》、GB/T 33260.2《检出能力 第 2 部分：线性校准情形检出限的确定方法》、GB/T 33260.4《检出能力 第 4 部分：最小可检出值与给定值的比较方法》、GB/T 33260.5《检出能力 第 5 部分：非线性校准情形检出限的确定方法》等。

2. 选择性

在化学分析领域，方法的选择性是指测量系统按规定的测量程序使用并提供一个或多个被测量的测得的量值时，每个被测量的值与其他被测量或所研究的现象、物体或物质中的其他量无关的特性。可以理解为用某种分析方法测定某组分时，能够避免样品中其他共存组分干扰的能力，抗干扰能力越强，即选择性越好。

在方法确认过程中，应当根据预期用途样品范围，采用不同类型的含量已知的代表性样品来确认方法的选择性，包括目标分析物标准物质、不同基体类型的空白实际样品、具有复杂基体的实际样品等。

在进行方法验证过程中，由于标准方法制定方已经对方法的选择性做过确认，通常标准方法具有较好的选择性，可不对标准方法的选择性进行验证。

3. 测量范围

方法的测量范围通常应满足以下条件：

（1）方法的测量范围应覆盖方法的最低浓度水平（定量限）和关注浓度水平。

（2）需要确认方法测量范围的最低浓度水平（定量限）、关注浓度水平。

（3）确认测量方法范围最高浓度水平的正确度和精密度。

（4）如果方法的测量范围呈线性，也可通过评定方法的线性范围确认测量范围。

4. 线性范围

确认方法线性范围时，可采用校准曲线法定量，一般应具有 6 个校准点（包括空白），校准点尽可能均匀分布在关注的浓度范围内并覆盖该范围。浓度范围一般应覆盖样品中可能涉及的分析物浓度或关注浓度 50%~150%，如需做空白时，应覆盖关注浓度的 0%~150%。并且，应当充分考虑可能的基质效应的影响，排除其对校准曲线的干扰。对于筛选方法，线性回归方程的相关系数不低于 0.98，对于准确定量的方法，线性回归方程的相关系数不低于 0.99。

5. 基质效应

对化学分析方法做方法确认过程时，若存在基体干扰时，应通过在典型样品前处理好的消解液或萃取液中添加标准溶液进行识别。对不同基体类型样品溶液应分别识别，每种基体类型样品溶液一般重复测定至少 2 次，通常对基质效应的确认可以与方法选择性的确认同时进行。

如果消解液或萃取液添加标准溶液测出的结果与单纯标准溶液测出的结果有显著性差异，则应考虑基体的存在对仪器的响应有抑制或有增强的影响。注册人可通过分析基质标准物质、改变基质成分含量、与其他参考方法进行方法比对等方式对基质效应进行确认。

当基质效应显著影响分析结果时，可通过基体匹配、基质分离或稀释、干扰校正等方法降低或消除。

研究基体对仪器响应的影响时，可以采用考察标准曲线斜率的方法，分别绘制"加入基质"和"不含基质"两套浓度一致的系列标准溶液的标准曲线，考察两个曲线斜率是否存在显著性差异。若不存在显著性差异（如曲线斜率偏差小于 10%），则认为不需要对基体影响进行校正。

6. 精密度和正确度

精密度和正确度是方法准确度的两个方面，其中精密度对应随机误差，用于表述在重复性条件下的重复性和再现性条件下的再现性；正确度对应系统误差，一般用偏倚来表示。

再现性精密度通常使用实验室内再现性或中间精密度等术语表示，在对标准方法做方法验证时，一般仅对方法重复性进行验证，但如果标准方法中提供了中间精密度数据，则需同时进行中间精密度的验证。对方法确认而言，宜同时对方法重复性和再现性进行确认。

注册人在进行验证或确认精密度的试验设计时，需要特别关注的是：

（1）测试样品、样品的前处理、试剂、设备、分析人员、试验操作等试验条件均要与实际测试情况一致，以便获得正常操作条件下方法的精密度。

（2）测定精密度数据的样品应尽量采用含有待测物质且足够均匀的实际样品（或人工制备模拟样品）进行试验，从而反映出样品前处理过程对精密度的影响。

（3）精密度会随着分析物浓度的变化而变化，在进行精密度的验证或确认时，应根据方法的特点和用途，选择和设置合理的浓度点（通常包含测试范围最低浓度在内的多个浓度点）。

（4）对于单一实验室的方法确认，通常对某个相同样品和有证标准物质（CRMs）或有可靠参考值的标准物质（RMs）在正常条件下进行长期独立测定，这种条件下获得的精密度即为实验室内再现性精密度。

（5）如果检测方法适用于一系列样品类型，则需要对每个类型代表性样品进行测定来分别评价精密度。

评定偏倚（正确度）的最理想方式是利用有证标准物质（CRMs）或有可靠参考值的标准物质（RMs）进行测试。在条件允许的情况下，尽可能利用覆盖测试范围的不同浓度试样来评定偏倚。如果无法获得合适 CRMs 或 RMs，则偏倚只能通过在基质空白（或者含有目标物的实际样品）中加入一系列浓度的目标物所得回收率来评定。即：将已知浓度的分析物加到样品中，按照预定的分析方法进行检测，测得的实际浓度减去原先未添加分析物时样品的测定浓度，并除以所添加浓度的百分率。回收率（R）可通过式（9-1）计算。

$$R = \frac{C_1 - C_2}{C_3} \times 100\% \tag{9-1}$$

其中 C_1 是指加标之后测定的浓度；C_2 是指加标之前测定的浓度；C_3 是指添加目标物后的理

论浓度。

精密度和正确度的评定计算方法，可以参考相关标准，如 GB/T 6379.2《测量方法与结果的准确度（正确度与精密度）第 2 部分：确定标准测量方法重复性与再现性的基本方法》、GB/T 6379.4《测量方法与结果的准确度（正确度与精密度）第 4 部分：确定标准测量方法正确度的基本方法》、GB/T 6379.5《测量方法与结果的准确度（正确度与精密度）第 5 部分：确定标准测量方法精密度的可替代方法》等国家标准。

7. 稳健度

方法稳健度（耐变性的量度）可以理解为检测结果对试验条件发生小变化的不敏感程度，研究耐变性的目的是为了识别能够导致结果变化的影响因素，并对这些因素加以控制，进而提高方法的准确度。

确认方法稳健度时，注册人可根据自身的具体情况，选择样品预处理及检测过程中可能影响检测结果的因素进行预试验，如测试人员、试剂来源和保存条件、加热速率、温度、湿度、pH 值等可能的影响因素。稳健度试验通常可在预先设定好的微小合理条件变化下，通过对空白样品、CRMs、RMs 等均匀样品的多次重复测定，对得到的结果进行统计判断；也可以依据内部方法开发数据、方法技术特性等来评定出稳健度的影响因素。注册人可通过方案设计来考察分析单个或者多个因素对稳健度的影响，如对多次重复试验结果的显著性检验、正交试验等。

当发现对测定结果有显著影响的因素时，应通过进一步的试验确定这个因素的允许极限（或允许范围），进而采取控制措施，并在方法中注明对结果有显著影响的因素。

三、方法确认报告

注册人根据方法的预期用途、样品的特性、数量、委托部门的特殊要求等具体情况，选择需要确认的方法特性参数，逐项进行确认，并编制方法确认报告，方法确认报告包括但不限于以下内容。

（1）方法确认的目的。

（2）方法所适用的范围。

（3）对检测样品、样品类型、样品前处理等样品相关信息的描述。

（4）被测参数的范围。

（5）方法对仪器、设备的要求，包括仪器设备关键技术性能的要求。

（6）需要用到的标准物质。

（7）方法对环境条件的要求，对环境稳定周期的要求。

（8）操作步骤，包括：样品的标志、处置、运输、存储和准备；检测工作开始前需要进行的检查；检查设备工作是否正常，需要时，对设备进行校准或调整；结果的记录方法；安全注意事项等。

（9）结果接受（或拒绝）的准则、要求。

（10）方法特性参数的逐项分析和确认，包括对内部检验部门和外部实验室数据的分析和确认。

（11）方法确认结论。

第四节　测量不确定度评定

在 GB/T 27418《测量不确定度评定和表示》中，测量不确定度被定义为"根据所用到的信息，表征赋予被测量的量值分散性的非负参数"。测量不确定度对测量结果的可信性、可比性和可接受性都有重要影响，是评价测量活动质量的重要指标。很多情况下，除了报告检测结果外，还要求报告检测结果的测量不确定度。因此，对于定量检测项目，评定和报告测量不确定度是医疗器械注册人自检能力的一部分。关于测量不确定度评定与表示的相关标准、指南以及参考书籍众多，受限于篇幅，本节仅对测量不确定度评定的时机、常用的方法以及 GUM 法的一般流程等做简要介绍。

一、何时评定测量不确定度

《医疗器械注册自检管理规定》要求："注册人应当使用适当的方法和程序开展所有检验活动。适用时，包括测量不确定度的评定以及使用统计技术进行数据分析"。对于测量不确定度的要求，可以理解为包含两层含义：一是注册人应具备评定测量不确定度的能力；二是正确把握评定和报告测量不确定度的时机。笔者认为，评定和报告测量不确定度的时机包括但不限于以下情形。

（1）注册人在开展方法验证或方法确认时。

（2）当不确定度与检测结果的有效性或应用有关时。

（3）当检测结果处于临界值，测量不确定度可能影响结果的符合性判定时。

（4）标准方法有要求时。

（5）委托部门有要求时。

（6）监管部门要求时。

二、测量不确定度评定方法

由于医疗器械产品种类繁多，检测方法也覆盖化学、物理、电气、电磁兼容等众多领域。注册人应当根据自身产品的类型、检测方法的特点等具体情况，选择合适的测量不确定度评定方法。表 9-5 给出了不同方法的适用条件及对应的参考标准。

GUM 法（guide to the expression of uncertainty in measurement）和蒙特卡洛法分别提供了基于不确定度传播和概率分布传播来评定与表示测量不确定度的方法。Globe（top-down）方法，即从上到下的方法，核心思想是在控制不确定度来源或程序的前提下，来评定测量不确定度，即运用统计学原理直接评定特定测量系统的受控结果的测量不确定度。典型的 top-down 方法目前有四种，包括精密度法、控制图法、线性拟合法和经验模型法。

除了参考标准，认可委（CNAS）也发布了不同领域的测量不确定度评估指南，如 CNAS-GL006《化学分析中不确定度的评估指南》、CNAS-GL007《电器领域测量不确定度的评估指南》、CNAS-GL009《材料理化检测测量不确定度评估指南及实例》等文件，医疗器械注册人可根据自身情况选择参考。

能力建设要求篇

表 9-5 测量不确定度评定方法及参考标准

评定方法	适用条件	参考标准
GUM 法	（1）可以假设输入量的概率分布呈对称分布； （2）可以假设输出量的概率分布近似为正态分布或 t 分布； （3）测量模型为线性模型、可以转化为线性的模型或可用线性模型近似的模型	JJF 1059.1《测量不确定度评定与表示》
蒙特卡罗法	（1）各不确定度分量的大小不相近； （2）应用不确定度传播律时，计算模型的偏导困难或不方便； （3）输出量的分布函数较大程度地背离正态分布、t 分布； （4）输出量的估计值和其标准不确定度的大小相当； （5）测量模型明显非线性； （6）输入量的分布函数明显非对称	JJF 1059.2《用蒙特卡罗法评定测量不确定度》
Globe（top-down）方法	运用统计学原理直接评定特定测量系统的受控结果的测量不确定度。典型的方法目前有四种： （1）精密度法，方法性能指标来自于实验室间协作试验，例如重复性和复现性，提供了实验室内和实验室间的方差分量估计值； （2）控制图法，适用于同一浓度的样品的不确定度评估； （3）线性拟合法，适合不同浓度样品的不确定度评估； （4）经验模型法，在确保偏倚和测量系统受控前提下，通过长期大量的数据积累，建立测量结果与标准差之间的函数关系，若没有合适的变换类型或无明显的函数关系，可按稳定性方差处理	GB/T 27411《检测实验室中常用不确定度评定方法与表示》

三、GUM 法评定测量不确定度的一般流程

GUM 法是一种应用较为广泛的测量不确定度评定方法，为了方便理解和运用，本节以流程图的形式给出了 GUM 法评定测量不确定度的一般流程，用 GUM 法评定测量不确定度的总体流程如图 9-2 所示。

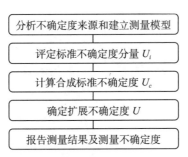

图 9-2 用 GUM 法评定测量不确定度的一般流程

其中，标准不确定度分量的评定包括 A 类评定和 B 类评定，标准不确定度的 A 类评定，是指对在规定测量条件下测得的量值用统计分析的方法进行的测量不确定度分量的评定，规定测量条件包括重复性测量条件、期间精密度测量条件或复现性测量条件。A 类评定的一般流程如图 9-3 所示。

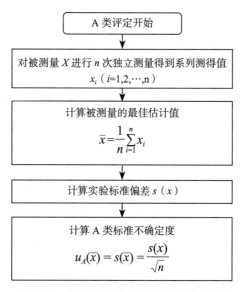

图 9-3　标准不确定度 A 类评定流程图

标准不确定度 B 类评定是指用不同于测量不确定度 A 类评定的方法对测量不确定度分量进行的评定。B 类评定的一般流程如图 9-4 所示。

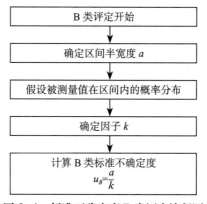

图 9-4　标准不确定度 B 类评定流程图

根据 A 类评定和 B 类评定得到各不确定度分量后，计算合成标准不确定度，常用的合成标准不确定度计算流程如图 9-5 所示。

得到合成标准不确定度后，可以进一步评定扩展不确定度，评定扩展不确定度的一般流程如图 9-6 所示。

报告最终测量结果时，应注意有效位数，通常 $U_c(y)$ 和 U（或 U_p）最多取 2 位有效数字，且 y 与 $U_c(y)$ 或 U（或 U_p）的修约间隔应相同。不确定度也可以相对形式 $U_{rel}(y)$ 或 U_{rel} 报告。不确定度报告中应写明："扩展不确定度 U=××，它是由合成标准不确定度 U_c=×× 乘以包含因子 k=×× 而得到。"

通常情况下，可以通过以下方式进行简化。

（1）可以不加自由度。

（2）合成时，可以不考虑相关性。

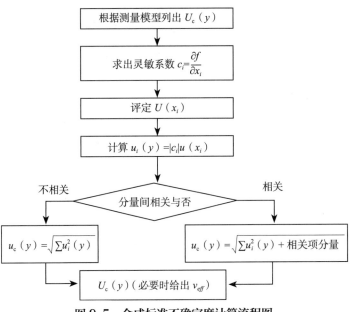

图 9-5　合成标准不确定度计算流程图

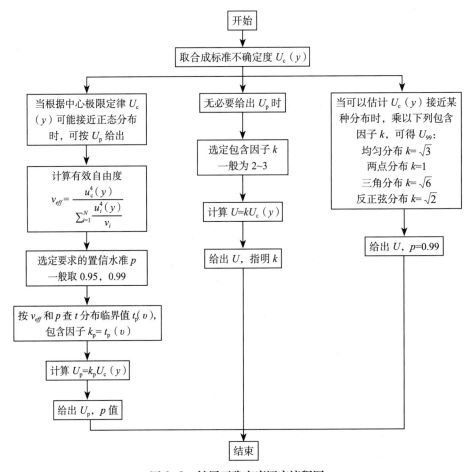

图 9-6　扩展不确定度评定流程图

（3）服从正态分布时，通常取包含因子 $k=2$。

（4）对于某些广泛公认的检测方法，如果该方法规定了测量不确定度主要来源极限值和计算结果的表示形式，此时，在遵守该检测方法和测量结果报告要求的情况下，即认为符合要求。

（5）由于某些检测方法的性质，决定了无法从计量学和统计学角度对测量不确定度进行有效而严格的评定，这时至少应通过分析方法，列出各主要的不确定度分量，并作合理的评定。同时应确保测量结果的报告形式不会造成用户对所给测量不确定度的误解。

（6）对一特定方法，如果已确定并验证了结果的测量不确定度，只要证明已识别的关键影响因素受控，则不需要对每个结果评定测量不确定度。

第五节　常见问题分析

本节通过对方法要素常见问题的展示和分析，为注册人建立自检能力提供参考，关于方法要素常见的问题，大致可以分为如下几类。

一、文件缺失

1. 管理文件缺失

未制定检验方法验证和确认的相关文件。《医疗器械注册自检管理规定》要求："检验方法应当进行验证或者确认，确保检验具有可重复性和可操作性。"注册人应当将本机构如何开展方法验证或方法确认的工作程序纳入到管理体系文件。

2. 操作文件缺失

检测项目缺乏可操作性，且未制定相关作业指导书或检验规程 / 细则。例如，某产品技术要求中"装量"指标的检验方法为"用适用的测定体积的方法，结果应符合 2.8 的要求"，但并未制定实施的细则。作业指导书或实施细则是用于指导某个具体过程、描述事物形成的技术性细节的可操作性文件，其目的是规范人员操作，达到实施的一致性。并不是所有标准 / 规范都需要制定作业指导书或实施细则。当出现以下情况（但不限于），不利于检测人员实施的一致性或影响检测活动结果有效性时，应考虑制定作业指导书或检验规程 / 细则：

（1）标准 / 规范中的信息不充分；

（2）标准 / 规范的内容不便于操作人员理解，如使用外文标准；

（3）方法 / 规范中有可选择的操作；

（4）方法 / 规范不能被操作人员直接使用，如仪器通则标准。

二、方法不合理

（1）选择的检验方法与产品或性能指标要求不相适应，例如针对敷料类产品的水蒸气透过率，常用的检测方法有 3 种，如表 9-6 所示，不同类型的敷料产品对应的检测方法也有所不同，注册人应根据产品特点选择适宜的检测方法。

（2）存在适用的强制性国家标准或行业标准未优先使用。

（3）所用强制性国家标准、行业标准或《中国药典》相关内容不完整。

表9-6　敷料类产品水蒸气透过率检测方法

	方法1	方法2	方法3
涉及标准	YY/T 0471.2—2004 中 3.2 水蒸气接触时创面敷料的水蒸气透过率	YY/T 0471.2—2004 中 3.3 液体接触时创面敷料的水蒸气透过率	YY/T 0148—2006 中附录 C
适用范围	适用于薄膜创面敷料	适用于阻水创面敷料	适用于明示透水蒸气的医用胶带或粘贴敷料
不同点	以水为参照，样品不与水面接触	以水为参照，样品与水面接触，适用于宣称有阻水性的敷料	以充分湿润的棉花为参照，样品不与湿棉花接触
相同点	均为在接近正常人体体温的环境下，利用试验容器内外的湿度差，在一定时间内计算水蒸气透过的量		

（4）应当使用新版标准方法开展检验，却使用了作废版本的标准。注册人的体系文件中应有定期跟踪标准最新版本的规定，只要可能，应使用现行有效版本的标准/规范开展检测活动。但对于有些情况，如按照旧版标准生产的产品，其检测不适于用最新版本的标准，此时也会使用到作废版本的标准，但应在作废版本增加适当的标识，以防止误用。

（5）某体外诊断试剂产品的检验方法中未明确说明样本制备方法。对于体外诊断试剂类产品，检验方法中还应明确说明采用的参考品/标准品、样本制备方法、试验次数、计算方法。

（6）制定的检验方法与产品不适宜。如对于桡动脉压迫止血带，为了检验实际使用时是否因为不密封，导致不能很好地压迫止血，需要检验成品是否存在泄露情况，某产品技术要求制定的检验方法为"用适宜的方法堵住气体通道各出入口或装配口，在水中施加一定压力观察是否泄露"，但这检验方法通常是在半成品的时候进行验证，成品中出入口或装配口已封，不可操作，因此不适宜成品的检测。

（7）制定的方法可操作性不强，容易导致不同结果。如退热贴的降温实验：方法描述为放置37℃中一段时间后取出，手感有清凉感觉。不同人对清凉理解和感觉不一致，有可能会导致判定结果不一致，可修改为实验前后的样品温度差不小于 ××℃等类似方法，用具体数据支持指标的要求。

三、其他

（1）超出标准方法的适用范围使用，但未开展方法确认。例如：使用水质标准检测高分子类产品。

（2）对于自制的检验方法，注册人无法提供检验方法具有可操作性和可重复性的相关证明材料。

（3）使用的检测方法与标准不符。例如：检测部门实际使用 EDTA 络合滴定法，但方法标准规定的是原子吸收分光光度法。检测部门实际使用气相色谱法，方法标准所要求的是高效液相色谱法。

（编写：张旭、王一叶、黄勇）

第十章
检验质量控制

《自检规定》明确要求注册申请人应当使用适当的方法和程序开展所有检验活动，同时鼓励注册申请人参加由能力验证机构组织的有关检验能力验证 / 实验室间比对项目，提高检测能力和水平。根据《自检规定》的要求，注册人应当建立自检质量控制程序，按照程序要求开展内部质量控制和外部质量控制活动。

第一节　内部质量控制

内部质量控制的目的是评价检验系统的稳定性，有助于发现随机误差和新出现的系统误差，用于查找和排除质量控制环节中导致不满意的原因。内部质量控制应尽量覆盖到每一位检测人员、每一台检测设备和每一类检测项目。同时，应对薄弱环节特别关注，如新项目、无法溯源的仪器设备、新进人员、标准变更的项目、非标方法和非常规检测项目等。内部质量控制的方式主要有以下几种。

一、比对试验

常见的比对试验有人员比对、设备比对、方法比对等，具体如下。

1. 人员比对

人员比对是不同的检测人员采用相同的仪器设备对同一样品进行平行测定，该方法能够发现由于个人操作所引起的误差。

方法规定了允许误差时，以具有较高准确度的一方的测定值作为参考值，比对结果按照式（10-1）评价：

$$\frac{|x_i - x|}{x} \times 100 \le D\% \qquad (10-1)$$

其中，x_i 表示比对方的测定值；x 表示参考方的测定值；$D\%$ 为方法规定的允许误差，若满足公式（10-1），表明比对结果满意；若不满足表示比对结果不满意。

方法没有规定允许误差时，应对双方测量不确定度进行评定，比对结果按照式（10-2）评价：

$$|y_1 - y_2| \le \sqrt{U_1^2 + U_2^2} \qquad (10-2)$$

其中，y_1 表示第一组人员的测定值；y_2 表示第二组人员的测定值；U_1 表示第一组人员测定值 y_1 的测量不确定度（$k=2$）；U_2 表示第二组人员测定值 y_2 的测量不确定度（$k=2$）。

若公式（10-2）成立，表明比对结果满意；否则，比对结果不满意。

2.设备比对

设备比对则是指同一位检测人员采用两台或以上同类型的仪器设备对同一样品进行的平行测定，该方法能够及时发现设备引起的误差。

当一台设备与另一台高准确度等级的设备进行比对时，将准确度等级高的设备测定值作为参考值，比对结果按照式（10-3）进行评价：

$$|y_1-y_0| \leqslant \sqrt{U_1^2+U_0^2} \qquad (10\text{-}3)$$

其中，y_1 表示比对方的测定值；y_0 表示参考方的测定值；U_1 表示比对方测定值 y_1 的测量不确定度（$k=2$）；U_0 表示参考方测定值 y_0 的测量不确定度（$k=2$）。

若满足式（10-3），表明比对结果满意，否则，比对结果不满意。

当多台相同准确度等级的设备进行比对时，比对结果按照式（10-4）进行评价：

$$|y_i-\bar{y}| \leqslant \sqrt{\frac{n-1}{n}}U \qquad (10\text{-}4)$$

其中，y_i 表示第 i 台设备的测定值；$\bar{y}$ 表示多台相同准确度等级设备测定值的平均值；n 表示参加比对的设备台数；U 表示参加比对的多台相同准确度等级设备的测量不确定度（$k=2$）。

若满足式（10-4）表明比对结果满意，否则，比对结果不满意。

3.方法比对

方法比对是同一个项目采用具有可比性的不同分析方法进行测定，若结果一致，表明分析质量可靠。

方法比对实验结果按式（10-5）进行评价：

$$|y_1-y_2| \leqslant \sqrt{U_1^2+U_2^2} \qquad (10\text{-}5)$$

其中，y_1 表示第一种方法的测定值；y_2 表示第二种方法的测定值；U_1 表示第一种方法测定值 y_1 的测量不确定度（$k=2$）；U_2 表示第二种方法测定值 y_2 的测量不确定度（$k=2$）。

若满足式（10-5），表明比对试验结果满意；否则，表明比对结果不满意。

二、留样再测

留样再测是指针对同一样品进行检测，通过前后不同时间间隔的检测结果的符合性，来验证检测过程是否存在检测隐患，该方法能及时验证检测结果的可靠性和稳定性。

留样再测时，比对试验结果按照式（10-6）进行评价：

$$|y_1-y_2| \leqslant \sqrt{2}\,U \qquad (10\text{-}6)$$

其中，y_1 表示样品的首次测定值；y_2 表示对样品进行留样再测的测定值；U 表示该测试项目的测量不确定度（$k=2$）。

若满足式（10-6），表明比对结果满意，可以说明检测结果的准确度非常高，另外也证明了检验员的检测水平非常好。否则，比对结果不满意，则要分析原因，采取纠正措施，必要时需要溯源两次之间的检测结果。

三、标准物质或标准样品比对

标准物质或标准样品，根据 CNAS-CL01-G002《测量结果的计量溯源性要求》的定义也可以称为参考物质，指用作参照对象的具有特定特性、足够均匀和稳定的物质，其已被证实符合测量或标称特性检查的预期用途。通过与标准物质进行比对，实现相关量值的比对，达到间接证明相关量值准确性的目的。

此外，标准物质还可以分为有证标准物质（CRM）和无证标准物质，其中有证标准物质是指附有由权威机构发布的文件，提供使用有效程序获得的具有不确定度和溯源性的一个或多个特性量值的参考物质。

标准物质既包括具有量的物质，也包括具有标称特性的物质。举例如下：

（1）具有量的标准物质。如给出了纯度的水，其动力学黏度用于校准黏度计；

（2）具有标称特性的标准物质。如含有特定的核酸序列的 DNA 化合物。

标准物质的比对方法一般包括以下几种：

（1）采用不同的制造商或同一制造商不同批号的标准物质进行比对；

（2）使用一级标准物质对二级标准物质进行核查；

（3）对近期参加过水平测试且结果满意的样品进行测试；

（4）对具备足够稳定度的与被核查对象相近的实验室质量控制样品进行测试；

（5）与其他实验室间比对。

四、相关性分析

通过分析一个物品不同特性结果的相关性，可以识别错误。相关性分析具体是指对两个或多个具备相关性的变量元素进行分析，从而衡量两个变量因素的相关密切程度。相关性的元素之间需要存在一定的联系或者概率才可以进行相关性分析。相关性不等于因果性，也不是简单的个性化，所涵盖的范围和领域几乎覆盖了日常所见的方方面面，在不同的学科里面的定义也有很大的差异。

五、设备的期间核查

对于使用年限较长、稳定性和可靠性等性能下降、使用频繁、恶劣环境下使用或测量关键项目、对测量准确度要求较高的设备，注册申请人应当进行设备的期间核查。开展期间核查应在期间核查计划约定的时间内按照设备期间核查规程中规定的方法进行。其中：

1. 期间核查计划

应明确期间核查的设备名称、唯一性标识、检定 / 校准时间、检定 / 校准周期、评价依据、核查频次（基于日常使用状况和检定校准结果等因素确定）、核查内容、核查方法和判定准则等。

2. 期间核查规程

应包含适用范围、制定依据、核查的环境要求、核查使用的设备和计量标准、标准物质或核查标准、核查内容、核查方法、判定准则、操作步骤、结果评价和结论。

能力建设要求篇

3. 期间核查方法

仪器设备的期间核查方法如下：

（1）使用计量标准；

（2）使用有证标准物质；

（3）使用已知结果的核查标准；

（4）两台或多台设备比对。

大多数情况下，对标准物质特性量值的准确性核查是比较困难的，也不太现实。对未开封的有证标准物质（CRM），核查是否在有效期、是否按规定条件正确保存。对已开封的CRM，核查是否在有效期、使用次数及保存条件是否满足证书规定的要求，必要时（基于风险评估），对其特性量值的稳定性进行核查，核查方式可参考如下：

（1）与上一级或不确定度相近的同级CRM进行量值比对；

（2）送有资质的检测／校准机构确认；

（3）进行实验室间的量值比对；

（4）测试近期参加能力验证且结果满意的样品；

（5）采用质控图进行趋势分析等。

六、空白测试

空白测试又称空白试验，是指在不加入待测样品（特殊情况下可采用不含待测组分，但有与样品基本一致基体的空白样品代替）的情况下，用与测定待测样品相同的方法、步骤进行定量分析，获得分析结果的过程。空白试验测得的结果称为空白试验值，简称空白值。空白值一般反映测试系统的本底，包括测试仪器的噪声、试剂的杂质、环境及操作过程中的污染等因素对样品产生的综合影响，反映了测量过程的系统误差，它直接关系到最终检测结果的准确性，可从样品的分析结果中扣除。通过这种扣除可以有效减少试剂、仪器误差或滴定终点等所造成的误差。

1. 适用范围

实验室通过做空白测试，一方面可以有效评价并校正由试剂、实验用水、器皿以及环境因素带来的杂质所引起的误差；另一方面在保证对空白值进行有效监控的同时，也能够掌握不同分析方法和检测人员之间的差异情况。此外，通过做空白测试，还能够准确评估该检测方法的检出限和定量限等技术指标。

2. 在质量控制中的应用

试剂空白一般每制备批样品或每20个样品做一次，样品的检测结果应消除空白造成的影响。在严格的操作条件下，对某个分析方法的空白值通常在很小的范围内波动。高于接受限的试剂空白表示与空白同时分析的这批样品可能受到污染，检测结果不能被接受。当经过试验证明试剂空白处于稳定水平时，可适当减少空白试验的频次。当检测方法对空白有具体规定时，应满足方法要求。

在实际检测工作中，试剂空白是指包括全部处理过程的测定值，反映实际过程的污染状况和整个方法的检出能力，相对于标准空白和样品空白更具有实际意义。

3. 结果评价

空白分析中为了获得可靠的空白值，测试过程中通常取 2 个以上空白样品进行分析。在空白值控制图中，没有下控制限和下警戒限，因为空白值是越小越好。

若空白值在控制限内，可不进行处理；若获得多个空白值，在排除空白值的异常结果后，计算空白值的平均值，用于样品测定值中扣除；若空白值明显超过正常值，则需认真检查测试过程中出现的异常，防止样品测定结果不可靠。

七、实验室控制样品

实验室控制样品（LCS）是指在质量控制中使用的已知浓度的分析样品，以分析检测结果的准确度。LCS 还可应用于人员技术能力考核、方法稳健度研究、设备稳定性研究、设备期间核查等。

1. 适用范围

LCS 应当在一个较长时期内是稳定的，其成分应尽可能和实测样品相同。影响 LCS 品质的因素很多，存储条件为最重要的因素。温度、湿度、光照和空气是关键的存储条件的影响因素。LCS 必须以适宜的方式保存并使用合适的盛装容器。不同种类的 LCS 要按不同的存放要求保存。

2. 在质量控制中的应用

LCS 应按通常遇到的基体和含量水平准备，通常应与待测样品的基体相匹配、含量水平相当，可每制备批样品或每 20 个样品做一次。如果在测定过程中，LCS 的测定数据在控制的范围内，说明这一次测定过程是准确的，LCS 测定结果准确，也意味着被测样品的数据是可信的。当经过 LCS 测试实验证明检测水平处于稳定和可控制状态下，可适当减少 LCS 的测试频率。

3. 结果评价

LCS 测定结果可建立质量控制图进行分析评价。

八、加标试验

加标试验，通常是将已知质量或浓度的被测物质添加到被测样品中作为测定对象，用给定的方法进行测定，所得的结果与已知质量或浓度进行比较，计算被测物质分析结果增量占添加的已知量的百分比等一系列操作。该计算的百分比即称该方法对该物质的"加标回收率"，简称"回收率"。

1. 适用范围

加标回收是一种普遍使用的检查系统误差的方法，可了解测定中是否存在干扰因素，可判断所选用的方法能否用于该样品的测定。回收率试验具有操作方法简单、成本低廉的特点，能综合反映多种因素引起的误差，在检测实验室日常质量控制中有着十分重要的作用，主要适用范围包括各类化学分析中，如各类产品和材料中低含量重金属、有机化合物等项目检测结果控制、化学检测方法的准确度、可靠性的验证、化学检测样品前处理或仪器测定的有效性等。通常情况下，回收率越接近100%，定量分析结果的准确度就越高，因此可以用回收率的大小来评价定量分析结果的准确度。

2. 在质量控制中的应用

应在分析样品前加标，基体加标应至少每制备批样品或每个基体类型或每20个样品做一次，且添加物浓度水平应接近分析物浓度或在校准曲线中间范围浓度内，加入的添加物总量不应显著改变物品基体。

具体来说，加标物的形态应与待测物的形态相同；加标量应尽量与样品待测组分含量相等或接近，并注意对样品容积的影响；当样品中待测组分含量接近方法检出限时，加标量应控制在校准曲线的下限或低浓度范围；当样品中待测组分含量高于校准曲线的中间值时，加标量应控制在待测值的半量；当样品中待测组分含量较高时，加标后的测定值不应超出方法测定上限的90%。

加标回收试验虽然对加标前、后样品测试过程相同，无法识别相对误差，存在一定的局限性，但因方法简单、易操作，可结合其他方法用于评价检测方法的准确度，评估测量的系统误差。

3. 结果评价

加标回收率的计算公式如下：

$$加标回收率 = （加标试样测定值 - 试样测定值）\div 加标量 \times 100\% \qquad （10\text{-}7）$$

对于加标回收率，若检测标准有明确规定的，可按照规定范围进行结果评价；若检测标准无相关规定，可参考某些通用要求进行评价。当加标回收率数据达到一定数量时，可建立加标回收率质量控制图监控检测过程。

（1）参考规范要求　如 GB/T 27404《实验室质量控制规范 食品理化检测》给出了食品理化检测加标回收率参考范围，具体见表10-1。

表10-1　不同被测组分含量的回收率范围

被测组分含量（mg/kg 或 mg/L）	> 100	1~100	0.1~1	< 0.1
回收率范围（%）	95~105	90~110	80~110	60~120

（2）利用质量控制图　当有一定数量（通常大于25个）加标回收率数据时，可以通过启动建立加标回收率质量控制图分析测定结果的准确度。

九、重复检测

重复检测即重复性试验，也称为平行样测试，指的是在重复性条件下进行的两次或多次测试。重复检测反映实验室在重复性试验条件下的精密度。重复性条件指的是在同一实验室，由同一检测人员使用相同的设备，按相同的测试方法，在短时间内对同一被测对象相互独立进行检测的测试条件。重复检测无法降低测量的系统误差，但能减少随机误差。

1.适用范围

重复检测可以广泛地用于实验室对样品制备均匀性、检测设备或仪器的稳定性、测试方法的精密度、检测人员的技术水平以及平行样间的分析间隔等进行监测评价。

2.在质量控制时的应用

重复样品一般至少每制备批样品或每个基体类型或每 20 个样品做一次。当经过试验表明检测水平处于稳定和可控制状态下，可适当地减少重复检测频率。

需要注意的是，随着待测组分含量水平的不同，检测过程中对测试精密度可能产生重要影响的因素会有很大不同。

3.结果评价

重复检测结果的可接受性检查方法，不同的检测方法或标准会有不同的要求。如果检测方法或标准中没有相关规定，可以采用以下几种常见的方法进行结果评价。

（1）利用重复性限　在重复性条件下获得的两个测试结果之差的绝对值不大于 $2.8S_r$，说明可以接受这两个测试结果；反之，则不接受这两个测试结果，需查找原因或重新测试。其中，S_r 为重复性条件下两个测试结果的标准差。

（2）利用相对偏差　相对偏差（RPD）的计算见式（10–8）：

$$RPD = \frac{x_1 - x_2}{(x_1 + x_2)/2} \times 100\% \qquad (10\text{--}8)$$

若检测方法或标准中没有明确规定，当两次测试结果 RPD 不大于 20% 时，可认为这两次测试结果可被接受。

十、质量控制图

质量控制图是通过图形的方法，显示质量特性随时间变化的波动曲线。横坐标为抽样时间或样本序号，纵坐标为质量特性值，如图 10-1 所示，图中包含中心线（CL）、控制限（上警告限 UWL、上控制限 UCL、下警告限 LWL、下控制限 LCL）。

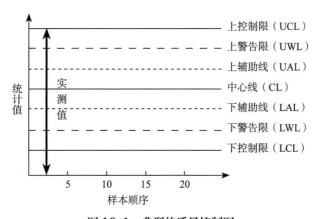

图 10-1　典型的质量控制图

质量控制图适用于累积数据服从正态分布的稳定系统，对不清楚是否服从正态分布的质量特性参数，可参考 GB/T 4882 选用合适的统计方法进行检验。GB/T 32464 给出了五种控制图（X 控制图、I 控制图、R 控制图、MR 控制图、EWMA 控制图），并给出了控制限的设定方法、使用控制图的工作程序和运用示例，其流程简要概况如图 10-2 所示，自检过程采用质控图方式开展内部质控时，可根据质量特性的变化特点进行合理选用。

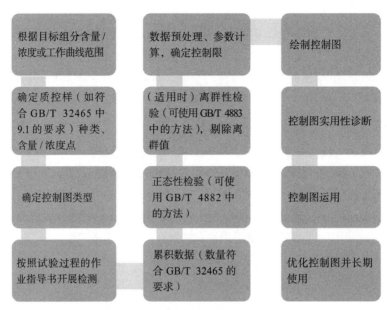

图 10-2　控制图建立的工作流程

对于控制图数据的解释，GB/T 32464 给出建议，为减少误判，实验室可放宽不是很重要的检测指标的控制限。当质控样的检测结果有一点超出行动限（图 10-3），表明系统失控。若在绘制控制图阶段，应删除该点数据重新建立控制图；若在运用阶段，则应查找失控原因。

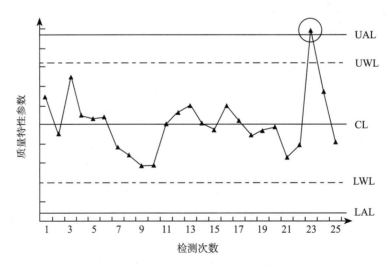

图 10-3　存在超出行动限点的控制图

对于系统可能产生变化的准则，不同标准中略有差异，GB/T 32464 的要求是，当出现如下情形，表明分析系统出现系统偏离，实验室应查明原因，对确认的变化采取纠正或纠正措施，并重新建立控制图。

（1）连续 2 点落在中心线同一侧的 2s（s 为质量特性结果的标准偏差）以外；

（2）连续 6 点落在中心线同一侧的 s 以外；

（3）连续 9 点或更多点落在中心线同一侧；

（4）连续 7 点递增或递减；

（5）EWMA 叠加控制图中 EWMA 超出控制限。

GB/T 27407 中给出的失控准则与 GB/T 32464 略有差异。 对于化学分析实验室，还可参照 CNAS-GL027《化学分析实验室内部质量控制指南——控制图的应用》开展质控，该指南详述了控制图的应用，并给出示例，需要注意的是 CNAS-GL027 与前述标准对于失控准则的判断亦有差异。实验室应根据自身活动的特点，制定符合实际流程的判定准则。

第二节　外部质量控制

外部质量控制作为质控方式的一种补充，以发现和识别结果是否存在系统误差，确保实验室间数据的可比性。

一、能力验证和测量审核

能力验证（proficiency testing，PT），是指利用实验室间比对，按照预先制定的准则评价参加者的能力，是证明实验室检测能力和管理状况的有效方法。

测量审核是能力验证计划的一种特殊形式。它是将一个实验室对被测物品（材料或制品）的测量结果与参考值（参照值）进行比较，并按预定准则进行评价的活动。测量审核有时也称为"一对一"的能力验证计划。

1. 监管部门的要求

为规范和促进检验检测机构能力验证工作，国家认监委 2006 年发布《实验室能力验证实施办法》（第 9 号公告，以下简称《实施办法》），对于达到满意结果的实验室和能力验证提供者，在规定时间内接受实验室资质认定评审时可免于该项目的现场试验，对于实验室参与能力验证未做强制要求。2022 年 1 月，国家市场监督管理总局认可检测司发布了《检验检测机构能力验证管理办法（修订征求意见稿）》，旨在进一步加强市场监管部门组织实施能力验证工作的规范性，要求检验检测机构应当按照市场监管部门的要求参加相应能力验证活动。

认可委将能力验证作为对合格评定机构能力评价的主要方式之一，现行 CNAS-RL02《能力验证规则》是对合格评定机构的强制性要求，只要存在可获得的能力验证，合格评定机构申请认可的每个子领域应参加能力验证并满足相应的频次要求，且应参加 CNAS 指定的能力验证计划，并鼓励参加其他可获得的能力验证。

为加强医疗器械注册管理，规范注册申请人注册自检工作，国家药监局组织制定的《自检规定》中，鼓励注册申请人参加由能力验证机构组织的有关检验能力验证 / 实验室间比对项目，提高检测能力和水平。

自检企业对照第三方检测机构的相关要求，积极寻求自检领域相关的能力验证活动并主动参与，将有利于促进企业技术能力提升，有助于企业注册体系核查审评。

2.能力验证计划的获取

能力验证提供者（proficiency testing provider，PTP）是对能力验证计划建立和运作中所有任务承担责任的组织，其在认可的能力范围内制定并发布能力验证计划。经认可的能力验证提供者可通过 CNAS 网站查询（首页——实验室认可——获认可实验室——能力验证计划提供者进行查询）。

中国能力验证资源平台（CNAS 网站首页——中国能力验证资源平台——能力验证计划信息查询）可便捷查询每年的能力验证计划。也可通过在中国药检能力验证服务平台（中国食品药品检定研究院网站首页——办事大厅——能力验证）注册后查询相应的能力验证 / 测量审核计划并报名参加相应项目。

当国内找不到合适的能力验证计划时，也可参加已签署 PTP 相互承认协议（MRA）的认可机构认可的 PTP 在其认可范围内发布的能力验证计划，其中国际实验室认可合作组织（ILAC）网站可查询到签署 PTP MRA 的机构信息。未签署 PTP MRA 的认可机构依据 ISO/IEC 17043 认可的 PTP 在其认可范围内运作的能力验证计划、国际认可合作组织运作的能力验证计划等也可作为补充以便实验室获取更全面的能力验证活动。推荐通过欧洲能力验证数据库（https://www.eptis.bam.de/eptis/WebSearch/main）查询，寻求适合的能力验证计划。

3.能力验证的策划和实施

实验室应根据自检能力涉及的相关技术领域，及可获得的能力验证计划，制定年度质控计划。实验室参加能力验证活动的流程通常如图 10-4 所示，根据能力验证计划安排，在规定的时间报名参加并缴纳相应的费用，待接收 PTP 寄送的样品、作业指导书等材料后，核对检查无误后即按要求开展试验，详细记录试验条件及数据，并在规定时限内返回试验结果，必要时还需返回测试样品，PTP 根据实验室返回的材料对测试结果进行评价，并反馈结果通知单至参加的实验室。

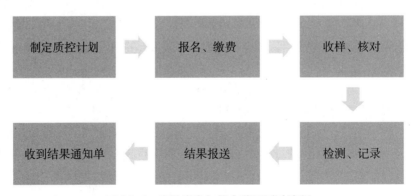

图 10-4　实验室参加能力验证活动流程

当能力验证结果为不满意时，表明实验室可能存在对标准理解有误，或检测系统存在过大的系统误差，实验室自收到结果后即应启动不符合项处理程序；当能力验证结果为有问题（可疑）时，实验室应进行分析，若该结果偏离程度不影响开展自检项目的判定要求，可通过查找原因优化检测水平，若该结果的偏离程度可能影响自检项目的判定要求，则应按不满意结果处理。

对于不满意的能力验证结果，在启动不符合项处理程序纠偏后，建议在可允许的情况下，再参加一次能力验证/测量审核，以确保实验室测量结果的有效性。

二、实验室间比对

实验室间比对是按照预先规定的条件，由两个或多个实验室对相同或类似的物品进行测量或检测，对各实验室检测的结果进行评价。实验室间比对可以选择同类型同级别或上一级实验室实施，也可以参加其他实验室或有关监管部门组织的实验室间比对。

1. 意义

实验室应参加实验室间的比对，制定质量控制程序以监控检测和校准的有效性。通过实验室间比对，可以确定实验室的能力，有效监控实验室能力的维持情况；可以发现实验室在工作中存在的问题并制定相应的改进方法和纠正措施，进而增加客户对实验室出具检测数据的信任度。最终发现实验室的问题，有效监控实验室能力的维持情况。

2. 流程

（1）组织方设计方案，组织实施 组织实验室间比对的组织方设计比对方案，主要包括：确定参加比对的实验室名单或报名方式、测试参数、检测方法的选择、制备测试样品、样品的传递、相关记录格式、参加比对实验室上报检测结果及相关材料的时间和方法、结果分析统计方法、保密规则等。比对试验的组织方应制订比对作业指导书并发放到各参试实验室中。

（2）各实验室实施检测，上报结果 检测实验室依据组织方确定检测方法对测试样品实施检测，按规定的时间上报检测结果及相关材料（如使用仪器的型号、精密度、测试环境条件、测试结果的不确定度分析等，检测原始记录一般由各实验室存档待查）。

（3）组织方统计结果，发表分析报告 比对组织方按确定的统计分析方法对各实验室的测试结果进行数据处理，发表比对结果分析报告。

（4）各实验室对检测能力进行分析，找出不足 各实验室依据比对结果分析报告，对本实验室的检测能力水平进行分析，找出存在的问题，对不满意及离群结果的改善（用于纠正及预防措施的制订和实施）等。

（5）结果分析方法 结果可分为两大类：一类是定性的，如定性计划、已知值计划等；另一类是定量的，如测量比对计划、实验室间检验计划等，在大多数情况下采用这种方法。

在能力验证统计技术中，变动性度量常用于计算能力统计量和能力验证计划的总结报告中。对一组比对的数据常用的变动性度量是标准偏差（SD）、变异系数（CV）或相对标准偏差（RSD）、百分数与中位值的绝对偏差或其他稳健度量。对于定性结果通常不需要经过计算。

适合实验室间比对分析方法包括实验室偏倚的估计、百分相对差、Z 值、E_n 值等，性能统计量、分析方法及结果的应用详见表 10–2。

表 10-2　实验室间结果分析方法

序号	性能统计量	适用对象	分析方法	警戒限	行动限
1	实验室偏倚的估计	适用于多个实验室间比对	$D = x - X$	$\pm 2.0\hat{\sigma}$	$\pm 3.0\hat{\sigma}$
2	百分相对差		$D\% = 100\,(x - X)\,/X$	$\pm 200\hat{\sigma}/X$	$\pm 300\hat{\sigma}/X$
3	Z 值		$Z = (x - X)\,/\hat{\sigma}$	± 2.0	± 3.0
4	En 值	适用于一对一比对	$En = \dfrac{x - X}{\sqrt{U_{lab}^2 + U_{ref}^2}}$	± 0.7	± 1.0

注：x：参加实验室的测量结果；

　　X：指定值；

　　D：偏差。

当参加比对实验室数量大于 3 个时，可以采用基于稳健总统计量的 Z 比分数评价每个参加实验室的试验结果（能力），即：

$$Z = (x - X)/s \qquad (10-9)$$

式中：x 为各实验室检测结果；X 取值为各实验室检测结果的中位值，按递增顺序排列 N 个检测数据，表示为：x_1, x_2, $\cdots x_i$, $\cdots$, x_N，这些数据的中位值 X，可按照下式计算：

$$X = \begin{cases} x_{(N+1)/2} & N\text{ 为奇数} \\ \{x_{(N+2)} + x_{(N/2+1)}\}/2 & N\text{ 为偶数} \end{cases} \qquad (10-10)$$

s 取值为标准化四分位距（NIQR），标准化四分位距是一个结果变异性的度量，等于四分位距（IQR）乘以因子 0.7413。

结果应用：$|Z| \leqslant 2$ 为满意结果；

　　　　　$2 < |Z| < 3$ 为警戒限，结果可疑值；

　　　　　$|Z| \geqslant 3$ 为不满意结果（离群值）。

3. 注意事项

（1）强调各实验室的一致性　强调一致性，主要指的是样品相同、条件相同、方法相同，以使结果具有可比性。

首先，样品相同。只有测试的样品相同，各实验室测试所得的参数或结果"相同或相近"有"同一基点"，之后的比较才会有相同的基础。样品相同指样品的物理形状大小（体积、性能等）或化学组成相同，确保各实验室在测试过程中样品的物理形状（性能）或化学组成不会发生变化，即保证样品的均匀性和稳定性。均匀性是指物质一部分与另一部分之间的性能差异。均匀性检验所用样品的制备必须按照相关国家标准或技术规范进行，按能反映总体特性的数目抽取样品；用于均匀性检验的仪器设备和试验方法应符合与检测项目相关的标准规定、仪器准确度；灵敏度不应低于比对时采用的设备准确度和灵敏度。

其次，条件相同。不同的环境条件，会对不少测试项目（或参数）的结果有影响甚至较大的影响，为此，比对试验应使各实验室能在同一或相似（相近）的环境条件下测试。环境条件主要包括以下几个方面：温度、湿度、生物消毒、灰尘、电磁干扰、辐射、光照、声级和震动等，可能是其中的某一或某几个环境因素，会对测试的参数或结果产生影响。对于某些性质不稳定的检测试样，特别是生物、化学和食品等稳定性较差的试样，包装及运输对试样的稳定性影响较大。对于电气类试样在包装运输过程中也存在由于潮湿、粉尘污染和机械损伤等可能产生的对试样测试参数一致性形成的影响。

最后，方法相同。有些检验可采用不同的方法（如物理方法、化学方法等）实施，且因方法的不同其所得测试参数或结果往往有一定的差异，而此差异是可能或允许的，但此种不同测试方法产生的正常或允许差异值对比对试验来说可能是不允许值以致难以正确判定其技术能力，故比对试验方案要统一或规定所使用的测试方法，以利于日后正确地分析和比较。

（2）试验前的准备工作要充分　每次比对试验，参与比对人员最好开会讨论，对样品存储条件、试验步骤、试验方法和试验条件要充分了解；确定所用的设备在有效计量和校准期内，处于最佳状态，并定期做好检定和核查；检查所用的标准物质、试验器具根据项目要求采取相应处理，确保无污染；确保试验环境处于试验规定范围内。

比对前先做好预试验，熟悉试验流程，掌握试验过程的关键步骤和难点，严格掌握操作技术，提高实验结果的准确度。对于操作容易出错或引起结果偏差的重点步骤，要分析总结，确保正式试验过程中改正和克服。

（3）熟悉相关资料，加大培训和总结　近年来，中国食品药品检定研究院等单位形成了《医疗器械检测机构比对试验管理规定》《医疗器械实验室间比对资料汇编》等相关资料，作为《条例》的配套性文件，内容涵盖了比对组织工作、结果判定、技术分析以及涉及的统计学知识。因此，在参加实验室间比对之前，要注意平时多查阅相关资料，总结归纳。

比对试验完成后，及时召开总结会议，对本次比对的样品制备与考核、结果判定以及试验操作等环节做技术分析报告。通过研讨的形式，对本次比对试验的技术环节进行培训。

培训内容要丰富、形式要多样、培训时间要足够。技术分析报告后，还应多组织实操比武等，不仅提高理论水平，而且要提高实际动手能力，做到理论指导实操，实操反馈并提高理论水平。

（编写：温宇标、徐苏华、刘惠、张力扬）

能力建设要求篇

第十一章
报告结果

注册人开展注册自检活动的，无论是全部项目自检还是部分项目自检，均应由注册人出具检验报告，报告格式应当符合《自检规定》附件 1 检验报告模板的相关要求。为了确保准确地报告检测结果，以下将介绍检验报告和原始记录的有关要求。

第一节　检验报告

检验报告是检验过程及检验结果判定的载体，是将检验结果进行归纳整理并给出符合性结论的证明性文件，检验报告具有真实性、完整性、权威性、可溯源性、具有相应的法律效力等特点。

一、医疗器械检验报告的作用

1. 产品质量的证明性文件

检验报告是验证产品符合产品设计目标的证明性文件，也是验证产品的安全及性能是否符合国际标准、国家标准或行业标准要求的证明性文件。此外，检验报告还可以在招投标、法律仲裁等环节用于证明产品质量。

2. 医疗器械产品注册必须提供的证明资料

《条例》第十四条规定，第一类医疗器械产品备案和申请第二类、第三类医疗器械产品注册应当提交产品检验报告；产品检验报告应当符合国务院药品监督管理部门的要求，可以是医疗器械注册申请人、备案人的自检报告，也可以是委托有资质的医疗器械检验机构出具的检验报告。

3. 医疗器械产品进行临床试验必须提供的证明资料

《医疗器械临床试验质量管理规范》（国家药品监督管理局 国家卫生健康委员会 2022 年第 28 号公告）第十一条规定，医疗器械临床试验开始前，申办者应当通过主要研究者向伦理委员会提交基于产品技术要求的产品检验报告。

二、监管部门对注册检验报告的要求

国家药品监管部门对医疗器械注册检验报告的要求随着相关法规的修订而变化，主要体现在两方面：一是对注册检验报告出具机构资质的要求，二是对注册检验报告格式的要求。针对注册检验报告出具机构资质要求的变化如表 11–1 所示，针对注册检验报告格式要求的变化如

表 11-2 所示。

表 11-1　国家药品监管部门对注册检验报告出具机构资质要求的变化

时间	注册检验报告出具机构资质要求	法规依据
2003~2014 年	资质认定（CMA）和国家药品监督管理局资格认可	《医疗器械检测机构资格认可办法》（国药监械〔2003〕125 号）
2014~2021 年	国家资质认定（CMA）	《医疗器械监督管理条例》（中华人民共和国国务院令第 650 号）
2021 年以后	国家资质认定（CMA）或医疗器械注册人自检	《医疗器械监督管理条例》（中华人民共和国国务院令第 739 号）、《医疗器械注册自检管理规定》（国家药品监督管理局公告 2021 年第 126 号）

表 11-2　国家药品监管部门对注册检验报告格式要求的变化

时间	检测报告格式要求
2007~2019 年	《关于印发医疗器械检验机构注册检验报告统一格式的通知》（食药监办〔2007〕122 号附件 1）
2019~2021 年	《国家药监局关于印发医疗器械检验工作规范的通知》（国药监科外〔2019〕41 号附件）
2021 年以后	《医疗器械注册自检管理规定》（国家药品监督管理局公告 2021 年第 126 号附件 1）《国家药监局关于印发医疗器械检验工作规范的通知》（国家药品监督管理局公告 2021 年第 126 号）

三、注册自检报告的组成

自检报告主要由检验报告封面页、声明页、检验报告首页、检验报告正文、检验报告照片页等部分组成，医疗器械注册自检报告模板应符合《自检规定》附件 1（见本书附录Ⅱ）。

1. 封面页

主要包括报告编号、注册申请人名称、样品名称、型号规格 / 包装规格、生产地址等。

（1）报告编号　指符合注册人管理体系规定的报告的唯一性编码。

（2）样品名称　指受检样品的中文全称，应当按样品标识填写。

（3）型号规格 / 包装规格　指受检样品的型号、规格，应当按样品标识填写，如无法写下，需另附页注明。

（4）生产地址　指受检样品的生产地址，应当按样品标识填写。

2. 声明页

声明页内容应包括：

（1）注册申请人承诺报告中检验结果真实、准确、完整和可追溯；

（2）声明报告签章符合有关规定；

（3）声明报告无批准人员签字无效；

（4）声明报告涂改无效；

（5）声明对委托检验的样品及信息的真实性，由注册申请人负责。

3. 检验报告首页

应就以下几项内容作简要说明。

（1）样品名称　应当与封面一致。

（2）样品编号 / 样品批号　指受检样品标识的出厂编号 / 批号。

（3）型号规格 / 包装规格　应当与封面一致。

（4）检验类别　分为注册检验、变更注册检验、延续注册检验。

（5）受托生产企业　指注册申请人委托样品生产的生产企业。

（6）生产日期　指样品生产的日期，应当按样品标识（或包装标识）填写。

（7）样品数量　指受检样品的数量（含单位）；如含差异型号，指受检样品主检型号的样品数量。

（8）收样日期　指收到受检样品的日期。

（9）检验地点　指受检样品被检验的地点。

（10）受托方　指注册申请人委托的有资质的检验机构。注册申请人若不具备产品技术要求中部分条款项目的检验能力，可以将相关条款项目委托有资质的医疗器械检验机构进行检验。有资质的医疗器械检验机构应当符合《医疗器械监督管理条例》第七十五条的相关规定。

（11）受托样品批号 / 编号　注册申请人委托给受托方检测的受检样品的批号 / 编号，应当按样品标识填写。

（12）检验日期　指样品检验的起止日期，按"2022.02.01~2022.03.01"格式填写。应与原始记录的检验起止日期一致。

（13）检验项目　应当是符合产品技术要求的全项目，一般填写"全项目"。

（14）检验依据　指注册申请人发布的产品技术要求。注册申请人应当依据拟申报注册产品的产品技术要求进行检验。

（15）检验结论　应当使用明确的语言评价与检验依据的符合性。一般填写"检验项目（不）符合 ××× 产品技术要求"。检验结论处应当加盖签章，并注明签发日期。报告签章应当符合《医疗器械注册申报资料要求和批准证明文件格式》《体外诊断试剂注册申报资料要求和批准证明文件格式》相关要求。"签章"是指：注册申请人盖公章，或者其法定代表人、负责人签名并加盖公章。

（16）备注　应当填写与检验有关且需要特别说明的情况，有一个以上注时，每个注另起一行并且加序号。备注通常说明以下内容。

①对检验报告中符号的说明。如：检验报告中"N"表示此项不适用；报告中"/"表示此项空白。

②对委托检验项目的说明。如说明委托检验项目、受托方的资质和承检范围（若适用），无法填写的可以以附件形式提供。

③性能要求与时间有密切关系的说明。如：环氧乙烷残留量：灭菌日期（或生产日期，或批号）×××× 年 ×× 月 ×× 日，检验日期 ×××× 年 ×× 月 ×× 日。

④如含差异性型号检验，应在报告首页备注栏注明差异性型号检验样品信息，如型号、批号或生产日期等；如差异性型号检验样品信息较多，可另附页说明。

⑤注明偏离情况。如：样品制样时间等。

4. 检验报告正文

检验报告正文一般是对产品技术要求中性能指标的逐条列出，输入实测结果，再作单项结论判断，如有特殊情况则加以备注说明。主要包括以下内容。

（1）检验项目　应当使用简练的文字概括产品技术要求条款的内容。

（2）技术要求条款　应当填写产品技术要求中该检验项目的条款号。

（3）性能要求　指产品技术要求中性能指标的条款内容。

（4）实测结果　应当按照下列要求的顺序优先选择。

①按检验依据的要求，检验结果是数值时，必须采用数值编写。

②检验结果不能用数值表达时，应当使用简练的文字描述检验状况或检验结果；如果不需要进行必要的说明，可使用"（不）符合要求"。

实测结果是对原始记录中通过试验直接得出的原始数据进行录入。录入实测结果时，如果需对原始数值进行修约，一般按照 GB/T 8170—2008《数值修约规则与极限数值的表示和判定》标准进行修约。标准中规定了对数值进行修约的规则；极限数值的表示和判定方法；将测量值或其计算值与标准规定的极限数值作比较的方法。适用于各种标准或其他技术规范的编写和对测试结果的判定。

（5）单项结论　应当依据产品技术要求对单项检验结果进行合格与否的评价，填写"符合"或"不符合"。

（6）关键元器件信息　对于有源医疗器械产品的检验报告，应当包括关键元器件的信息。

（7）试验布置图　若试验过程中样品布置对检验结果影响很大（如 EMC 测试），则在检验报告中应附测试布置图。

5. 检验报告照片页

检验报告照片页一般涵盖样品照片与说明、样品描述以及备注项。

（1）样品照片和说明　应当包含产品的包装、标签、样品实物图及内部结构图（如适用）等。其中：

①照片规格：推荐长 × 宽为 120mm × 80mm，也可根据具体情况采用其他规格；

②照片色彩：彩色；

③拍摄要求：照片应当反映样品结构外形、主要部件外形、整机铭牌 / 标识、软件的版本信息（如有）、样品的唯一标识或唯一性产品编号等，且照片应清晰。对于无源类产品，还应提供产品包装标签部分的照片。

（2）样品描述　应当包括样品结构组成 / 主要组成成分、工作原理 / 检验原理、适用范围、样品状态。相关信息应当与其他申报资料保持一致。样品描述应当写明产品的结构组成，若部件及配置有独立型号应当标注：如含差异性型号样品，应包括差异性型号样品信息。

（3）备注项　如果有型号规格典型性或其他说明则应当备注说明。

6. 其他注意事项

（1）指标要求某值的误差为 $\pm X$ 时（只对误差而言），出具误差值或误差范围值。

（2）若有多个实测结果，即有不同的误差时，检验报告中的实测结果应给出一个误差范围。

（3）若无多个实测结果，即均是同一个误差值时，检验报告中的实测结果应给出一个误差值。

（4）指标要求应不小于（≥）某值，以测试结果最小值来判定。

（5）指标要求应不大于（≤）某值时，以测试结果最大值来判定。

（6）指标要求不窄于某一范围值，出检验报告时，应出范围（等于或宽于指标要求的范围）。若其范围很宽，无法测定一个极限数值时，允许出具（×××～×××）范围。

（7）指标要求在某一范围内，出检验报告时，应出范围（等于或窄于指标要求的范围），或某值（指标要求的范围内的值）。

（8）技术要求无量值要求的，检验报告应出具"符合要求/不符合要求"的字样。

第二节　原始记录

一、基本要求

检验原始记录是自检报告测试结果的重要来源，即报告的内容应能在原始记录中寻找到对应信息。注册人应建立记录控制程序，规定记录的标识、填写、修改、存储、保护、备份、归档、检索、保存期和处置等要求。

（1）记录应真实、完整、清晰、明了、信息充分，确保检验活动的可追溯性。

原始记录必须真实，不得弄虚作假，不允许未经检验检测编造原始数据。原始记录为检验人员在检验过程中记录的原始观察数据和信息，而不是试验后所誊抄的数据。

（2）编制检验报告所需的任何信息都必须在原始记录中有所体现。

原始记录应包括从样品的接收到出具检验报告过程中观察到的信息和原始数据，并全程确保样品与报告的对应性。原始记录应详细记载与检验检测相关的信息，以便在可能时识别影响测量结果及其测量不确定度的因素，并确保能在尽可能接近原条件的情况下重复该检测活动。只要适用，记录内容应包括但不限于以下信息：检验日期；检验人员；检验地点；样品唯一性标识；样品描述；所用的检测或抽样方法；检测的环境条件，特别是实验室以外的地点实施的检测活动；所用设备、标准物质或试剂的信息，包括使用客户的设备；检测过程中的原始观察记录，包括原始观察数据/结果，以及根据观察结果所进行的计算，如计算公式、导出/计算结果等；其他重要信息。

（3）原始记录修改应规范。

记录不能随意修改、涂改。记录形成过程中如有错误，应该采用合适的方式修改，如双杠划改的方式，将改正后的数据填写在杠改处旁，并确保能够追溯原记录。实施记录改动的人员应在更改处签名或等效标识及加注修正日期。重要检验数据/文字更改，还应在近处注明更改原因。

（4）应加强原始记录的保存和保护。

原始记录应易于识别和检索，防止破损和丢失。以电子形式存储的记录应加以保护和备份，以防止未经授权的侵入及修改，而导致原始数据的丢失或随意改动。原始记录的保存期限应符合相关法规要求。

二、原始记录的组成

原始记录主要由原始记录首页、原始记录附页组成。

1. 原始记录首页

应详细记录本次检测的基本信息，包含以下内容。

（1）记录编号　记录编号应与报告编号一致。

（2）样品名称　样品名称应与被检样品的产品技术要求和铭牌一致。

（3）样品编号／样品批号　样品编号／批号应与铭牌或外包装一致，且应具有唯一性，是追溯的重要依据。

（4）型号规格／包装规格　型号／包装规格一般是主检型号的信息，当需要对覆盖型号进行差异性检测时，型号信息可以在首页备注栏体现。

（5）检验类别　检验类别可用于区分本报告的用途，例如注册检测、注册补充检测、变更注册、延续注册等。不同类型对应的测试内容是不同的，可根据需要进行选择。

（6）受托生产企业　生产企业的名称。

（7）生产日期　应与样品外部标记上的生产日期一致。

（8）样品数量　样品数量应合理，特别是测试项目对样品数量有要求的，应与实际使用的数量一致。

（9）收样日期　收样日期应晚于生产日期，形成自检报告的应是对生产出来的产品进行检测，而不是针对研发阶段的样品。

（10）检验地点　按实际填写。当存在多个检测地点时，应详细填写。

（11）检验日期　检验实际使用了的时间，可以是一段时间。

（12）受托方信息　当存在检验项目无法进行自检需要进行委托时，应填写受托方信息，包括：受托方、受托方地址、受托方联系电话、受托方邮政编码、受托样品批号／编号。

（13）检验项目　检验项目依据检验类别进行确定，例如注册检验时一般为全项目检验。当需要排除部分项目时可同时进行说明，例如：全项目（×××项目除外）。

（14）检验依据　检验依据一般依据拟申报注册产品的产品技术要求进行检验。

（15）检测设备　原始记录应列明所使用的设备，当设备较多时可在原始记录附页列写，并在首页写明见原始记录附页第几页。

（16）备注　也可以称为"情况记录"，针对以上信息无法完整说明但是需要进行特别注释的内容。例如差异性检测型号、引用报告的信息、符号注释等。

（17）签名栏　原始记录应有被授权的检测人员和审核人员的签名或等效标识。

2. 原始记录附页

应对检验项目、技术要求条款、性能要求、实测结果以及检验开展日期进行详细记录。

（1）检验项目　指产品技术要求中条款对应的项目/参数的名称。一个项目单列一行。

（2）技术要求条款　指产品技术要求中项目对应的条款号。

（3）性能要求　指产品技术要求中对检验项目的条款要求。当一个项目对应多个要求时，应在同一个项目下再分行进行列写。

（4）检验开展日期　应记录当前检测的时间。

（5）实测结果　实测结果包含测试数据和对结果的判定。

①对于原始观察数据/结果，当无量值要求，实验方法上只用目测和感官测试时，如外观，实测结果用"符合"表示。当对外部标记判定时，应将实际标记做出记录，例如有源医疗器械安全分类符号，应记录相应的符号内容，而不能简单写"有标记"。当有量值要求时，在原始记录上记录的实测结果应是检验设备所显示的结果。注意在测试过程中应记录最原始的数据，不能直接写其最终结果。若要经过运算的实测结果，应把运算公式和运算过程写出来，计算结果保留和最原始数据位数一样。

②对测试结果进行判定时应考虑测试结果的不确定度。

③当遇到检测不合格的项目时，应首先记录其不合格项的不合格状况（包括数据、现象等），在通过修复后再测试时，应记录修复后状况（包括数据、现象等），生成报告时只需报告最终的结果。

（编写：赵嘉宁、沈丽斯、林鸿宁、张斌斌）

第十二章
风险管理与体系评价

　　质量管理是以质量管理体系为载体，通过质量策划、质量控制、质量保证和质量改进等活动实现质量方针和质量目标的过程。风险与生俱来的存在于质量管理体系的各个方面，实施风险管理以及通过内审和管理评审活动对质量管理体系进行评价，均有利于实现预定目标和识别改进机会，提高质量管理体系的适宜性和有效性，从而提升注册人的管理水平、确保产品或服务的满意度。

第一节　风险管理

　　任何活动都面临着影响目标实现的内外部不确定性，即"风险"。风险管理是通过考虑不确定性及其对目标的影响，采取相应的措施，为自检工作的开展及有效应对各类突发事件提供支持。

一、概述

　　开展自检活动相关的风险管理时可参考 GB/T 23694—2013《风险管理　术语》、GB/T 24353—2009《风险管理　原则与实施指南》、GB/T 27921—2011《风险管理　风险评估技术》等标准。注册人应在管理体系中制定与所开展检验工作相关的风险管理内容，并确保其有效实施和受控，可包括相关方针、组织结构、工作程序、资源配置、信息沟通机制以及相关的技术手段等。

　　风险管理可基于在 ISO 31000—2018 中概述的原则、框架和过程进行，如图 12-1 所示。其中原则是风险管理的基础，在组织风险管理框架和进行风险管理过程中应予以考虑。而风险管理框架可有助于将风险管理整合到自检工作中。风险管理过程包括明确环境信息、风险评估、风险应对、监督和检查等活动。通过明确环境信息设定风险管理的范围和有关风险准则，如政策法规、组织活动等内外部信息。进行风险评估时，依次开展风险识别、风险分析和风险评价三个步骤，首先对风险源、风险事件进行识别，包括可能的损失和蕴含的机会等，然后对后果、可能性和风险等级进行分析，再将分析结果与风险准则进行比较评价。根据评价结果，选择风险应对措施，制定风险应对计划。最后通过监督和检查不断完善和改进风险管理过程。整个风险管理过程的每一个阶段均需有良好的沟通机制，并做好相应的记录。

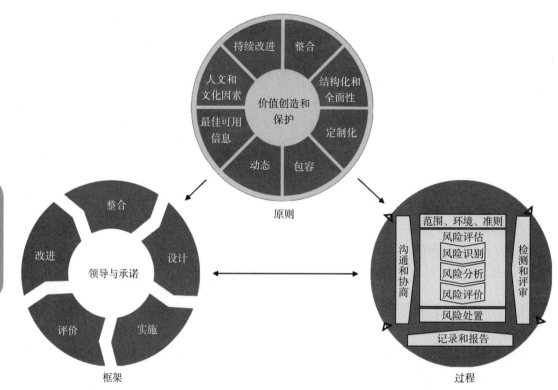

图 12-1　风险管理的原则、框架、过程示意图

　　在具体实践中，风险评估的复杂和详细程度千差万别，选择合适的风险评估技术和方法，有助于及时高效地获取准确的评估结果，更详细的风险评估技术可以参考标准 GB/T 27921（ISO 31010）。标准的附录 A 中对常用的风险评估技术进行了分类比较，并在附录 B 中展开了进一步的介绍，为如何在特定情况下选择合适的风险评估技术提供了参考。例如常见的风险矩阵评估方法，依据概率大小和后果的严重程度进行矩阵分析来对风险排序，分为可接受、合理和不容许三种情况。

二、自检过程风险的识别

　　自检作为检验检测服务的一种特殊形式，在风险管理方面可以参考 GB/T 27423《合格评定 检验检测服务风险管理指南》进行。GB/T 27423 标准提供了检验检测服务风险管理时会遇到的环境信息（内部环境、目标设定、事项识别）、风险评估、风险应对（风险处理、控制活动）、监督和检查、沟通和记录（信息沟通）等环节的控制指南。标准附录 A 给出了检验检测风险管理体系的建立指南，对于现有管理体系融入自检的风险管理提供了一定的参考；附录 B 中给出了检验检测服务事项清单示例，注册人可借鉴并结合自检的实际情况进行举一反三。检验过程的风险可从外部因素和内部因素两个维度去识别。

1. 外部因素分析

　　对检验检测活动涉及的以下几方面外部因素中潜在的风险点进行识别和分析。

　　（1）《医疗器械注册自检管理规定》施行；

（2）认证认可领域法规政策及其变化情况，如《医疗器械注册与备案管理办法》（国家市场监督管理总局令第 47 号）施行；

（3）其他外部因素的分析，如环境保护、市场需求及行业发展趋势等情况。

2. 内部因素分析

以检验检测活动过程为主线，对内部因素中涉及的各类潜在风险点进行识别和分析。

（1）检验检测活动开展前存在的潜在风险

①样品风险：检验样品信息与注册产品不符；样品保存条件不符；样品数量不足等风险；

②沟通风险：未能将检验需求有效地传递给相关人员等风险。

（2）检验检测过程中的潜在风险

①人员风险：检验人员教育培训经历不足；人员不具备检验能力；人员在非授权情况下开展工作；缺少对人员在相关领域检测能力的评估记录等风险。

②仪器设备风险：仪器设备不能满足检验要求，性能异常；未定期校准或核查；没有使用和维护记录；无状态标识管理；设备档案记录不完整；未使用或未更新仪器设备校准证书中的修正因子等风险。

③试剂耗材风险：使用未进行符合性验证的试剂耗材；使用过期、失效的试剂 / 耗材；供应商未进行评价；没有标准溶液配制记录；没有安全使用及管理试剂耗材等风险。

④样品处理风险：样品的制备不符合标准要求等风险。

⑤检验方法风险：未按检验方法进行检验；未识别样品基质对检验方法带来的干扰；检验过程中未按要求进行质量控制或质量控制不足；未针对标准规定制定详细的检验方法和明确的检验细则 / 作业指导书；超出方法规定的使用范围时，未进行方法确认等风险。

⑥环境风险：未对检验环境进行有效监控；检验环境条件与检验要求不符；未按要求对检验环境进行有效的区域隔离等风险。

⑦安全风险：未识别不同检验工作的性质、地点、检验方式导致的健康、安全、环境等方面的风险（如化学品、玻璃器皿、电、火、高低温、粉尘、噪音、爆炸等方面的风险）；操作有毒有害试剂检验项目时未佩戴防护用具；未按要求处理废弃物等风险。

（3）检验检测后存在的潜在风险

①样品存储和处理的风险：样品的保存时间和方式不符合要求；未按规定留样；未按规定对样品进行规范处理等风险。

②数据结果风险：未进行有效的复核，原始记录遗漏相关责任人员的签名；人为更改或伪造检验结果、原始记录更改不规范、原始记录计算错误或描述错误等风险。

③结果报告风险：报告中对产品信息的描述不准确导致异议；检验报告缺乏完整性；检验报告遗漏相关责任人签字；可疑值未得到及时报告；报告文字描述有错别字或漏字；报告的信息与原始记录（或提供的其他资料）不一致。

（4）其他内部管理存在的潜在风险

①质量管理风险：未按质量监督控制计划实施质量管理；质量管理记录资料缺漏；未按要求开展内审、管理评审；未定期审查质量管理体系文件等风险。

②环境卫生安全风险：生物安全防护措施不到位；废弃物未按规定要求处理等风险。

能力建设要求篇

第二节 内部审核

注册人应建立内部审核程序，按照策划的时间对其自检活动开展内部审核，检查其质量手册及相关文件中的各项要求是否在检验中得到有效的实施和保持，以验证其运行持续符合管理体系的要求。内部审核中发现的不符合项可以为注册人管理体系的改进提供有价值的信息，这些不符合项可作为管理评审的输入。

一、内部审核的组织

内部审核宜每年至少实施一次，以确保质量管理体系的每一个要素至少每 12 个月被检查一次。

内部审核应当制定方案。质量负责人（在医疗器械生产领域又称管理者代表）通常作为审核方案的管理者，负责确保审核依照预定的计划实施。质量负责人可以将审核工作委派给具备资格的内审员来执行，在规模较小的组织，审核可以由质量负责人自己来实施。不过，注册人宜指定另外的人员审核质量负责人的工作，以确保审核活动的质量符合要求。

如果资源允许，内审员宜独立于被审核的活动。内审员不宜审核自己所从事的活动或自己直接负责的工作，除非别无选择，并且能证明所实施的审核是有效的。当内审不能独立于被审核的活动时，注册人宜注重检查内部审核的有效性。

其他方，如客户或认可机构，进行的审核不能替代内部审核。

二、内部审核的实施

内部审核可从文件评审和现场评审两个方面进行开展，文件评审应重点关注：人员的在职证明、教育培训记录、考核记录、授权记录、监督记录等；设备及环境设施的档案、操作规程、检定 / 校准证明、使用和维修记录等；检验报告；质量记录和原始检测记录以及有关证书 /证书副本等技术记录；质量手册、程序文件、作业指导书、前次审核的报告和记录等。现场评审重点关注实验室的环境设施、样品管理、检验人员的操作、检验设备的连接及放置、安全防护等方面。

1. 信息的收集和验证

整个审核过程中，审核员始终要搜集实际活动是否满足管理体系要求的客观证据。收集的证据应当尽可能高效率并且客观有效，不存在偏见，不困扰受审核方。只有能够验证的信息方可作为审核证据。导致审核发现的审核证据应予以记录。在收集证据的过程中，如果发现了新的、变化的情况或风险，应予以关注，并对其进行深入的调查以发现潜在的问题。图 12-2 给出了从收集信息到得出审核结论的过程概述。收集信息的方法包括：面谈、观察、文件（包括记录）评审。

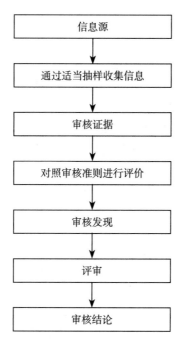

图 12-2　内部审核实施流程

2. 形成审核发现

审核员将质量管理体系文件（如质量手册、体系程序、测试方法、工作指导书等）作为参考，将实际的检验活动与这些质量管理体系文件的规定进行比较，以检查实际的活动与管理体系的符合性。

具体的审核发现应包括具有证据支持的符合事项和良好实践、确定的不符合项、适宜的纠正措施，及与受审核方商定的纠正措施完成时间。

应记录不符合及支持不符合的审核证据。可以对不符合进行分级，应与受审核方一起评审不符合，以获得承认，并确认审核证据的准确性，使受审核方理解不符合。应努力解决对审核证据或审核发现有分歧的问题，并记录尚未解决的问题。

3. 准备审核结论

审核完所有的活动后，审核组应当认真评价和分析所有审核发现，考虑审核过程中固有的不确定因素，对审核结论达成一致，确定哪些应报告为不符合项，哪些只作为改进建议。

审核结论可陈述诸如以下内容：

（1）管理体系与审核准则的符合程度及其稳健程度，管理体系满足所声称的目标的有效性；

（2）管理体系的有效实施、保持和改进；

（3）审核目标的完成情况、审核范围的覆盖情况，以及审核准则的履行情况；

（4）审核发现的根本原因；

（5）提出改进的建议或今后审核活动的建议。

三、实施纠正或纠正措施

受审核方负责实施商定的纠正或纠正措施。

当不符合项可能危及检测或检验结果时，应当停止相关的活动，直至采取适当的纠正措施，并能证实所采取的纠正措施取得了满意的结果。另外，对不符合项可能已经影响到的结果，应进行调查。如果对相应的检测或检验的证书 / 报告的有效性产生怀疑时，应当通知客户。

纠正措施的制定应基于问题产生的根本原因，继而实施有效纠正措施和预防措施。

商定的纠正措施期限到期后，审核员应当尽早检查纠正措施的有效性。

质量负责人应当最终负责确保受审核方消除不符合项。

四、内部审核记录和报告

即使没有发现不符合项，也应当保留完整的审核记录。

应当记录已确定的每一个不符合项，详细记录其性质、可能产生的原因、需采取的纠正措施和适当的不符合项关闭时间。

审核结束后，应当编制最终报告。报告应当总结审核结果，并包括以下信息：

（1）审核组成员的名单；

（2）审核日期；

（3）审核区域；

（4）被检查的所有区域的详细情况；

（5）机构运作中值得肯定的或好的方面；

（6）确定的不符合项及其对应的相关文件条款；

（7）改进建议；

（8）商定的纠正措施及其完成时间，以及负责实施纠正措施的人员；

（9）采取的纠正措施；

（10）确认完成纠正措施的日期；

（11）质量负责人确认完成纠正措施的签名。

所有审核记录应按规定的时间保存。质量负责人应当确保将审核报告（适当时包括不符合项），提交组织的最高管理层。质量负责人应当对内部审核的结果和采取的纠正措施的趋势进行分析，并形成报告，在下次管理评审会议时提交最高管理层。

第三节　管理评审

注册人应建立和实施管理评审程序。管理层应按照策划的时间间隔对管理体系进行评审，以确保管理体系持续的适宜性、充分性和有效性，并进行必要的变更或改进。

一、管理评审的组织

管理评审宜至少每年开展一次，管理层负责实施质量管理体系的评审。

管理评审应当进行策划。管理评审应当注意到注册人的组织、设施、设备、程序和活动中已经发生的变化和需求发生的变化，应关注内部或外部的质量审核结果、实验室间比对或能力验证的结果等。对质量方针和质量目标应当进行评审，必要时进行修订。应当建立下一年度的质量目标和措施计划。

管理层中负责设计和实施质量管理体系、技术运作、根据内部审核和外部评审的结果做出决定的管理者应参与管理评审。质量负责人（在医疗器械生产领域又称管理者代表）应当负责确保所有评审工作依据规定的程序系统地实施，并记录管理评审的结果。质量负责人应当负责确保管理评审所确定的措施在规定的时间内完成。

二、管理评审的实施

管理评审应当依据正式的日程安排系统地实施。评审至少应当包括以下内容：

（1）前次管理评审中发现的问题；

（2）质量方针、中期和长期目标；

（3）质量和运作程序的适宜性，包括对体系（包括质量手册）修订的需求；

（4）管理和监督人员的报告；

（5）前次管理评审后所实施的内部审核的结果及其后续措施；

（6）纠正措施和预防措施的分析；

（7）内部质量控制检查的结果趋势分析；

（8）当前人力和设备资源的充分性；

（9）对新工作、新员工、新设备、新方法将来的计划和评估；

（10）对新员工的培训要求和对现有员工的知识更新要求；

（11）其他反馈的趋势分析；

（12）改进和建议。

管理评审的结果应当输入组织的策划系统，并应当包括：

（1）质量方针、中期和长期目标的修订；

（2）预防措施计划，包括制定下一年度的目标；

（3）正式的措施计划，包括完成拟定的对管理体系或目标运作的改进时间安排。

三、改进

管理者应当确保评审所产生的措施按照要求在适当和约定的日程内得以实施。在定期的管理会议中应当监控这些措施及其有效性。

四、管理评审的记录

应当保存所有管理评审的记录。记录可以是评审会议的会议纪要，并应明确指出所需采取的措施，以及措施的负责人和完成期限。记录应当易于获得并按规定的时间保存。

（编写：林鸿宁、陈婷、刘惠）

能力建设要求篇

能力建设示例篇

第十三章
注册自检能力建设适用标准清单

为便于注册人建设自检能力，编者梳理了现行的 50 项医疗器械检验实验室常用的国家标准和行业标准，具体清单如下：

序号	标准编号	标准名称
		实验室建设
1	GB/T 32146.1	检验检测实验室设计与建设技术要求 第 1 部分：通用要求
2	GB/T 32146.2	检验检测实验室设计与建设技术要求 第 2 部分：电气实验室
3	GB/T 37140	检验检测实验室技术要求验收规范
		实验室管理
4	GB/T 27025	检测和校准实验室能力的通用要求
5	GB/T 27060	合格评定 良好操作规范
6	GB/T 27423	合格评定 检验检测服务风险管理指南
7	RB/T 042	检验检测机构管理和技术能力评价 电气检验检测要求
8	RB/T 045	检验检测机构管理和技术能力评价 内部审核要求
9	RB/T 046	检验检测机构管理和技术能力评价 授权人签字要求
10	RB/T 047	检验检测机构管理和技术能力评价 设施和环境通用要求
		实验室安全
11	GB 19489	实验室 生物安全通用要求
12	GB/T 27476.1	检测实验室安全 第 1 部分：总则
13	GB/T 27476.2	检测实验室安全 第 2 部分：电气因素
14	GB/T 27476.3	检测实验室安全 第 3 部分：机械因素
15	GB/T 27476.4	检测实验室安全 第 4 部分：非电离辐射因素
16	GB/T 27476.5	检测实验室安全 第 5 部分：化学因素
17	GB/T 27476.6	检测实验室安全 第 6 部分：电离辐射因素

序号	标准编号	标准名称
		实验室仪器设备管理
18	GB/T 40024	实验室仪器及设备　分类方法
19	RB/T 034	测量设备校准周期的确定和调整方法指南
20	RB/T 039	检测实验室仪器设备计量溯源结果确认指南
21	RB/T 143	实验室化学检测仪器设备期间核查指南
22	SN/T 4095.1	实验室仪器设备期间核查管理规范
		测量不确定度
23	GB/T 27411	检测实验室中常用不确定度评定方法与表示
24	GB/T 27418	测量不确定度评定和表示
25	GB/T 27419	测量不确定度评定和表示　补充文件1：基于蒙特卡洛方法的分布传播
26	RB/T 030	化学分析中测量不确定度评估指南
27	RB/T 141	化学检测领域测量不确定度评定　利用质量控制和方法确认数据评定不确定度
28	JJF 1059.1	测量不确定度评定与表示
29	JJF 1059.2	用蒙特卡洛法评定测量不确定度
		方法验证和确认
30	GB/T 6379.1	测量方法与结果的准确度（正确度与精密度）第1部分：总则与定义
31	GB/T 6379.2	测量方法与结果的准确度（正确度与精密度）第2部分：确定标准测量方法重复性与再现性的基本方法
32	GB/T 6379.3	测量方法与结果的准确度（正确度与精密度）第3部分：标准测量方法精密度的中间度量
33	GB/T 6379.4	测量方法与结果的准确度（正确度与精密度）第4部分：确定标准测量方法正确度的基本方法
34	GB/T 6379.5	测量方法与结果的准确度（正确度与精密度）第5部分：确定标准测量方法精密度的可替代方法
35	GB/T 6379.6	测量方法与结果的准确度（正确度与精密度）第6部分：准确度值的实际应用
36	GB/T 27407	实验室质量控制　利用统计质量保证和控制图技术　评价分析测量系统的性能
37	GB/T 27408	实验室质量控制　非标准测试方法的有效性评价　线性关系
38	GB/T 27412	基于核查样品单次测量结果的实验室偏倚检出
39	GB/T 27415	分析方法检出限和定量限的评估

续表

序号	标准编号	标准名称
40	GB/T 27417	合格评定 化学分析方法确认和验证指南
41	GB/T 32465	化学分析方法验证确认和内部质量控制要求
42	GB/T 33260.2	检出能力 第 2 部分：线性校准情形检出限的确定方法
43	GB/T 33260.3	检出能力 第 3 部分：无校准数据情形响应变量临界值的确定方法
44	GB/T 33260.5	检出能力 第 5 部分：非线性校准情形检出限的确定方法
45	GB/T 33260.4	检出能力 第 4 部分：最小可检出值与给定值的比较方法
46	GB/T 35655	化学分析方法验证确认和内部质量控制实施指南 色谱分析
47	GB/T 35656	化学分析方法验证确认和内部质量控制实施指南 报告定性结果的方法
48	RB/T 032	基因扩增检测方法确认与验证指南
49	RB/T 033	微生物检测方法确认与验证指南
50	RB/T 208	化学实验室内部质量控制 比对试验

（编写：张力扬、张旭、刘惠）

能力建设示例篇

第十四章
医疗器械检验常用强制性标准清单

为便于注册人建设自检能力，编者梳理了常用的现行医疗器械强制性国家标准和行业标准，具体清单如下：

序号	标准编号	标准名称
\multicolumn{3}{医疗器械生物学评价}		
1	YY 0970	含动物源材料的一次性使用医疗器械的灭菌液体灭菌剂灭菌的确认与常规控制
		医用电气设备通用要求
2	GB 9706.1	医用电气设备 第 1 部分：基本安全和基本性能的通用要求
3	GB 9706.103	医用电气设备 第 1-3 部分：基本安全和基本性能的通用要求 并列标准：诊断 X 射线设备的辐射防护
4	YY 9706.102	医用电气设备 第 1-2 部分：基本安全和基本性能的通用要求 并列标准：电磁兼容 要求和试验
5	YY 9706.108	医用电气设备 第 1-8 部分：基本安全和基本性能的通用要求 并列标准：通用要求，医用电气设备和医用电气系统中报警系统的测试和指南
6	YY 9706.111	医用电气设备 第 1-11 部分：基本安全和基本性能的通用要求 并列标准：在家庭护理环境中使用的医用电气设备和医用电气系统的要求
7	YY 9706.112	医用电气设备 第 1-12 部分：基本安全和基本性能的通用要求 并列标准：预期在紧急医疗服务环境中使用的医用电气设备和医用电气系统的要求
8	YY 1057	医用脚踏开关通用技术条件
		消毒灭菌通用技术
9	GB 18278.1	医疗保健产品灭菌 湿热 第 1 部分：医疗器械灭菌过程的开发、确认和常规控制要求
10	GB 18279.1	医疗保健产品灭菌 环氧乙烷 第 1 部分：医疗器械灭菌过程的开发、确认和常规控制的要求
11	GB 18280.1	医疗保健产品灭菌 辐射 第 1 部分：医疗器械灭菌过程的开发、确认和常规控制要求
12	GB 18280.2	医疗保健产品灭菌 辐射 第 2 部分：建立灭菌剂量
13	GB 18281.1	医疗保健产品灭菌 生物指示物 第 1 部分：通则

能力建设示例篇

序号	标准编号	标准名称
14	GB 18281.2	医疗保健产品灭菌 生物指示物 第2部分：环氧乙烷灭菌用生物指示物
15	GB 18281.3	医疗保健产品灭菌 生物指示物 第3部分：湿热灭菌用生物指示物
16	GB 18281.4	医疗保健产品灭菌 生物指示物 第4部分：干热灭菌用生物指示物
17	GB 18281.5	医疗保健产品灭菌 生物指示物 第5部分：低温蒸汽甲醛灭菌用生物指示物
18	GB 18282.1	医疗保健产品灭菌 化学指示物 第1部分：通则
19	GB 18282.3	医疗保健产品灭菌 化学指示物 第3部分：用于BD类蒸汽渗透测试的二类指示物系统
20	GB 18282.4	医疗保健产品灭菌 化学指示物 第4部分：用于替代性BD类蒸汽渗透测试的二类指示物
21	GB 18282.5	医疗保健产品灭菌 化学指示物 第5部分：用于BD类空气排除测试的二类指示物
22	YY 0602	测量、控制和试验室用电气设备的安全 使用热空气或热惰性气体处理医用材料及供试验室用的干热灭菌器的特殊要求
外科手术器械		
23	GB 8662	手术刀片和手术刀柄的配合尺寸
24	YY 0075	泪道探针
25	YY 0174	手术刀片
26	YY 0175	手术刀柄
27	YY 0672.2	内镜器械 第2部分：腹腔镜用剪
28	YY 0875	直线型吻合器及组件
29	YY 0876	直线型切割吻合器及组件
30	YY 0877	荷包缝合针
31	YY 1116	可吸收性外科缝线
32	YY 0167	非吸收性外科缝线
注射器（针）、穿刺器械		
33	GB 15810	一次性使用无菌注射器
34	GB 15811	一次性使用无菌注射针
35	YY 0321.3	一次性使用麻醉用过滤器
36	YY 1001.1	玻璃注射器 第1部分：全玻璃注射器
37	YY 1001.2	玻璃注射器 第2部分：蓝芯全玻璃注射器

续表

序号	标准编号	标准名称
38	YY 91016	全玻璃注射器名词术语
39	YY 91017	全玻璃注射器身密合性试验方法
外科植入物		
40	GB 4234.1	外科植入物　金属材料　第 1 部分：锻造不锈钢
41	GB 4234.4	外科植入物　金属材料　第 4 部分：铸造钴 – 铬 – 钼合金
42	GB 12279	心血管植入物　人工心脏瓣膜
43	GB 16174.1	手术植入物　有源植入式医疗器械　第 1 部分：安全、标记和制造商所提供信息的通用要求
44	GB 16174.2	手术植入物　有源植入式医疗器械　第 2 部分：心脏起搏器
45	GB 23101.1	外科植入物　羟基磷灰石　第 1 部分：羟基磷灰石陶瓷
46	GB 23101.2	外科植入物　羟基磷灰石　第 2 部分：羟基磷灰石涂层
47	GB 23102	外科植入物　金属材料 Ti–6Al–7Nb 合金加工材
48	GB 24627	医疗器械和外科植入物用镍 – 钛形状记忆合金加工材
49	YY 0017	骨接合植入物　金属接骨板
50	YY 0018	骨接合植入物　金属接骨螺钉
51	YY 0117.1	外科植入物　骨关节假体锻、铸件 Ti6Al4V 钛合金锻件
52	YY 0117.2	外科植入物　骨关节假体锻、铸件 ZTi6Al4V 钛合金铸件
53	YY 0117.3	外科植入物　骨关节假体锻、铸件钴铬钼合金铸件
54	YY 0118	关节置换植入物髋关节假体
55	YY 0333	软组织扩张器
56	YY 0334	硅橡胶外科植入物通用要求
57	YY 0341.1	无源外科植入物　骨接合与脊柱植入物　第 1 部分：骨接合植入物特殊要求
58	YY 0341.2	无源外科植入物　骨接合与脊柱植入物　第 2 部分：脊柱植入物特殊要求
59	YY 0459	外科植入物　丙烯酸类树脂骨水泥
60	YY 0484	外科植入物　双组分加成型硫化硅橡胶
61	YY 0502	关节置换植入物　膝关节假体
62	YY 0605.9	外科植入物　金属材料　第 9 部分：锻造高氮不锈钢
63	YY 0605.12	外科植入物　金属材料　第 12 部分：锻造钴 – 铬 – 钼合金

能力建设示例篇

序号	标准编号	标准名称
64	YY 0989.6	手术植入物 有源植入医疗器械 第 6 部分：治疗快速性心律失常的有源植入医疗器械（包括植入式除颤器）的专用要求
65	YY 0989.7	手术植入物有源植入式医疗器械 第 7 部分：人工耳蜗植入系统的专用要求
计划生育器械		
66	GB 11236	含铜宫内节育器技术要求与试验方法
67	YY 0006	金属双翼阴道扩张器
68	YY 0091	子宫颈扩张器
69	YY 0092	子宫颈活体取样钳
70	YY 0336	一次性使用无菌阴道扩张器
71	YY 1023	子宫颈钳
72	YY 1024	输卵管提取钩
医用血管内导管及非血管内导管		
73	YY 0285.1	血管内导管—次性使用无菌导管 第 1 部分：通用要求
74	YY 0285.3	血管内导管—次性使用无菌导管 第 3 部分：中心静脉导管
75	YY 0285.4	血管内导管—次性使用无菌导管 第 4 部分：球囊扩张导管
76	YY 0285.5	血管内导管—次性使用无菌导管 第 5 部分：套针外周导管
77	YY 0450.1	一次性使用无菌血管内导管辅件 第 1 部分：导引器械
78	YY 0450.2	一次性使用无菌血管内导管辅件 第 2 部分：套针外周导管管塞
79	YY 0030	腹膜透析管
80	YY 0325	一次性使用无菌导尿管
81	YY 0483	一次性使用肠营养导管、肠给养器及其连接件 设计与试验方法
82	YY 0488	一次性使用无菌直肠导管
83	YY 0489	一次性使用无菌引流导管及辅助器械
口腔材料、器械和设备		
84	GB 9706.260	医用电气设备 第 2-60 部分：牙科设备的基本安全和基本性能专用要求
85	GB 17168	牙科学 固定和活动修复用金属材料
86	GB 30367	牙科学 陶瓷材料
87	YY 0055	牙科学 光固化机

能力建设示例篇

续表

序号	标准编号	标准名称
88	YY 0059.1	牙科手机　4号牙科直手机
89	YY 0059.2	牙科手机　7号牙科直手机
90	YY 0059.3	牙科手机　4、7号牙科弯手机
91	YY 0270.1	牙科学　基托聚合物　第1部分：义齿基托聚合物
92	YY 0271.1	牙科水基水门汀　第1部分：粉/液酸碱水门汀
93	YY 0271.2	牙科水基水门汀　第2部分：光固化水门汀
94	YY 0272	牙科学　氧化锌/丁香酚水门汀和不含丁香酚的氧化锌水门汀
95	YY 0300	牙科学　修复用人工牙
96	YY 0302.1	牙科旋转器械　车针　第1部分：钢制和硬质合金车针
97	YY 0302.2	牙科学　旋转器械车针　第2部分：修整用车针
98	YY 0303	医用羟基磷灰石粉料
99	YY 0304	等离子喷涂　羟基磷灰石涂层–钛基牙种植体
100	YY 0315	钛及钛合金人工牙种植体
101	YY 0462	牙科石膏产品
102	YY 0493	牙科学　弹性体印模材料
103	YY 0621.1	牙科学　匹配性试验　第1部分：金属–陶瓷体系
104	YY 0622	牙科树脂基窝沟封闭剂
105	YY 0710	牙科学　聚合物基冠桥材料
106	YY 0711	牙科吸潮纸尖
107	YY 0714.1	牙科学　活动义齿软衬材料　第1部分：短期使用材料
108	YY 0714.2	牙科学　活动义齿软衬材料　第2部分：长期使用材料
109	YY 0717	牙科根管封闭材料
110	YY 0761.1	牙科学　金刚石旋转器械　第1部分：尺寸、要求、标记和包装
111	YY 0803.3	牙科学　根管器械　第3部分：加压器
112	YY 0835	牙科学　银汞合金分离器
113	YY 1027	牙科学　水胶体印模材料
114	YY 1042	牙科学　聚合物基修复材料
115	YY 1045	牙科学　手机和马达

续表

序号	标准编号	标准名称
116	YY 91010	牙科旋转器械 配合尺寸
117	YY 91053	口腔科器材和设备名词术语 器械
118	YY 91064	牙科旋转器械 钢和硬质合金牙钻技术条件
输液、输血、采血、引流器械		
119	GB 8368	一次性使用输液器重力输液式
120	GB 8369.1	一次性使用输血器 第1部分：重力输血式
121	GB 8369.2	一次性使用输血器 第2部分：压力输血设备用
122	GB 14232.1	人体血液及血液成分袋式塑料容器 第1部分：传统型血袋
123	GB 14232.3	人体血液及血液成分袋式塑料容器 第3部分：含特殊组件的血袋系统
124	GB 14232.4	人体血液及血液成分袋式塑料容器 第4部分：含特殊组件的单采血袋系统
125	GB 18671	一次性使用静脉输液针
126	YY 0286.1	专用输液器 第1部分：一次性使用微孔过滤输液器
127	YY 0286.2	专用输液器 第2部分：一次性使用滴定管式输液器 重力输液式
128	YY 0286.3	专用输液器 第3部分：一次性使用避光输液器
129	YY 0332	植入式给药装置
130	YY 0451	一次性使用便携式输注泵 非电驱动
131	YY 0581.1	输液连接件 第1部分：穿刺式连接件（肝素帽）
132	YY 0581.2	输液连接件 第2部分：无针连接件
133	YY 0585.1	压力输液设备用一次性使用液路及附件 第1部分：液路
134	YY 0585.2	压力输液设备用一次性使用液路及附件 第2部分：附件
135	YY 0585.3	压力输液设备用一次性使用液路及附件 第3部分：过滤器
136	YY 0585.4	压力输液装置用一次性使用液路及其附件 第4部分：防回流阀
137	YY 0804	输液转移器 要求和实验方法
138	YY 0881	一次性使用植入式给药装置专用针
139	YY 0327	一次性使用紫外线透疗血液容器
140	YY 0329	一次性使用去白细胞滤器
141	YY 0584	一次性使用离心杯式血液成分分离器
142	YY 0612	一次性使用人体动脉血样采集器（动脉血气针）

序号	标准编号	标准名称
143	YY 0613	一次性使用离心袋式血液成分分离器
144	YY 0765.1	一次性使用血液及血液成分病毒灭活器材　第1部分：亚甲蓝病毒灭活器材
医用生物防护		
145	GB 19082	医用一次性防护服技术要求
146	GB 19083	医用防护口罩技术要求
147	YY 0469	医用外科口罩
148	YY 0569	Ⅱ级生物安全柜
卫生材料		
149	YY 0594	外科纱布敷料通用要求
150	YY 0852	一次性使用无菌手术膜
消毒灭菌设备		
151	GB 4793.4	测量、控制和实验室用电气设备的安全要求　第4部分：用于处理医用材料的灭菌器和清洗消毒器的特殊要求
152	GB 8599	大型蒸汽灭菌器技术要求　自动控制型
153	YY 0154	压力蒸汽灭菌设备用弹簧全启式安全阀
154	YY 0503	环氧乙烷灭菌器
155	YY 0504	手提式蒸汽灭菌器
156	YY 0731	大型蒸汽灭菌器手动控制型
157	YY 0992	内镜清洗工作站
158	YY 1275	热空气型干热灭菌器
159	YY 1277	蒸汽灭菌器　生物安全性能要求
医用 X 射线设备及用具		
160	GB 9706.3	医用电气设备　第2部分：诊断X射线发生装置的高压发生器安全专用要求
161	GB 9706.14	医用电气设备　第2部分：X射线设备附属设备安全专用要求
162	GB 9706.228	医用电气设备　第2-28部分：医用诊断X射线管组件的基本安全和基本性能专用要求
163	GB 9706.243	医用电气设备　第2-43部分：介入操作X射线设备的基本安全和基本性能专用要求
164	GB 9706.244	医用电气设备　第2-44部分：X射线计算机体层摄影设备的基本安全和基本性能专用要求

序号	标准编号	标准名称
165	GB 9706.245	医用电气设备 第2-45部分：乳腺X射线摄影设备和乳腺摄影立体定位装置的基本安全和基本性能专用要求
166	GB 9706.254	医用电气设备 第2-54部分：X射线摄影和透视设备的基本安全和基本性能专用要求
167	GB 9706.263	医用电气设备 第2-63部分：口外成像牙科X射线机基本安全和基本性能专用要求
168	GB 9706.265	医用电气设备 第2-65部分：口内成像牙科X射线机的基本安全和基本性能专用要求
169	YY 0318	医用诊断X射线辐射防护器具 第3部分：防护服和性腺防护器具
		医用超声设备
170	GB 9706.205	医用电气设备 第2-5部分：超声理疗设备的基本安全和基本性能专用要求
171	GB 9706.237	医用电气设备 第2-37部分：超声诊断和监护设备的基本安全和基本性能专用要求
172	GB 10152	B型超声诊断设备
173	YY 0299	医用超声耦合剂
174	YY 0460	超声洁牙设备
175	YY 0592	高强度聚焦超声（HIFU）治疗系统
176	YY 0766	眼科晶状体超声摘除和玻璃体切除设备
177	YY 0767	超声彩色血流成像系统
178	YY 0773	眼科B型超声诊断仪通用技术条件
179	YY 0830	浅表组织超声治疗设备
180	YY 0849	眼科高频超声诊断仪
181	YY 9706.262	医用电气设备 第2-62部分：高强度超声治疗（HITU）设备的基本安全和基本性能专用要求
		诊断电子仪器
182	GB 9706.225	医用电气设备 第2-25部分：心电图机的基本安全和基本性能专用要求
183	GB 9706.226	医用电气设备 第2-26部分：脑电图机的基本安全和基本性能专用要求
184	YY 0670	无创自动测量血压计
185	YY 0782	医用电气设备 第2-51部分：记录和分析型单道和多道心电图机安全和基本性能专用要求
186	YY 0784	医用电气设备 医用脉搏血氧仪设备基本安全和主要性能专用要求
187	YY 1139	心电诊断设备
188	YY 9706.233	医用电气设备 第2-33部分：医疗诊断用磁共振设备的基本安全和基本性能专用要求

序号	标准编号	标准名称
189	YY 9706.240	医用电气设备 第2-40部分：肌电及诱发反应设备的基本安全和基本性能专用要求
190	YY 9706.247	医用电气设备 第2-47部分：动态心电图系统的基本安全和基本性能专用要求
监护电子仪器		
191	GB 9706.227	医用电气设备 第2-27部分：心电监护设备的基本安全和基本性能专用要求
192	YY 0667	医用电气设备 第2-30部分：自动循环无创血压监护设备的安全和基本性能专用要求
193	YY 0668	医用电气设备 第2-49部分：多参数患者监护设备安全专用要求
194	YY 0781	血压传感器
195	YY 0785	临床体温计 连续测量的电子体温计性能要求
196	YY 0828	心电监护仪电缆和导联线
197	YY 1079	心电监护仪
198	YY 9706.234	医用电气设备 第2-34部分：有创血压监护设备的基本安全和基本性能专用要求
手术、治疗电子仪器		
199	GB 9706.202	医用电气设备 第2-2部分：高频手术设备及高频附件的基本安全和基本性能专用要求
200	GB 9706.224	医用电气设备 第2-24部分：输液泵和输液控制器的基本安全和基本性能专用要求
201	GB 9706.236	医用电气设备 第2-36部分：体外引发碎石设备的基本安全和基本性能专用要求
202	YY 0001	体外引发碎石设备技术要求
203	YY 0678	医用冷冻外科治疗设备性能和安全
204	YY 1105	电动洗胃机
婴儿保育设备		
205	GB 9706.219	医用电气设备 第2-19部分：婴儿培养箱的基本安全和基本性能专用要求
206	YY 9706.220	医用电气设备 第2-20部分：婴儿转运培养箱的基本安全和基本性能专用要求
207	YY 9706.221	医用电气设备 第2-21部分：婴儿辐射保暖台的基本安全和基本性能专用要求
患者承载器械		
208	YY 0003	病床
209	YY 0045	普通产床
210	YY 0570	医用电气设备 第2部分：手术台安全专用要求
211	YY 9706.252	医用电气设备 第2-52部分：医用病床的基本安全和基本性能专用要求

能力建设示例篇

序号	标准编号	标准名称
除颤器、起搏器		
212	GB 9706.8	医用电气设备 第2-4 部分：心脏除颤器安全专用要求
213	YY 0945.2	医用电气设备 第2部分：带内部电源的体外心脏起搏器安全专用要求
放射治疗、核医学和放射剂量学		
214	GB 9706.21	医用电气设备 第2部分：用于放射治疗与患者接触且具有电气连接辐射探测器的剂量计的安全专用要求
215	GB 9706.201	医用电气设备 第2-1 部分：能量为 1MeV 至 50MeV 电子加速器基本安全和基本性能专用要求
216	GB 9706.208	医用电气设备 第2-8 部分：能量为 10kV 至 1MV 治疗 X 射线设备的基本安全和基本性能专用要求
217	GB 9706.211	医用电气设备 第2-11 部分：γ 射束治疗设备的基本安全和基本性能专用要求
218	GB 9706.217	医用电气设备 第2-17 部分：自动控制式近距离治疗后装设备的基本安全和基本性能专用要求
219	GB 9706.229	医用电气设备 第2-29 部分：放射治疗模拟机的基本安全和基本性能专用要求
220	GB 15213	医用电子加速器性能和试验方法
221	YY 0096	钴-60 远距离治疗机
222	YY 0637	医用电气设备 放射治疗计划系统的安全要求
223	YY 0721	医用电气设备 放射治疗记录与验证系统的安全
224	YY 0775	远距离放射治疗计划系统 高能 X（γ）射束剂量计算准确性要求和试验方法
225	YY 0831.1	γ 射束立体定向放射治疗系统 第1部分：头部多源 γ 射束立体定向放射治疗系统
226	YY 0831.2	γ 射束立体定向放射治疗系统 第2部分：体部多源 γ 射束立体定向放射治疗系统
227	YY 0832.1	X 射线放射治疗立体定向及计划系统 第1部分：头部 X 射线放射治疗立体定向及计划系统
228	YY 0832.2	X 辐射放射治疗立体定向及计划系统 第2部分：体部 X 辐射放射治疗立体定向及计划系统
229	YY 1650	X 射线图像引导放射治疗设备 性能和试验方法
230	YY 9706.264	医用电气设备 第2-64 部分：轻离子束医用电气设备的基本安全和基本性能专用要求
231	YY 9706.268	医用电气设备 第2-68 部分：电子加速器、轻离子束治疗设备和放射性核素射束治疗设备用的 X 射线图像引导放射治疗设备的基本安全和基本性能专用要求
医用体外循环设备及装置		
232	GB 9706.216	医用电气设备 第2-16 部分：血液透析、血液透析滤过和血液滤过设备的基本安全和基本性能专用要求

续表

序号	标准编号	标准名称
233	GB 9706.239	医用电气设备 第2-39部分：腹膜透析设备的基本安全和基本性能专用要求
234	GB 10035	气囊式体外反搏装置
235	GB 12260	心肺转流系统 滚压式血泵
236	GB 12263	心肺转流系统 热交换水箱
237	YY 0053	血液透析及相关治疗 血液透析器、血液透析滤过器、血液滤过器和血液浓缩器
238	YY 0054	血液透析设备
239	YY 0267	血液透析及相关治疗 血液净化装置的体外循环血路
240	YY 0465	一次性使用空心纤维血浆分离器和血浆成分分离器
241	YY 0485	一次性使用心脏停跳液灌注器
242	YY 0572	血液透析和相关治疗用水
243	YY 0580	心血管植入物及人工器官 心肺转流系统 动脉管路血液过滤器
244	YY 0598	血液透析及相关治疗用浓缩物
245	YY 0603	心血管植入物及人工器官 心脏手术硬壳贮血器/静脉贮血器系统（带或不带过滤器）和静脉贮血软袋
246	YY 0604	心肺转流系统 血气交换器（氧合器）
247	YY 0645	连续性血液净化设备
248	YY 0790	血液灌流设备
249	YY 0793.1	血液透析和相关治疗用水处理设备技术要求 第1部分：用于多床透析
250	YY 0793.2	血液透析和相关治疗用水处理设备技术要求 第2部分：用于单床透析
251	YY 0948	心肺流转系统 一次性使用动静脉插管
252	YY 1048	心肺转流系统 体外循环管道
253	YY 1271	心肺流转系统 一次性使用吸引管
254	YY 1272	透析液过滤器
255	YY 1273	血液净化辅助用滚压泵
256	YY 1274	压力控制型腹膜透析设备
257	YY 1290	一次性使用胆红素血浆吸附器
258	YY 1412	心肺转流系统 离心泵
259	YY 1413	离心式血液成分分离设备

序号	标准编号	标准名称
260	YY 1493	重力控制型腹膜透析设备
		呼吸麻醉设备及装置
261	GB 9706.212	医用电气设备 第2-12部分：重症护理呼吸机的基本安全和基本性能专用要求
262	GB 9706.213	医用电气设备 第2-13部分：麻醉工作站的基本安全和基本性能专用要求
263	YY 0042	高频喷射呼吸机
264	YY 0109	医用超声雾化器
265	YY 0337.1	气管插管 第1部分：常用型插管及接头
266	YY 0337.2	气管插管 第2部分：柯尔（Cole）型插管
267	YY 0338.1	气管切开插管 第1部分：成人用插管及接头
268	YY 0338.2	气管切开插管 第2部分：小儿用气管切开插管
269	YY 0461	麻醉机和呼吸机用呼吸管路
270	YY 0498.1	喉镜连接件 第1部分：常规挂钩型手柄–窥视片接头
271	YY 0498.2	喉镜连接件 第2部分：微型电灯 螺纹和带常规窥视片的灯座
272	YY 0499	麻醉喉镜通用技术条件
273	YY 0600.1	医用呼吸机 基本安全和主要性能专用要求 第1部分：家用呼吸支持设备
274	YY 0600.3	医用呼吸机 基本安全和主要性能专用要求 第3部分：急救和转运用呼吸机
275	YY 0600.4	医用呼吸机 基本安全和主要性能专用要求 第4部分：人工复苏器
276	YY 0600.5	医用呼吸机 基本安全和主要性能专用要求 第5部分：气动急救复苏器
277	YY 0601	医用电气设备 呼吸气体监护仪的基本安全和主要性能专用要求
278	YY 0635.1	吸入式麻醉系统 第1部分：麻醉呼吸系统
279	YY 0635.2	吸入式麻醉系统 第2部分：麻醉气体净化系统 传递和收集系统
280	YY 0635.3	吸入式麻醉系统 第3部分：麻醉气体输送装置
281	YY 0635.4	吸入式麻醉系统 第4部分：麻醉呼吸机
282	YY 0671	医疗器械 睡眠呼吸暂停治疗 面罩和应用附件
283	YY 0893	医用气体混合器独立气体混合器
284	YY 1107	浮标式氧气吸入器
285	YY 1468	用于医用气体管道系统的氧气浓缩器供气系统
286	YY 9706.269	医用电气设备 第2-69部分：氧气浓缩器的基本安全和基本性能专用要求

序号	标准编号	标准名称
287	YY 9706.270	医用电气设备 第2-70部分：睡眠呼吸暂停治疗设备的基本安全和基本性能专用要求
288	YY 9706.272	医用电气设备 第2-72部分：依赖呼吸机患者使用的家用呼吸机的基本安全和基本性能专用要求
289	YY 9706.274	医用电气设备 第2-74部分：呼吸湿化设备的基本安全和基本性能专用要求
290	YY 91123	麻醉咽喉镜（连接部分作废）
291	YY 91136	新生儿喉镜
医用光学和仪器		
292	GB 9706.218	医用电气设备 第2-18部分：内窥镜设备的基本安全和基本性能专用要求
293	GB 11239.1	手术显微镜 第1部分：要求和试验方法
294	GB 11417.2	眼科光学 接触镜 第2部分：硬性接触镜
295	GB 11417.3	眼科光学 接触镜 第3部分：软性接触镜
296	GB 11748	二氧化碳激光治疗机
297	GB 12257	氦氖激光治疗机通用技术条件
298	GB 23719	眼科光学和仪器光学助视器
299	GB 38455	眼科仪器 角膜曲率计
300	YY 0065	眼科仪器 裂隙灯显微镜
301	YY 0068.1	医用内窥镜 硬性内窥镜 第1部分：光学性能及测试方法
302	YY 0068.2	医用内窥镜 硬性内窥镜 第2部分：机械性能及测试方法
303	YY 0068.4	医用内窥镜 硬性内窥镜 第4部分：基本要求
304	YY 0069	硬性气管内窥镜专用要求
305	YY 0290.2	眼科光学 人工晶状体 第2部分：光学性能及测试方法
306	YY 0290.3	眼科光学 人工晶状体 第3部分：机械性能及测试方法
307	YY 0290.5	眼科光学 人工晶状体 第5部分：生物相容性
308	YY 0290.8	眼科光学 人工晶状体 第8部分：基本要求
309	YY 0290.9	眼科光学 人工晶状体 第9部分：多焦人工晶状体
310	YY 0290.10	眼科光学 人工晶状体 第10部分：有晶体眼人工晶状体
311	YY 0307	连续波掺钕钇铝石榴石激光治疗机
312	YY 0477	角膜塑形用硬性透气接触镜

序号	标准编号	标准名称
313	YY 0599	激光治疗设备 准分子激光角膜屈光治疗机
314	YY 0633	眼科仪器 间接检眼镜
315	YY 0634	眼科仪器 眼底照相机
316	YY 0673	眼科仪器 验光仪
317	YY 0674	眼科仪器 验光头
318	YY 0675	眼科仪器 同视机
319	YY 0676	眼科仪器 视野计
320	YY 0719.2	眼科光学 接触镜护理产品 第2部分：基本要求
321	YY 0762	眼科光学 囊袋张力环
322	YY 0787	眼科仪器 角膜地形图仪
323	YY 0788	眼科仪器 微型角膜刀
324	YY 0789	Q开关Nd：YAG激光眼科治疗机
325	YY 0792.1	眼科仪器 眼内照明器 第1部分：要求和试验方法
326	YY 0792.2	眼科仪器 眼内照明器 第2部分：光辐射安全的基本要求和试验方法
327	YY 0843	医用内窥镜 内窥镜功能供给装置气腹机
328	YY 0844	激光治疗设备 脉冲二氧化碳激光治疗机
329	YY 0845	激光治疗设备 半导体激光光动力治疗机
330	YY 0846	激光治疗设备 掺钕钇铝石榴石激光治疗机
331	YY 0861	眼科光学 眼用粘弹剂
332	YY 0862	眼科光学 眼内填充物
333	YY 0847	医用内窥镜 内窥镜器械 取石网篮
334	YY 0983	激光治疗设备 红宝石激光治疗机
335	YY 1028	纤维上消化道内窥镜
336	YY 1075	硬性宫腔内窥镜
337	YY 1080	眼科仪器 直接检眼镜
338	YY 1081	医用内窥镜 内窥镜功能供给装置冷光源
339	YY 1082	硬性关节内窥镜
340	YY 1289	激光治疗设备 眼科半导体激光光凝仪

能力建设示例篇

序号	标准编号	标准名称
341	YY 1296	光学和光子学　手术显微镜　眼科用手术显微镜的光危害
342	YY 1298	医用内窥镜　胶囊式内窥镜
343	YY 1301	激光治疗设备　铒激光治疗机
344	YY 9706.241	医用电气设备　第 2-41 部分：手术无影灯和诊断用照明灯的基本安全和基本性能专用要求
345	YY 9706.257	医用电气设备　第 2-57 部分：治 疗、诊断、监测和整形 / 医疗美容使用的非激光光源设备基本安全和基本性能的专用要求
346	YY 91083	纤维导光膀胱镜
347	GB 9706.222	医用电气设备　第 2-22 部分：外科、整形、治疗和诊断用激光设备的基本安全和基本性能专用要求
348	YY 9706.258	医用电气设备　第 2-58 部分：眼科手术用晶状体摘除及玻璃体切除设备的基本安全和基本性能专用要求
		物理治疗器械
349	GB 9706.203	医用电气设备　第 2-3 部分：短波治疗设备的基本安全和基本性能专用要求
350	GB 9706.206	医用电气设备　第 2-6 部分：微波治疗设备的基本安全和基本性能专用要求
351	YY 0060	热敷贴（袋）
352	YY 0306	热辐射类治疗设备安全专用要求
353	YY 0322	高频电灼治疗仪
354	YY 0323	红外治疗设备安全专用要求
355	YY 0649	电位治疗设备
356	YY 0650	妇科射频治疗仪
357	YY 0776	肝脏射频消融治疗设备
358	YY 0777	射频热疗设备
359	YY 0778	射频消融导管
360	YY 0833	肢体加压理疗设备通用技术要求
361	YY 0838	微波热凝设备
362	YY 0839	微波热疗设备
363	YY 0860	心脏射频消融治疗设备
364	YY 0897	耳鼻喉射频消融设备
365	YY 0898	毫米波治疗设备

序号	标准编号	标准名称
366	YY 0899	医用微波设备附件的通用要求
367	YY 0901	紫外治疗设备
368	YY 0950	气压弹道式体外压力波治疗设备
369	YY 0951	干扰电治疗设备
370	YY 0952	医用控温毯
371	YY 9706.210	医用电气设备 第2-10部分：神经和肌肉刺激器的基本安全和基本性能专用要求
372	YY 9706.235	医用电气设备 第2-35部分：医用毯、垫或床垫式加热设备的基本安全和基本性能专用要求
373	YY 9706.250	医用电气设备 第2-50部分：婴儿光治疗设备的基本安全和基本性能专用要求
374	YY 91086	超短波治疗设备技术条件
375	YY 91087	超短波治疗设备的专用安全要求
医用康复器械		
376	YY 0900	减重步行训练台
中医器械		
377	GB 2024	针灸针
378	YY 0780	电针治疗仪
379	YY 0104	三棱针
医学实验室与体外诊断器械和试剂		
380	YY 0648	测量、控制和实验室用电气设备的安全要求 第2-101部分：体外诊断（IVD）医用设备的专用要求
381	YY 1621	医用二氧化碳培养箱
382	YY 1727	口腔黏膜渗出液人类免疫缺陷病毒抗体检测试剂盒（胶体金免疫层析法）
383	YY 1741	抗凝血酶Ⅲ测定试剂盒
普通诊察器械		
384	GB 1588	玻璃体温计
385	GB 3053	血压计和血压表

（编写：刘惠、张旭、张力扬）

第十五章
产品技术要求编制范例

本章按照有源医疗器械、无源医疗器械、体外诊断试剂以及医疗器械软件分别提供了产品技术要求范例，以供参考。示例中所列举的性能指标和检验方法仅作为示范，注册人需根据产品实际情况、适用的法规和标准要求以及检验技术等自行调整。

一、有源医疗器械产品技术要求范例

医疗器械产品技术要求编号：

中频综合治疗仪

1　产品型号/规格及其划分说明

1.1 治疗仪的型号为：××××

1.2 产品软件

　1.2.1 软件名称

　　中频综合治疗仪软件。

　1.2.2 发布版本

　　V1.0。

　1.2.3 版本命名规则

　　软件版本命名规则为 VX.Y.Z.B，其中 V 即 Version 版本的简写，X 表示重大增强类软件更新，Y 表示轻微增强类软件更新，Z 表示纠正类软件更新，B 表示构建，则软件完整版本为 VX.Y.Z.B，软件发布版本为 VX.Y。

2　性能指标

2.1 外观和结构

　2.1.1 表面应光亮整洁、色泽均匀、无伤痕、无腐蚀、涂覆层剥离、明显划痕、破损及变形等损伤。

　2.1.2 文字、符号和标志，标贴应清晰、准确、牢固。

　2.1.3 按键、功能开关均应安装准确、操作灵活、调节可靠；紧固件应连接牢固。

　2.1.4 电极线、电极应无破损，连接插座应牢固，无松脱现象。

　2.1.5 显示屏应正常、清晰，不得有缺划、多划、重影、乱显、消失和无显示等不正常现象。

2.2 电气性能

说明：以下技术要求是在治疗仪额定输出负载阻抗为 500Ω±5% 无感负载的情况下进行测

试所得。

2.2.1 中频频率

治疗仪输出中频载波频率 2000Hz，误差 ±3%。

2.2.2 脉冲宽度

治疗仪输出脉冲宽度 200μs，误差 ±10%。

2.2.3 最大输出幅值

治疗仪最大输出幅值为 45V，误差为 ±20%。

2.2.4 调幅度

仪器具有调幅度，分别为：方波 30%，三角波为 40%，锯齿波 50%，棱形波40%，误差范围为 ±5%。

2.2.5 调制频率

治疗仪输出调制频率 0~150Hz，应符合附录 B.1 的要求。

2.2.6 处方波形

应符合附录 B.2 的要求。

2.2.7 输出信号极性

为对称波形。

2.2.8 输出电压波动

电源电压波动 ±10% 对治疗仪的输出幅度、脉冲宽度或脉冲重复频率造成的影响，必须不大于 ±10%。

2.2.9 输出闭锁

a）治疗仪应设计为除非幅度控制装置预置在最小位置，否则设备不得有能量输出。

b）治疗仪在电源中断后又恢复供电的情况下，不得有输出。

2.2.10 输出指示

治疗仪应设计为在正常状态和电极断开状态下存在输出的指示。

2.2.11 输出电流强度

极限输出电流：依据 YY 0607—2007 要求在治疗仪最大输出，500Ω 负载电阻下，输出电流必须不超过以下限值：

输出脉冲频率（Hz）	电流极限（r.m.s），mA
直流	80
≤ 400	50
≤ 1500	80
> 1500	100

2.2.12 电极片的电流密度

电极片的电流密度应不大于 2mA（r.m.s）/cm^2。

2.2.13 脉冲能量与脉冲宽度

依据 YY 0607—2007 要求，治疗仪在 500Ω 负载电阻下，每个脉冲能量 ≤ 300mJ。脉冲宽度小于 0.1 秒，对于高值的脉冲宽度以 2.2.12 电流密度限值判定。

2.2.14 工作时间

连续工作时间：治疗仪输出最大时，连续工作时间不小于 4 小时。

设定治疗时间：治疗仪应具有输出定时功能，定时范围 5~100 分钟，最大误差
±1 分钟。

2.2.15 设置范围

治疗仪输出强度调节，电疗范围为 0~248 级；电疗调节时，输出强度随级数增
加而增加，连续可调且每级增量不超过 1mA 或 1V。

2.2.16 输出直流分量

治疗仪在最大输出时，直流分量小于 1V。

2.3 电气安全要求

应符合 GB 9706.1—2007《医用电气设备　第 1 部分：安全通用要求》和 YY 0607—2007
《医用电气设备　第 2 部分：神经和肌肉刺激器安全专用要求》的要求。

2.4 环境试验要求

产品应符合 GB/T 14710—2009《医用电器环境要求及试验方法》中气候环境试验Ⅱ组、
机械环境试验Ⅱ组及表 1 的规定。

能力建设示例篇

表 1　环境试验项目

试验	试验要求						检测项目				
项目	试验条件	持续时间（h）	运行时间（h）	恢复时间（h）	负载状态	检测环境	初始检测	中间检测	最后检测	电源电压（V）	
										a.c. 198	a.c. 242
额定工作低温试验	5℃	1	—	—	通电	—	全性能	—	2.2.1 2.2.2 2.2.3	√	—
低温贮存条件	−20℃	4	—	4	—	正常试验条件	—	—	2.2.1 2.2.2 2.2.3	a.c.220	
额定工作高温试验	40℃	1	4	—	通电	—	—	2.2.1 2.2.2 2.2.3	2.2.1 2.2.2 2.2.3	—	√
高温贮存条件	55℃	4	—	4	—	正常试验条件	—	—	2.2.1 2.2.2 2.2.3	a.c.220	
高温工作湿热试验	40℃ 80%RH	4	—	—	通电	—	—	—	2.2.1 2.2.2 2.2.3	a.c.220	
湿热贮存条件	40℃ 93%RH	48	—	24	—	正常试验条件	—	—	2.2.1 2.2.2 2.2.3	a.c.220	
振动碰撞试验	Ⅱ组	—	—	—	一个方向	正常试验条件	—	—	2.1	a.c.220	
运输试验	正常包装状态					—	—	—	2.1~2.2	a.c.220	

2.5 输出附件要求

电极与电极导线应符合 YY 0868—2011《神经和肌肉刺激器用电极》的要求。

2.6 电磁兼容试验

应符合 YY 0505—2012《医用电气设备第 1-2 部分：安全通用要求并列标准：电磁兼容要求》标准与 YY 0607—2007《医用电气设备第 2 部分：神经和肌肉刺激器安全专用要求》中第 36 章电磁兼容性的要求。

3 检验方法

3.1 试验环境

3.1.1 环境温度

5~40℃。

3.1.2 相对湿度

15%~85%（非冷凝）。

3.1.3 大气压力

700~1060hpa。

3.1.4 电源

AC220V ± 22V,50Hz ± 1Hz。

3.2 外观和结构

用手感目测法进行检查，应符合 2.1 的要求。

3.3 电气性能试验

测试方法连接见图 1，R 为负载阻抗 500Ω，误差 ± 10%。

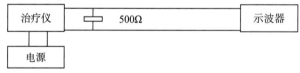

图 1 电气性能试验连接方法

3.3.1 中频频率

用数字示波器观察输出波形，测量基波信号频率 f，如图 2，应符合 2.2.1 的要求。

3.3.2 脉冲宽度

用数字示波器观察输出波形，测量脉冲宽度 t_w，如图 2，应符合 2.2.2 的要求。

3.3.3 最大输出幅值

用数字示波器观察输出波形，测量

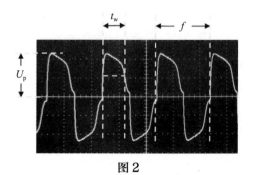

图 2

最大输出幅值 U_p，如图 2，应符合 2.2.3 的要求（最大输出幅值为包络波形最大处幅值）。

3.3.4 调幅度

连接 500Ω 负载，调节强度到最大值，用数字示波器对波形进行测试，如图 3 所示。

图 3　调幅波图例（略）

按以下公式：

$$M = \frac{(U_A - U_B)}{(U_A + U_B)}$$

其中 U_A 为最大幅值；U_B 为最小幅值；M 为调幅度。由此得调幅度 M 的测量值，结果应符合 2.2.4 的要求。

3.3.5 调制频率

在组合模式下，用数字示波器对波形进行测试，测量调制频率，测量方法见下图，结果应符合 2.2.5 的要求。

图（略）

3.3.6 处方波形

分别在模式一、模式二、模式三、模式四下，用数字示波器对波形进行测试，不同模式下包含的波形结果应符合 2.2.6 的要求。

3.3.7 输出信号极性

用模拟示波器观察输出信号波形，应符合 2.2.7 的要求。

3.3.8 输出电压波动

选择任意模式，分别将电源电压设置为 198V、220V、242V，启动输出后，保持输出强度电位器在同一位置，测量输出幅度、输出信号频率，应符合 2.2.8 的要求。

3.3.9 输出闭锁

实际操作进行验证，应符合 2.2.9 的要求。

3.3.10 输出指示

治疗仪在输出时，屏幕输出指示常亮，当电极断开时，语音提示治疗仪无负载，且有输出指示。

3.3.11 输出强度

将示波器采样率设定为不低于 500kS/s，输入耦合方式设定为直流耦合；选择任意处方，调节输出按键到最大位置，记录各个通道的输出信号的电压有效值 U_q，由公式：

$$电流有效值 I_q = U_q / R$$

其中 U_q 为电压有效值；R 为测量电压有效值时的负载；计算输出电流有效值 I_q，应符合 2.2.11 的要求。

3.3.12 电极片的电流密度

由公式：

$$\& = I_q / S$$

其中 S 为电极片的有效面积。计算出电极片上的电流密度 $\&$；应符合 2.2.12 的要求。

3.3.13 脉冲能量，脉冲宽度

将示波器采样率设定为不低于 500kS/s，输入耦合方式设定为交流耦合；测量出各个通道的电压峰值 U_p，脉冲宽度 t_w，以及脉冲重复频率，按以下公式：

$$E=I_p^2 \times R \times t_w \quad \text{或} \quad E=U_p^2/R \times t_w$$

其中 U_p 为电压峰值；I_p 为电流峰值；t_w 为脉冲宽度；R 为负载电阻值。计算出脉冲能量 E，应符合 2.2.13 要求；脉冲宽度 t_w 也应符合 2.2.13 要求。

3.3.14 工作时间

a）连续工作时间：将治疗仪时间设定为 100 分钟，启动治疗仪输出，连续工作 3 次，应符合 2.2.14 的要求。

b）设定治疗时间：通过时间设定操作验证治疗时间设定范围，将时间设置为 100 分钟，启动输出直到治疗结束，记录实际治疗时间，应符合 2.2.14 的要求。

3.3.15 设置范围

实际操作予以验证，应符合 2.2.15 的要求。

3.3.16 直流分量

将示波器采样率设定为不低于 500kS/s，使用示波器的光标测量功能，测量出各个通道的输入耦合方式分别为直流耦合及交流耦合方式时波形的偏移量，该偏移量即为直流分量，应符合 2.2.16 要求。

3.4 电气安全检验

按 GB 9706.1—2007、YY 0607—2007 规定方法进行试验。

3.5 环境试验

按 GB/T 14710—2009 的有关要求进行试验。

3.6 输出附件要求

电极片与电极线按照 YY 0868—2011《神经和肌肉刺激器用电极》的要求进行实验，结果应符合 2.5 的要求。

3.7 电磁兼容性

按 YY 0505—2012 及 YY 0607—2007 第 36 章规定方法进行试验，应符合 2.6 的要求。

4 术语

无。

附录 A

A.1 安全分类

（1）按防电击类型分类　Ⅰ类。

（2）按防电击程度分类　电疗为 BF 型应用部分。

（3）按对有害进液的防护程度分类　属于 IPX0 类型。

（4）按在与空气混合的易燃麻醉气或与氧或氧化亚氮混合的易燃麻醉气情况下使用时的安全程度分类　不适用于有与空气混合的易燃麻醉气或与氧或氧化亚氮混合的易燃麻醉气的情况；非 AP/APG 型。

（5）按运行模式分类　连续运行。

（6）设备的额定电压和频率　xxxx 。

（7）设备的输入功率　＜150VA。

（8）设备是否具有对除颤放电效应防护的应用部分　否。

（9）设备是否具有信号输出或输入部分　否。

（10）永久性安装设备或非永久性安装设备　非永久性安装设备。

（11）电磁兼容性按GB 4824分组　1组A类。

A.2 电气绝缘图

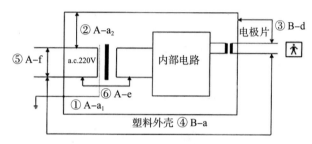

A. 2　电气绝缘图

表A. 2　电介质强度　　　　　　　　　　　　　　　　单位：伏特

序号	绝缘路径	绝缘类型	参考电压（V）	试验电压（V）	备注
①	A–a₁	BI	a.c.220	a.c. 1500	网电源和保护接地之间
②	A–a₂	DI/RI	a.c.220	a.c. 4000	网电源与未保护接地的外壳之间
③	B–d	BI	a.c.220	a.c. 1500	BF型应用部分与外壳之间
④	B–a	DI/RI	a.c.220	a.c. 4000	应用部分与网电源之间
⑤	A–f	BI	a.c.220	a.c. 1500	网电源相反极性之间
⑥	A–e	DI/RI	a.c.220	a.c. 4000	变压器初次级之间

附录B

B.1 调制波形

治疗仪输出调制波形有方波、锯齿波、三角波、棱形波，如下图。

a）方波1：调制频率1Hz、2Hz 、4Hz、100Hz、150Hz，误差范围为 ±15%。图 a（略）

b）方波2：调制频率400mHz、800mHz，误差范围为 ±15%。图 b（略）

c）方波3：调制频率6Hz，误差范围为 ±15%。图 c（略）

d）三角波：调制频率2Hz，误差范围为 ±15%。图 d（略）

e）三角波：调制频率2.5Hz，误差范围为 ±15%。图 e（略）

f）三角波：调制频率1Hz，误差范围为 ±15%。图 f（略）

g）锯齿波：调制频率 460mHz，误差范围为 ±15%。图 g（略）

h）棱形波：调制频率有 1Hz，误差范围为 ±15%。图 h（略）

i）棱形波：调制频率有 600mHz，误差范围为 ±15%。图 i（略）

B.2 处方波形

（1）模式一

a）方波：4Hz 重复 10 次。

b）三角波：2Hz 重复 10 次、1Hz 重复 3 次。

c）棱形波：1Hz 重复 10 次、600mHz 重复 3 次。

d）整个周期 25 秒，误差 ±10%。

（2）模式二

a）方波：1Hz 重复 10 次、2Hz 重复 10 次、4Hz 重复 10 次、800mHz 重复 3 次、400mHz 重复 3 次。

b）整个周期 30 秒，误差 ±10%。

（3）模式三

a）方波：4Hz 重复 10 次、800mHz 重复 3 次、400mHz 重复 3 次。

b）三角波：2.5Hz 重复 10 次。

c）整个周期 18 秒，误差 ±10%。

（4）模式四

a）方波：1Hz 重复 10 次、2Hz 重复 10 次 、4Hz 重复 10 次、800mHz 重复 3 次、400mHz 重复 3 次、6Hz 重复 16 次、100Hz、150Hz 持续 6.8 秒。

b）三角波：2Hz 重复 10 次、1Hz 重复 3 次。

c）锯齿波：460mHz 重复 3 次。

d）棱形波：1Hz 重复 10 次、600mHz 重复 3 次。

e）整个周期 67 秒，误差 ±10%。

二、无源医疗器械产品技术要求范例

医疗器械产品技术要求编号：

医用外科口罩

1 产品型号/规格及其划分说明

1.1 产品型号规格

型号：非无菌型耳挂式、无菌型耳挂式、非无菌型绑带式、无菌型绑带式。

规格：尺寸及允差：（17.5±1）cm×（9.5±1）cm。

1.2 产品型号划分说明

口罩根据佩戴方式和卫生级别进行划分。

1.3 口罩按制作工艺分为耳挂式与绑带式（图 1）。

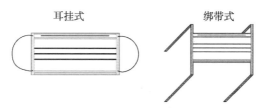

耳挂式　　　　　　绑带式

图 1　耳挂式口罩和绑带式口罩

2. 性能指标

2.1 外观

口罩外观应整洁、形状完好，表面不得有破损、污渍。

2.2 结构和尺寸

口罩佩戴好后，应能罩住佩戴者的口、鼻至下颌。应符合 1.1 规定的尺寸及允差。

2.3 鼻夹

2.3.1 口罩上应配有鼻夹，鼻夹由可塑性材料制成。

2.3.2 鼻夹长度应不小于 8.0cm。

2.4 口罩带

2.4.1 口罩带应戴取方便。

2.4.2 每根口罩带与口罩体连接点处的断裂强力应不小于 10N。

2.5 合成血液穿透

2ml 合成血液以 16.0kPa（120mmHg）压力喷向口罩外侧面后，口罩内侧面不应出现渗透。

2.6 过滤效率

2.6.1 细菌过滤效率（BFE）

口罩的细菌过滤效率应不小于 95%。

2.6.2 颗粒过滤效率（PFE）

口罩对非油性颗粒的过滤效率应不小于 30%。

2.7 压力差（$\triangle P$）

口罩两侧面进行气体交换的压力差（$\triangle P$）应不大于 49Pa。

2.8 阻燃性能

口罩材料应采用不易燃材料；口罩离开火焰后燃烧时长不大于 5 秒。

2.9 微生物指标

2.9.1 非无菌型口罩应符合表 1 的要求。

表 1　口罩微生物指标

细菌菌落总数（cfu/g）	大肠菌群	铜绿假单胞菌	金黄色葡萄球菌	溶血性链球菌	真菌
≤ 100	不得检出	不得检出	不得检出	不得检出	不得检出

2.9.2 无菌型口罩经环氧乙烷灭菌，产品应无菌。

2.10 环氧乙烷残留量

无菌型口罩经环氧乙烷灭菌，其环氧乙烷残留量应不超过 10μg/g。

能力建设示例篇

3 检验方法

3.1 外观

用 3 个样品进行试验。目视检查，应符合 2.1 的要求。

3.2 结构和尺寸

用 3 个样品进行试验。实际佩戴，并以通用或专用量具测量，应符合 2.2 的要求。

3.3 鼻夹

3.3.1 用 3 个样品进行试验。目视检查并实际佩戴，应符合 2.3.1 的要求。

3.3.2 用 3 个样品进行试验。以通用或专用量具测量，应符合 2.3.2 的要求。

3.4 口罩带

3.4.1 用 3 个样品进行试验。通过佩戴检查其调节情况，应符合 2.4.1 的要求。

3.4.2 用 3 个样品进行试验。以 10N 的静拉力进行测量，持续 5 秒，结果应符合 2.4.2 的要求。

3.5 合成血液穿透试验

按照 YY 0469—2011 中 5.5 的试验方法进行试验，结果应符合 2.5 的要求。

3.6 过滤效率（BFE）

3.6.1 细菌过滤效率（BFE）

用 3 个样品进行试验。按照 YY 0469—2011 中附录 B 的试验方法进行试验，结果应符合 2.6.1 的要求。

3.6.2 颗粒过滤效率（PFE）

按照 YY 0469—2011 中 5.6.2 的试验方法进行试验，结果应符合 2.6.2 的要求。

3.7 压力差

按照 YY 0469—2011 中 5.7 的试验方法进行试验，结果应符合 2.7 的要求。

3.8 阻燃性能

按照 YY 0469—2011 中 5.8 的试验方法进行试验，结果应符合 2.8 的要求。

3.9 微生物指标

3.9.1 非无菌型口罩按照 GB 15979—2002 中附录 B 规定的试验方法进行试验，结果应符合 2.9.1 的要求。

3.9.2 无菌型口罩按照 GB/T 14233.2—2005 第 3 章规定的无菌试验方法进行试验，结果应符合 2.9.2 的要求。

3.10 环氧乙烷残留量

无菌型口罩按照 GB/T 14233.1—2008 中规定的气相色谱法进行试验，以第 9 章规定的极限浸提的气相色谱法为仲裁方法，结果应符合 2.10 的要求。

4 术语

无。

三、体外诊断产品技术要求范例

医疗器械产品技术要求编号:

C 反应蛋白测定试剂盒(磁微粒化学发光法)

1 产品规格及其划分说明

1.1 产品规格

30 测试 / 盒;50 测试 / 盒;100 测试 / 盒;2×100 测试 / 盒;5×100 测试 / 盒。

1.2 产品规格划分说明

按照试剂盒可完成的测试数来划分 30 个测试、50 个测试、100 个测试、200 个测试和 500 个测试。

2 性能指标

2.1 外观

试剂盒各组分应齐全、完整、液体无渗漏;包装标签应清晰、准确、牢固;试剂盒内组分(磁性微球除外)应为澄清的液体,无沉淀、无悬浮物、无絮状物;磁性微球悬浮液应可均匀分布,无肉眼可观察到的团聚颗粒,无异物,无块状沉淀。

2.2 装量

30 测试 / 盒、50 测试 / 盒、100 测试 / 盒、2×100 测试 / 盒和 5×100 测试 / 盒规格各组分应不少于声称的额定装量(表 1)。

表 1 五种规格各组分额定装量

组分	装量				
	30 测试 / 盒	50 测试 / 盒	100 测试 / 盒	2×100 测试 / 盒	5×100 测试 / 盒
磁性微球	1.0ml	1.5ml	2.5ml	2×2.5ml	5×2.5ml
低点校准品	1.0ml	1.0ml	1.0ml	2×1.0ml	5×1.0ml
高点校准品	1.0ml	1.0ml	1.0ml	2×1.0ml	5×1.0ml
缓冲液	5.0ml	7.0ml	12.0ml	2×12.0ml	5×12.0ml
发光标记物	7.0ml	12.0ml	22.0ml	2×22.0ml	5×22.0ml
样本稀释液	7.5ml	11.5ml	21.0ml	2×21.0ml	5×21.0ml
质控品 1	1.0ml	1.0ml	1.0ml	2×1.0ml	5×1.0ml
质控品 2	1.0ml	1.0ml	1.0ml	2×1.0ml	5×1.0ml
质控品 3	1.0ml	1.0ml	1.0ml	2×1.0ml	5×1.0ml

2.3 重复性

变异系数(CV)应 ≤ 5%。

2.4 批间差

批间相对极差(R)应 ≤ 10%。

能力建设示例篇

2.5 准确度

相对偏差应在 ±10% 范围内。

2.6 线性区间

在 [0.300，100.000]mg/L 浓度范围内，线性相关系数（r）应 > 0.9900。

2.7 空白限

空白限应 ≤ 0.010mg/L。

2.8 检出限

检出限应 ≤ 0.100mg/L。

2.9 产品校准品准确度

相对偏差应在 ±10% 范围内。

2.10 产品校准品均匀性

产品校准品均匀性（$CV_{瓶间}$）应 ≤ 5%。

2.11 质控品预期结果

质控品 1 每次测定结果应在 [0.700，1.300]mg/L 范围内，质控品 2 每次测定结果应在 [2.100，3.900]mg/L 范围内，质控品 3 每次测定结果应在 [14.000，26.000]mg/L 范围内。

2.12 质控品均匀性

质控品均匀性（$CV_{瓶间}$）应 ≤ 5%。

3 检验方法

3.1 外观

随机抽取一盒试剂，在自然光下目视检查，应符合 2.1 的要求。

3.2 装量

随机抽取一盒试剂，使用适用的通用量具测量试剂盒各组分的体积，应符合 2.2 的要求。

3.3 重复性

随机抽取一盒试剂，分别测定试剂盒配套的质控品 1、质控品 2 和质控品 3，质控品 1、质控品 2 和质控品 3 各重复测定 10 次，计算每个质控品 10 次测定结果的平均值（M）和标准差（SD），根据公式（1）计算变异系数（CV），所得结果应符合 2.3 的要求。

$$CV=SD/M \times 100\% \qquad (1)$$

式中：CV 为变异系数；SD 为测定结果的标准差；M 为测定结果的平均值。

3.4 批间差

随机抽取三批试剂盒，使用三个批号的试剂盒分别测定质控品 1、质控品 2 和质控品 3 各 10 次，计算每个质控品 10 次测定结果的平均值（X_i，i=1、2、3）及每个质控品 30 次测定结果的总平均值（X_T），根据公式（2）计算批间相对极差（R），所得结果应符合 2.4 的要求。

$$R=\frac{X_{max}-X_{min}}{X_T} \times 100\% \qquad (2)$$

式中：R 为批间相对极差；X_{max} 为 X_i 的最大值，i=1，2，3；X_{min} 为 X_i 的最小值，i=1，2，3；X_T 为每个质控品 30 次测定结果的平均值。

3.5 准确度

使用零浓度校准品将 CRP 国家标准品配制成试剂盒线性范围内 3.000mg/L、5.000mg/L 两水平准确度样本进行检测。随机抽取一盒试剂，每个样本测定 3 次，测定结果记录为 X_i，根据公式（3）计算相对偏差。如果 3 次结果都符合 2.5 的要求，即判为合格；如果大于等于 2 次的结果不符合，即判为不合格；如果有 1 次结果不符合要求，则应重新连续测试 20 次，并分别按公式（3）计算相对偏差，如果大于等于 19 次测试的结果符合 2.5 的要求，即判为合格。

$$B_i = \frac{X_i - T}{T} \times 100\% \tag{3}$$

式中：B_i 为相对偏差，%；X_i 为样本每次测定结果；T 为样本靶值。

3.6 线性区间

使用零浓度校准品将 CRP 企业校准品分别配制成理论浓度为 100.000mg/L（高值样本 H）浓度水平的样本，再将高值样本 H 按照 3.196 的稀释比例稀释得到 6 个不同浓度水平的样本（表 2）。随机抽取一盒试剂，对每一浓度水平的样本重复测定 3 次，计算测定结果均值，将测定浓度的平均值与理论浓度用最小二乘法进行直线拟合，并计算线性相关系数（r），所得结果应符合 2.6 的要求。

表 2　等稀释比例稀释获得 6 个不同浓度水平样本及其理论浓度

S=6	
1：100.000mg/L（H）	4：3.063mg/L（H/32.645）
2：31.289mg/L（H/3.196）	5：0.958mg/L（H/104.334）
3：9.790mg/L（H/10.214）	6：0.300mg/L（H/333.452）

3.7 空白限

随机抽取一盒试剂，重复测定零浓度校准品 20 次，计算 20 次测定结果的 RLU 值（相对发光值）的平均值（M）和标准差（SD），使用内部分析软件计算 $M+2SD$ 对应的浓度值，得到的浓度值即空白限，所得结果应符合 2.7 的要求。

3.8 检出限

使用零浓度校准品将 CRP 企业校准品配制成 5 份浓度为 0.100mg/L 的样本。随机抽取一盒试剂，对每份样本重复测定 5 次，对 25 个测定结果按照浓度大小进行排序，低于空白限数值（0.010mg/L）的测定结果的数量小于或等于 3 个，即可认为空白限和检出限设置基本合理，结果符合 2.8 的要求。

3.9 产品校准品准确度

向血清基质中添加校准品原料，制备低中高三浓度水平样本，使用经 ERM 标准品标化的制造商选定测量程序对其进行赋值测试，获得浓度分别为 1.000mg/L、3.000mg/L 和 20.000mg/L 的正确度控制品 1、正确度控制品 2 和正确度控制品 3。随机抽取一盒试剂，使用经产品校准品校准后的测量系统重复测定正确度控制品 1、正确度控制品 2 和正确度控制品 3 各 3 次，记录每次测定结果，根据公式（4）计算每次测定结果的相对偏差，所得结果应符合 2.9 的要求。

$$C_B = \frac{C_S - C_T}{C_T} \times 100\% \tag{4}$$

式中：C_B 为浓度相对偏差，%；C_S 为每次测定结果；C_T 为靶值浓度。

3.10 产品校准品均匀性

随机抽取同一批号的 10 瓶产品校准品，每瓶测定 1 次，计算测定结果的平均值（M_1）和标准差（SD_1）；另用上述产品校准品中的 1 瓶连续测定 10 次，计算测定结果的标准差（SD_2）；根据公式（5）计算产品校准品均匀性（$CV_{瓶间}$），所得结果均应符合 2.10 的要求。

$$S_{瓶间} = \sqrt{SD_1^2 - SD_2^2}, \quad CV_{瓶间} = \frac{S_{瓶间}}{M_1} \times 100\% \tag{5}$$

当 $SD_1 < SD_2$ 时，令 $CV_{瓶间} = 0$。

式中：M_1 为 10 瓶测定结果平均值；SD_1 为 10 瓶测定结果标准差；SD_2 为 1 瓶连续测定 10 次结果标准差。

3.11 质控品预期结果

随机抽取一盒试剂的质控品 1、质控品 2 和质控品 3，用本试剂盒重复测定 3 次，记录每次测定结果，每次测定结果均应符合 2.11 的要求。

3.12 质控品均匀性

随机抽取同一批号的 10 瓶质控品并随机编号 1~10，每瓶分别测定 3 次，3 次测定采用 1、3、5、7、9、2、4、6、8、10、10、9、8、7、6、5、4、3、2、1、2、4、6、8、10、1、3、5、7、9 的顺序进行。记录每次测定结果，按照公式（6）~（16）计算 F、S_{bb}、S_r 和 $CV_{瓶间}$。

$$SS_{瓶间} = \sum_i (x_i - \bar{x})^2 n_i \tag{6}$$

$$SS_{总和} = \sum_{ij} (x_{ij} - \bar{x})^2 \tag{7}$$

$$SS_{瓶内} = SS_{总和} - SS_{瓶间} \tag{8}$$

$$MS = \frac{SS}{v} \tag{9}$$

$$F = \frac{MS_{瓶间}}{MS_{瓶内}} \tag{10}$$

$$n_0 = \frac{1}{a-1}\left[\sum_{i=1}^{a} n_i - \frac{\sum_{i=1}^{a} n_i^2}{\sum_{i=1}^{a} n_i}\right] \tag{11}$$

$$v_1 = \alpha - 1 \tag{12}$$

$$v_2 = N - \alpha \tag{13}$$

$$S_{bb} = \sqrt{\frac{MS_{瓶间} - MS_{瓶内}}{n_0}} \tag{14}$$

$$S_r = \sqrt{MS_{瓶内}} \qquad (15)$$

$$CV_{瓶间} = \frac{S_{bb}}{\bar{x}} \qquad (16)$$

式中：SS 为方差；x_i 为指定参数第 i 次的测量或计算结果；$\bar{x}$ 为总平均值；n_i 为样品 i 重复测量次数；x_{ij} 为样品 i 的第 j 个结果；MS 为均方；v 为自由度；F 为 F 检验值；n_0 为有效测量次数；α 为抽取的样品数量；N 为测定总次数；S_{bb} 为瓶间标准差；S_r 为瓶内标准差（重复性标准差）。

当 $F \leqslant 1$ 时，以代替计算 $CV_{瓶间}$，结果均应符合 2.12 的要求。

当 $F \leqslant F_{0.05\,(v1,\,v2)}$ 时，检验结果显示瓶间均匀性无显著性差异，计算结果 $CV_{瓶间}$，结果均应符合 2.12 的要求。

当 $F > F_{0.05\,(v1,\,v2)}$、$\leqslant 0.3\delta$ 时，认为瓶间均匀性良好，计算结果 $CV_{瓶间}$，结果均应符合 2.12 的要求。

当 $F > F_{0.05\,(v1,\,v2)}$、$> 0.3\delta$ 时，认为瓶间均匀性较差，不符合 2.12 的要求。

注：δ 为目标标准偏差。

4　术语

无。

附录 A　零浓度校准品的配制

取____KH_2PO_4、____$Na_2HPO_4 \cdot 12H_2O$、____NaCl，使用纯化水溶解后再取____ml 丙三醇、____ml 牛血清、____g NaN_3、____g KCl、____硫酸庆大霉素和甘氨酸加入容器中，将体积调整至____ml，用____mol/L NaOH 溶液将 pH 值调至 7.0，即为零浓度校准品。其他体积需根据____ml 的生产，同比例增加或减少上述物质的含量。

附录 B　主要原材料

C 反应蛋白测定试剂盒（磁微粒化学发光法）使用的主要原材料包括 C 反应蛋白抗体（捕获抗体、检测抗体）和 C 反应蛋白抗原（校准品和质控品原料）。

1　C 反应蛋白抗体（捕获抗体，包被磁性微球）

原料名称为 C 反应蛋白抗体，生产商：某生物科技公司，货号为…。生物学来源为…。

2　C 反应蛋白抗体（检测抗体，ABEI 标记原料）

原料名称为 C 反应蛋白抗体，生产商：某生物科技公司，货号为…。生物学来源为…。

3　C 反应蛋白抗原（校准品、质控品原料）

原料名称为 C 反应蛋白抗原，生产商：某生物科技公司，货号为…。生物学来源为…。

附录 C　校准品溯源、质控品定值

1　校准品溯源

1.1 溯源途径的选择

根据中华人民共和国国家标准 GB/T 21415—2008/ISO 17511:2003《体外诊断医疗器械生物样品中量的测量校准品和控制物质赋值的计量学溯源性》和 EP32—R:《Metrological

Traceability and Its Implementation; A Report》规定，C 反应蛋白（CRP）具有国际约定的校准品，但无国际约定参考测量程序，为了制备有溯源性的产品校准品，我们通过 ERM 标准品对候选企业内部校准品进行赋值，获得企业校准品；再通过企业校准品对产品校准品进行赋值，最后到常规样本或质控品的测量结果，这一系列连续的步骤实现 C 反应蛋白测定试剂盒（磁微粒化学发光法）检测结果的溯源性。

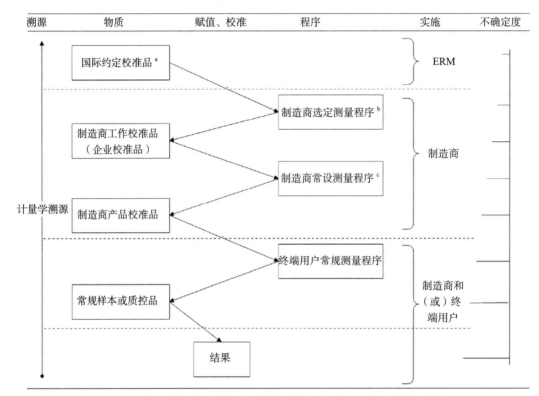

图 1　C 反应蛋白测定试剂盒（磁微粒化学发光法）校准品的溯源途径

a 国际约定校准品为 CRP ERM 标准品（DA474/IFCC）。

b 制造商选定测量程序由 CRP ERM 标准品（DA474/IFCC）–C 反应蛋白测定试剂盒（磁微粒化学发光法）– 配套适用仪器组成（型号：）。

c 制造商常设测量程序由制造商工作校准品（企业校准品）–C 反应蛋白测定试剂盒（磁微粒化学发光法）– 配套适用仪器组成（型号：）。

1.2 产品校准品赋值实施方案

本试剂盒产品校准品的赋值实施方案包括企业校准品的建立、产品校准品的制备和赋值测定两个部分。

1.2.1 企业校准品的建立

企业校准品的建立包括标准主校准品的制备与标准反应主曲线的建立、候选企业校准品的制备和赋值测定。

1.2.1.1 标准主校准品的制备与标准反应主曲线的建立

CRP ERM 标准品（DA474/IFCC）用于制备标准主校准品。

使用 C 反应蛋白测定试剂盒（磁微粒化学发光法）在配套适用仪器上分别测定制备的系列标准主校准品的相对光强度（RLU），每个浓度水平共获得

20 个测定结果。以上述制备的系列标准主校准品测定平均 RLU 为 Y 轴，系列标准主校准品浓度标示值为 X 轴，绘制标准反应主曲线。

1.2.1.2 候选企业校准品的制备

向零浓度校准品中添加校准品原料，制备候选企业校准品。

1.2.1.3 候选企业校准品的赋值测定

使用制造商选定测量程序对候选企业校准品系列稀释样本进行赋值测定。每天取候选企业校准品系列稀释样本各浓度水平 2 瓶（瓶 1 和瓶 2），瓶 1 和瓶 2 分别在 2 台配套适用仪器上进行测定，每瓶分别重复测定 5 次，连续完成 5 天的测定，每个浓度水平的候选企业校准品系列稀释样本共获得 100 个测定结果。根据候选企业校准品系列稀释样本 100 个测定结果的均值以及各系列稀释样本的累计稀释倍数，计算出候选企业校准品系列稀释样本的还原浓度及候选企业校准品浓度，完成企业校准品的赋值测定。

1.2.2 产品校准品的制备和赋值测定

1.2.1.2 候选企业校准品的制备

向零浓度校准品中添加校准品原料，制备待赋值产品校准品。

1.2.2.2 产品校准赋值测定

使用制造商常设测量程序对待赋值产品校准品进行赋值测定。

CRP 企业校准品用于试剂盒主曲线的建立。使用 C 反应蛋白测定试剂盒（磁微粒化学发光法）在配套适用仪器上分别测定 CRP 企业校准品各浓度水平的相对光强度（RLU），每个浓度水平共获得 20 个测定结果，计算 20 个测定结果的平均 RLU；以测定平均 RLU 为 Y 轴，企业校准品各浓度水平标示值为 X 轴，绘制试剂盒主曲线。

使用制造商常设测量程序测定高、低点产品校准品。高、低点产品校准品分别取 2 瓶（瓶 1 和瓶 2），每瓶（瓶 1 和瓶 2）每天分别在 2 台配套适用仪器上重复测定 5 次，连续完成 5 天的测定，每天的测定均需用企业校准品重新定标，高、低点产品校准品分别得到 100 个测定结果。计算 100 个测定结果的平均值，若平均值在预期浓度的 ±10% 范围内，则将 100 个测定结果的平均值作为该水平产品校准品的靶值；否则应重新调整产品校准品浓度直至预期浓度的 ±10% 范围内。

1.3 校准品互换性研究与验证

1.3.1 企业校准品互换性研究

1.3.1.1 测量程序选择

评估方法：某生物科技公司生产的 C 反应蛋白测定试剂盒（磁微粒化学发光法）- 配套适用仪器组成检测系统作为评估方法。

比对方法：某生物科技公司生产的 C 反应蛋白检测试剂盒（免疫比浊法）- 配套适用仪器组成检测系统作为比对方法。

1.3.1.2 样本准备

选择 20 例临床样本和配制的 n（$n \geqslant 5$）个浓度水平的制备样本。

临床样本浓度应该均匀分布于检测区间内，并覆盖制备样本的浓度范围（临床样本应包含正常人样本和病人样本）；选用的临床样本应该包含医学决定水平或参考区间水平处样本；应尽量避免使用含有已知干扰物的样本，若明确冰冻样本不影响测定亦可采用冰冻样本。

企业校准品系列稀释样本作为制备样本，制备样本的浓度应能覆盖检测区间。

1.3.1.3 测定方法

分别使用评估方法和比对方法对临床和制备样本进行随机测定，重复测定 3 批，每批每个样品测定 1 次，每批测定都需校准。

1.3.1.4 数据处理方法

首先进行测定数据离群值检查，然后对检查后数据进行数据回归分析如下。计算 20 例临床样本和制备样本的测量结果的均值或 $\log_{10}$ 转换后的测量结果的均值，进行回归（Deming Regression）分析。以评估方法结果的均值为 Y 轴，以比对方法结果的均值为 X 轴，绘制曲线。根据公式（1）计算制备样本给定 $\overline{X}_{PC}$ 值下（重复测量均值）对应预期值 $\overline{Y}_{PC\_pred}$ 的双侧 95% 置信区间的下限、上限。

$$[L,U]=\overline{Y}_{PC\_pred} \pm t\ (1-\gamma/2,\ n\ (N_H-1))\ *\hat{\sigma}\ (\overline{Y}_{PC\_pred}) \qquad (13)$$

其中：L,U 为制备样本给定 $\overline{X}_{PC}$ 值下（重复测量均值）对应预期值 $\overline{Y}_{PC\_pred}$ 的双侧 95% 置信区间的下限、上限；$\overline{Y}_{PC\_pred}$ 为制备样本比对方法测定均值（$\overline{X}_{PC}$）对应的预期值；γ 为拒绝互换性假设的一类错误的概率，一般 0.05 对应 95% 的置信区间；$\hat{\sigma}(\overline{Y}_{PC\_pred})$ 为制备样本比对方法测定均值（$\overline{X}_{PC}$）对应的预期值的预测误差标准差。

1.3.1.5 互换性研究结果判定

将制备样本给定 $\overline{X}_{PC}$ 值下（重复测量均值），对应预期值 $\overline{Y}_{PC\_pred}$ 的双侧 95% 置信区间在基于临床样本回归线两边标记出来。若制备样本的点落在预测区间线条之外，则说明存在基质效应。若制备样本的点在置信区间内，则表明不存在基质效应。若结果显示制备样本和临床样本不存在基质效应，可以进行后续的校准品赋值；若存在基质效应，应优化制备样本的配方或采取其他方法消除基质效应后，才可以进行后续试验。

1.3.2 产品校准品互换性验证

1.3.2.1 测量程序选择

评估方法：某生物科技公司生产的 C 反应蛋白测定试剂盒（磁微粒化学发光法）– 配套适用仪器组成检测系统作为评估方法。

比对方法：某生物股份科技公司生产的 C 反应蛋白检测试剂盒（免疫比浊法）– 配套适用仪器组成检测系统作为比对方法。

1.3.2.2 样本准备

来源于不同人的临床样本。临床样本浓度应该均匀分布于检测区间内。

1.3.2.3 测定方法

按照上述要求选择 100 例临床血清样本，试验分 5 天进行，每天选择 20 个样本，按 1 到 20 的顺序编号。按照 1、2、3、4、5、6、7、8…17、18、19、20 和 20、19、18、17…8、7、6、5、4、3、2、1 的样本顺序进行测定，同一样本在两个系统间的测定间隔应在 2 小时内。用两种方法同时进行试验，每例样本测定 2 次。

1.3.2.4 数据处理方法

首先对测定数据进行方法内、方法间离群值检查，然后对检查后数据进行数据行为分析、回归分析和假设检验和偏倚估计，如下。

绘制差值图和百分比差值图观察数据分布，以判断采用 Deming 回归或者 Passing–Bablok 回归分析。

确定好回归分析方法后，绘制散点图并对数据进行回归分析，并得出回归方程，决定系数（R^2）以及斜率和截距的 95% 置信区间。然后对回归方程中的斜率 b 和截距 a 进行假设检验。并计算给定的医学决定水平（X_c）或参考区间处的预期偏倚（$\hat{B}_c$）以及 95% 的置信区间。

1.3.2.5 互换性验证接收准则

待评价试剂和比对试剂的决定系数 $R^2 \geqslant 0.95$；且医学决定水平处或参考区间处的偏倚以及 95% 置信区间在临床可接受的偏倚限值范围内。则认为产品校准品的互换性得到验证。

注：对后续生产的批次，在产品校准品的均匀性和稳定性得到足够的证明，可在最初进行全面验证后，减少对后续生产批次的验证。

四、独立软件产品技术要求范例

医疗器械产品技术要求编号：

产科中央监护管理软件

1　产品型号 / 规格及其划分说明

1.1 软件型号规格

型号分为 S1、S2、S3，各型号划分说明：

型号	母胎数据	镇痛数据	远程连接	HIS 连接	PC 客户端	手机客户端	最大子机连接数
S1	√	√	√	√	64	10	200
S2	√	√	×	×	1	1	16
S3	√	√	√	√	5	5	200

软件发布版本：V2。

1.2 软件命名规则

1.2.1 软件发布版本命名规则

V<u>X</u>。

1.2.2 软件完整版本命名规则

VX　Y　Z　B。

1.2.3 软件完整版本的各字段含义

V 表示版本号前缀，Version 的首字母。

X 表示主版本号，表示重大增强类软件更新及重大网络安全更新。

Y 表示次版本号，表示轻微增强类软件更新及轻微网络安全更新。

Z 表示补丁版本号，表示纠正类软件更新。

B 表示编译版本号，表示构建。

2　性能指标

2.1 通用要求

2.1.1 运行环境

2.1.1.1 硬件配置

客户端 硬件配置	PC 端配置： 　CPU 主频：≥ 2.4GHz 　内存：≥ 4GB 　硬盘驱动器：≥ 500GB 　鼠标和键盘：USB 接口，兼容 Windows 系统 　显示器：分辨率 1280×1024 或以上 　打印机：兼容 Windows 系统 　扬声器：最高声压等级 86dB ± 3dB，频率响应范围 200Hz~20kHz，具备冗余扬声器设计 　　　　　及 LED 电源指示灯 手机端的配置： 　屏幕大小：≥ 6.44 英寸 　主屏分辨率：1920×1080 像素 　最低亮度：450nit
服务器 硬件配置	CPU 主频：≥ 2.4GHz 内存：≥ 4GB 硬盘驱动器：≥ 500GB 鼠标和键盘：USB 接口，兼容 Windows 系统 显示器：分辨率 1280×1024 或以上

2.1.1.2 软件环境

软件环境	操作系统：Win7、Win8、Win10、安卓操作系统或 Win Server 2012

2.1.1.3 网络条件

网络条件	TCP/IP，符合 DICOM3.0 标准的网络环境
有线网络	IEEE 802.3，RJ–45 网络接口
无线网络	IEEE 802.11b，IEEE802.11n，IEEE802.11g 无线协议
数据吞吐量	> 128kbs

2.1.2 处理对象

本软件对床边机所获取的心电（ECG）、呼吸（RESP）、体温（TEMP）、脉搏血氧饱和度（SpO_2）、脉搏率（PR）、无创血压（NIBP）、胎心率（FHR）、宫缩压力（TOCO）及胎动（FM/AM）生物体征参数和信息进行集中监测。

2.1.3 最大并发数

    2.1.3.1 患者数

        软件可同步实时监测的床边监护仪最大数量为 200 台（S2 最大数量为 16 台）。

    2.1.3.2 用户数

        软件可支持多个客户端，最大可支持 64 个 PC 客户端（S2 只支持 1 个，S3 最大支持 5 个），最大可支持 10 个手机客户端（S2 只支持 1 个，S3 最大支持 5 个）。

2.1.4 数据接口

    有线接口：IEEE 802.3，RJ-45，网络接口；USB2.0 或 USB3.0。

    无线接口：IEEE 802.11b,IEEE802.11n,IEEE802.11g。

2.1.5 特定软硬件

    本软件与××××有限公司生产的床边监护仪配合使用（型号：），也可与部分进口品牌床边监护仪配合使用。

2.1.6 临床功能

    2.1.6.1 软件可对心电（ECG）、呼吸（RESP）、体温（TEMP）、脉搏血氧饱和度（SpO$_2$）、脉搏率（PR）、无创血压（NIBP）、胎心率（FHR）、宫缩压力（TOCO）及胎动（FM/AF）体征数据及临床操作事件、报警等信息进行中央监护、显示、储存和打印。

    2.1.6.2 多中心监护

        软件支持多个客户端，每个客户端都可进行实时监护、档案查看回顾、档案编辑等功能，实现院内信息互联互通；客户端可支持 PC 端及手机端两种。

    2.1.6.3 支持同屏多床位显示

        PC 端：产科中央监护管理软件同屏可显示多个监护区域，每个区域可支持 1、2、4、6、9、16 多种床位同时显示实时参数和波形信息。

        PC 端可支持扩展多个屏幕同时显示，不同屏幕可显示不同内容。

        手机端：单屏可选择任意床位观察实时参数和波形信息。

    2.1.6.4 双向控制功能

        产科中央监护管理软件应能远程控制选定的床边监护仪，同时床边监护仪也能控制产科中央监护管理软件，双向控制功能包括更改信息、开始、停止、宫缩调零、报警复位、报警静音等。

    2.1.6.5 实时分析功能

        软件应具备实时分析功能，满足报警值时应能报警，同时可以自动分析标记胎监图形特征点。

    2.1.6.6 基础分析功能

        PC 端：软件应具备基础分析功能，应可进行 Fischer、Krebs、NST、CST 四种评分法评分，并具有减速类型面积分析法，具备短变异分析功能。

能力建设示例篇

2.1.6.7 高级分析功能

　　PC 端：软件应具备高级分析功能，具备专家系统分析功能，应有短变异、胎动、胎心率基线随孕周的变化，应能显示胎儿主要参数的变化趋势，并具备胎心率曲线分析功能。

2.1.6.8 三类评分功能

　　PC 端：软件应具备三类评分功能，具有 NST 和 CST 两种分类评分法，支持自动分析诊断，多种打印模板可选。

2.1.6.9 胎监图辅助分析工具

　　PC 端：软件具备胎监图辅助分析工具，包含有曲线放大镜，加速、细变异及减速等辅助分析测量工具。

2.1.6.10 报警功能

　　产科中央监护管理软件应具有声、光报警功能，报警分为技术报警和生理报警，软件报警信息与床边监护仪的信息一致。

2.1.6.11 报警静音和暂停

　　软件应具有报警静音和报警暂停功能。

2.1.6.12 产程事件记录功能

　　具备血压、胎心、宫缩压力、羊水、胎膜、宫口扩张、胎头先露、胎儿娩出信息等记录功能。

2.1.6.13 时间同步功能

　　支持对联网的子机（胎监机等）时钟自动同步校准，确保时钟的准确性。

2.1.6.14 HIS 系统对接功能（S2 不适用）

　　PC 端：支持与 HIS 系统对接，快速获取孕妇信息及上传报告。

2.1.6.15 远程胎监对接功能（S2 不适用）

　　软件可同步远程胎监的档案至本地。

2.1.6.16 档案管理功能

　　软件可以建立病人档案，编辑每个病人的基本信息，可以查询、删除档案，通过档案管理工具可以实现档案的备份及还原。

2.1.6.17 存储回顾功能

　　软件应具有血压列表、报警记录、趋势、历史数据、波形的回顾功能。

2.1.6.18 监护时长及提醒设置

　　软件应具有监护时长设置及提醒功能，时长可以自由设置。

2.1.6.19 打印功能

　　软件应支持外置打印机，应能打印显示屏上显示的病人信息、胎心率、宫缩压力、胎动、心电、脉搏、无创血压等信息。

2.1.6.20 孕妇自助建档功能

　　软件支持孕妇手机自助建档生成二维码，通过扫码枪扫码录入孕妇信息。

2.1.6.21 转床功能

　　软件支持当前窗口床位的孕妇信息及胎监曲线一键转床至其他床位窗口。

2.1.6.22 床位分组管理功能

床位分组管理功能软件支持进行床位的自由分组，可以将子机分成多组进行管理，如重症监护区、待产区、产房区等。

2.1.6.23 断点续传功能

软件支持对子机设备断网后丢失的数据进行续传补点，保证曲线的完整性。

2.1.7 使用限制：使用文本的字符长度及有效范围

	内容	字符长度	数值有效范围
信息编辑框文本	HIS ID 文本框	无限制	
	床号	20	
	姓名	36	
	孕周	2	≤ 50
	出生日期	4/2/2	
	住院号	20	
	G/P	2/2	
	门诊号	20	
	电话	20	
	备注	100	

2.1.8 用户访问控制

进入操作软件时，应输入密码方能进入，登录用户采用分级管理，分为系统管理员、操作人员、观察人员。不同级别用户均可进入 2.1.6 所指定的全部临床功能，用户区别主要在于可进入不同的设置和管理功能。

2.1.9 版权保护

采用 USB 密钥对软件进行保护，未插入密钥时，软件无法启动并会提示插入加密狗。连续超过 3 秒未读取到加密狗信号，加密狗会发出报警声响。

2.1.10 用户界面

形式：图形界面。

界面组成：床位列表界面、监护信息显示界面、档案管理界面、曲线分析界面、打印界面、系统设置界面。

2.1.11 消息

2.1.11.1 软件应具有监护报警消息、技术报警消息。

2.1.11.2 软件客户端登录无法连接到服务器，会提示应有的错误信息。

2.1.11.3 软件启动过程中未检测到加密狗，会提示应有的错误信息。

2.1.11.4 软件服务端未能正常运行时，加密狗会自动报警提醒。

2.1.12 可靠性

软件与床边监护仪进行数据通讯时，需要保证两边数据曲线波形、数值传输保持一致。

设备意外掉电不影响数据的储存，重启后设备能保持在故障前的工作状态。

网络传输或者数据存储过程中，丢弃的实时数据达到 10 秒，会提示断网。

2.1.13 维护性

监控：对孕妇档案进行修改、删除等操作时，后台会进行记录；服务器软件的启动和停止，后台会进行记录。

日志：对监控的操作发生时后台会进行日志文件记录。

2.1.14 效率

2.1.14.1 基于 2.1.1 的软件运行环境时，当软件与床边监护仪通过无线通信设备连接时，系统接收床边监护仪的延时时间应在 3 秒内。

2.1.14.2 基于 2.1.1 的软件运行环境时，软件在运行后不需要配置，将在 1 分钟内自动与可连接的监护仪连接。

2.2 质量要求

产科中央监护管理软件符合 GB/T 25000.51—2016 第 5 章（5.3.9~5.3.13 除外）的要求。

2.3 专用要求

产科中央监护管理软件符合 YY 0668—2008 的 51 条款（危险输出的防止）、YY 1079—2008 的 4.2.8.1、4.2.8.5、4.2.8.6、4.2.8.7、4.2.8.9 条款（对具有心电图波形显示能力的监护仪的特殊要求）。

2.4 安全要求

产科中央监护管理软件的安全要求符合 YY 0709—2009 的要求。

3 试验方法

3.1 通用要求试验

3.1.1 运行环境试验配置

按 2.1.1 的要求进行软硬件运行环境的配置。

3.1.2 处理对象试验

将产科中央监护管理软件与母亲胎儿监护仪联网，母亲胎儿监护仪接上带呼吸仿真的 ECG 仿真器、NIBP 仿真器、血氧仿真器、胎心模拟装置，将母亲胎儿监护仪体温探头放入可调恒温水槽；设置 ECG 仿真器心率 120 次 / 分钟、呼吸率 30 次 / 分钟，NIBP 仿真器 SBP/DBP/MBP 分别为 150mmHg/95mmHg/114mmHg，血氧仿真器的血氧饱和度为 95%、脉率为 120 次 / 分钟，胎心模拟装置设置为 90 次 / 分钟、120 次 / 分钟，调节可调恒温水槽的水浴温度为 36℃；母亲胎儿监护仪开始监护、启动血压测量，母亲胎儿监护仪能测量各个参数，按动胎动按钮，观察产科中央监护管理软件显示结果，应符合 2.1.2 要求。

3.1.3 最大并发数

使用负载测试工具，模拟子机数量 200 台进行并发量进行测试；用多台电脑共打开 64 个客户进行并发量测试，软件可以正常运行，结果应符合 2.1.3 要求。

3.1.4 数据接口

3.1.4.1 硬件接口

将软件和床边机分别通过有线接口和无线接口连接到网络，两者可以实现数据交换和双向控制。

3.1.4.2 软件接口

将文件拷贝到对应文件夹，软件应能查看，结果应符合 2.1.4 的要求。

3.1.5 特定软硬件

软件与某有限公司生产的电脑胎儿监护仪、母亲胎儿监护仪、胎儿监护神经和肌肉刺激仪通过有线或无线网络连接，进行单床观察功能操作，结果应符合 2.1.5 要求。

3.1.6 临床功能

3.1.6.1 将产科中央监护管理软件与母亲胎儿监护仪联网，按照 3.1.2 的操作，软件对体征数据进行监护、显示、储存和打印。结果应符合 2.1.6.1。

3.1.6.2 多中心监护

将软件连接到 PC 端及手机端的多个客户端，进行实时监护、档案查看回顾、档案编辑操作，结果应符合 2.1.6.2。

3.1.6.3 支持同屏多床位显示

产科中央监护管理软件在 PC 端设置同屏显示，在手机端选择任意床位显示，结果应符合 2.1.6.3。

3.1.6.4 双向控制功能

产科中央监护管理软件与母亲胎儿监护仪连接，分别对软件和监护仪进行互相控制操作，包括更改信息、报警控制、开启和关闭操作、打印，结果应符合 2.1.6.4。

3.1.6.5 实时分析功能

软件开始监护一段时间后，会对胎心数据进行自动分析，通过客户端胎心监护界面查看实时分析结果，结果应符合 2.1.6.5 要求。

3.1.6.6 基础分析功能

对于监护时间超过 20 分钟的档案（Krebs 分析需超过 30 分钟），点击客户端监护界面的曲线分析按钮，弹出基本分析、高级分析、三类评分，选择基本分析进入基本分析界面，选择右侧列表的 Fischer、Krebs、NST、CST 按钮分别选择 Fischer、Krebs、NST、CST 四种评分法进行评分；选择一段胎心曲线和宫压曲线自动进行减速类型面积分析；拖动胎心曲线和宫压曲线下的滚动条来选择开始分析的位置，点击左下角的重新分析按钮进行短变异分析，结果应符合 2.1.6.6 要求。

3.1.6.7 高级分析功能

对于监护时间超过 20 分钟的档案，点击客户端监护界面的曲线分析按钮弹出基本分析、高级分析、三类评分菜单，选择高级分析进入高级分析界面，点击趋势图按钮弹出趋势图界面，可查看短变异、胎动、胎心率基线随孕周的变化曲线和胎儿主要参数的变化趋势；结果应符合 2.1.6.7 的要求。

3.1.6.8 三类评分功能

对于监护时间超过 20 分钟的档案，点击客户端监护界面的曲线分析按钮，弹出基本分析、高级分析、三类评分菜单，选择三类评分进入分析界面，选择右侧列表的 CST 和 NST 两类评分法，选择一段胎心曲线和宫压曲线自动进行减速类型面积分析；结果应符合 2.1.6.8 要求。

3.1.6.9 胎监图辅助分析工具

双击放大监护过程或已完成的胎监窗口，鼠标右键选择辅助分析工具，有加速、减速、细变异等测量工具可选，结果应符合 2.1.6.9。

3.1.6.10 报警工作

软件应具有技术报警、生理报警显示功能，通过实际操作和观察来检查，结果应符合 2.1.6.10 的要求。

3.1.6.11 报警静音和暂停

点击监护主界面系统设置按钮，点击报警静音，暂停 120 秒报警，点击报警暂停，开始出现 120 秒倒计时，结果应符合 2.1.6.11 的要求。

3.1.6.12 产程事件记录功能

点击客户端档案管理界面，系统开始监护并建立档案，点击客户端监护界面的事件记录按钮进入，在相关信息栏内输入血压、胎心、宫缩、羊水、胎膜、宫口开口、胎头先露、胎儿娩出信息并保存，通过打印或预览应能生成电子产程图，结果应符合 2.1.6.12 要求。

3.1.6.13 时间同步功能

子机开机联网至产科中央监护管理软件后，判断时间差异有两分钟以上，自动同步电脑时间至子机端，结果应符合 2.1.6.13。

3.1.6.14 HIS 系统对接功能（SRF618S2 不适用）

产科中央监护管理软件对接 HIS 系统后，点击窗口的编辑按钮，通过输入病人唯一标识（由用户定义唯一标识），即可获取孕妇信息，监护完成打印报告即可上传报告至 HIS 端，结果符合 2.1.6.14。

3.1.6.15 远程胎监对接功能（SRF618S2 不适用）

家庭胎监子机在手机端点击上传档案，系统会自动同步档案至本地保存，通过点击档案管理，可以选择对应档案进行分析打印；结果应符合 2.1.6.15。

3.1.6.16 档案管理功能

进入软件监护界面，点击编辑档案按钮，进入编辑界面，可点击"新建"按钮新建档案，也可点击"调入"按钮跳入历史档案，编辑每个病人的基本信息；点击档案管理标签，进入档案管理界面，通过实际操作查询、删除档案。

数据备份：打开档案管理工具 Navicat Premium，选择当前使用的数据库双击打开，双击打开"srdb"文件后选择右键，点击转储 SQL 文件，选

能力建设示例篇

择结构和数据，选择保存路径后点击开始。

数据还原：打开档案管理工具 Navicat Premium，选择当前使用的数据库双击打开，双击打开"srdb"文件后选择右键，点击运行 SQL 文件，选择还原的文件路径后点击开始。

上述结果应符合 2.1.6.16 的要求。

3.1.6.17 存储回顾功能

通过查看档案信息来检查，结果应符合 2.1.6.17 的要求。

3.1.6.18 监护时长及提醒设置

进入软件监护界面，点击监护设置按钮进入监护设置界面，可以设置监护时长；点击功能设置，进入 CTG 设置，选择 CTG 语音设置，可设置监护时长提示；结果应符合 2.1.6.18 的要求。

3.1.6.19 打印功能

软件连接打印机，进入监护界面，选择需要打印的报告文档，点击打印报告按钮，可打印当前监护信息，结果应符合 2.1.6.19 的要求。

3.1.6.20 孕妇自助建档功能

通过手机扫码进入孕妇二维码生成界面，填写孕妇资料生成二维码，通过系统扫码枪扫码完成资料录入，结果应符合 2.1.6.20。

3.1.6.21 转床功能

选择需要转床的床位，先停止监护后点击转床功能，选择需要转至的子机号，点击确定，即可将当前的床位信息及曲线转至新的床位，结果应符合 2.1.6.21。

3.1.6.22 床位分组管理功能

用户在软件设置创建分组名称，选择子机分配至对应分组，主界面会按照用户的设置显示排列，结果应符合 2.1.6.22。

3.1.6.23 断点续传功能

将联网子机处于断网状态几分钟，然后重新连接子机至软件，软件可以续传标记丢失的曲线。

3.1.7 使用限制：使用文本的字符长度及有效范围

选择床位窗口，点击编辑档案按钮，弹出编辑框文本进行填写，其中：

HIS ID 文本框字符长度可以无限制输入；

床号文本框可以输入 20 个字符长度内容；

姓名文本框可以输入 36 个字符长度内容；

孕周文本框可以输入 2 个字符长度内容，有效文本框值不能 > 50；

出生日期文本框，年对应 4 个字符长度内容，月对应 2 个字符长度内容，日对应 2 个字符长度内容；

住院号文本框可以对应输入 20 个字符长度内容；

G/P 文本框可以分别对应输入 2 个字符长度内容；

门诊号文本框可以输入 20 个字符长度内容；

能力建设示例篇

电话文本框可以输入 20 个字符长度内容；

备注文本框可以输入 100 个字符长度内容；

手动输入超出上述范围的内容，软件出现错误提示，结果应符合 2.1.7。

3.1.8 用户访问控制

进入操作系统时，输入不同登录用户的账号和密码结果应符合 2.1.8 的要求。

3.1.9 版权保护

进入登录界面，不插入加密狗，输入账号和密码登录，应无法实现登录；第二次登录插入加密狗，输入账号和密码登录，成功登陆监护界面后，拔出加密狗，检测结果应符合 2.1.9 的要求。

3.1.10 用户界面

进入监护界面，通过实际操作来验证，结果应符合 2.1.10 的要求。

3.1.11 消息

3.1.11.1 软件在监护过程中，当监护参数超过正常范围时，软件会有越限的监护报警信息；如果是设备问题，则会有技术报警的消息。

3.1.11.2 软件客户端启动时，如果未连接到服务器，会弹窗提示"没有可用的服务器"。

3.1.11.3 软件启动过程中，若软件未检测到加密狗，会弹窗提示"not found usb dog"。

3.1.11.4 软件服务端关闭后，处于死机状态时，报警加密狗会发出报警声音消息。

上述结果应符合 2.1.11。

3.1.12 可靠性

设备正常运行过程中，取三个时间段的最大值，对比子机和软件两边的数据数值需要保持一致；当监护结束后，对比软件和子机端的监护曲线波形和监护时长需要保持一致。

设备在正常运行的过程中，进行断电或关闭软件，重新启动后，档案需保证不丢失，同时之前连接的设备需保持断电或关闭软件之前的状态正常运行。

将子机联网信号断开，10 秒后软件会提示"子机断线"，当子机设备重新联网后，软件会重新续传断线部分的曲线内容，结果应符合 2.1.12。

3.1.13 维护性

档案管理对孕妇档案进行修改或删除后，D:\Sunray\SRF618S\Client\Log 路径会进行记录。

服务器启动关闭后，D:\Sunray\SRF618S\Server\MonitorLog 路径会进行相应记录。结果应符合 2.1.13。

3.1.14 效率

3.1.14.1 基于 2.1.1 的软件运行环境时，将软件与母亲胎儿监护仪通过无线通信设备连接，记录软件接收监护仪信号的时间，结果应符合 2.1.14.1 要求。

3.1.14.2 基于 2.1.1 的软件运行环境时，软件在运行后，不需要配置，查看 1 分钟内系统能否自动与可连接的监护仪连接，结果应符合 2.1.14.2 要求。

3.2 质量要求

根据 GB/T 25000.51—2016 第 5 章的要求进行试验，结果应符合 2.2 要求。

3.3 专用要求

产科中央监护管理软件按 YY 0668—2008 的 51 条款（危险输出的防止）、YY 1079—2008 的 4.2.8 条款（对具有心电图波形显示能力的监护仪的特殊要求）进行试验，结果应符合 2.3 要求。

3.4 安全要求

产科中央监护管理软件的安全按 YY 0709—2009 的要求进行试验，结果应符合 2.4 要求。

4　术语

无。

附录 A

A.1 体系结构图及必要注释

A.1.1 体系结构主要分为三层：

设备层组成：设备层包含了数据采集器和网络控制器，主要是对子机设备的数据进行采集及传输至中间层。

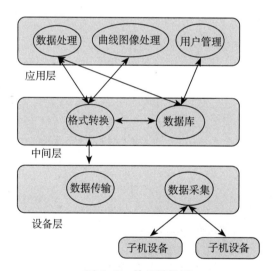

图 A.1　体系结构图

中间层组成：中间层是产科中央监护管理软件服务端及数据库，主要是对数据的解析转发至应用层，数据库进行数据的保存。

应用层组成：应用层是产科中央监护管理软件客户端，主要将数据以图像的形式显示，进行用户交互操作。

A.2 用户界面关系图及必要注释

A.2.1 软件主界面主要分为三大区：床位列表区、监护区、系统设置区。

A.2.1.1 床位列表区主要是显示当前上线的子机的编号，点击子机编号可弹出监护区的床位窗口。

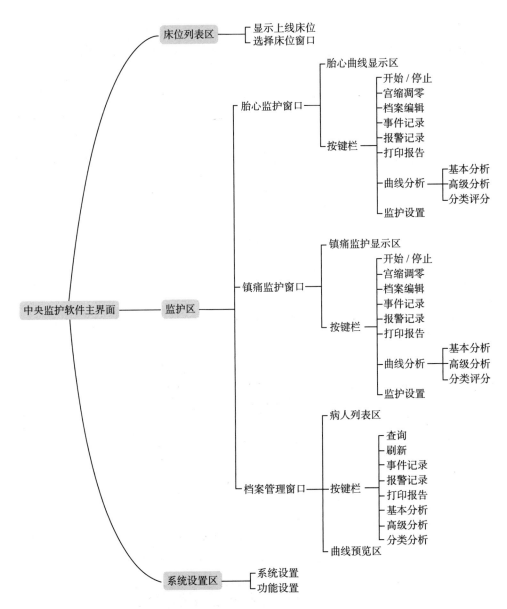

图 A.2 用户界面关系图

A.2.1.2 监护区，具有胎心监护窗口、镇痛监护窗口、档案管理窗口几个模块，胎心和镇痛监护窗口具有监护显示区及按键栏，按键栏可操作当前床位的其他按键功能；档案管理窗口分为病人列表区、按键栏和曲线预览区，从病人列表区选择对应孕妇，按键栏可对当前孕妇的监护信息进行操作，曲线预览区则显示当前孕妇胎监曲线。

A.2.1.3 系统设置区，主要分为系统设置和功能设置，系统设置主要是管理员对软件系统参数进行调整的功能，功能设置主要是操作人员对临床功能的设置。

A.3 物理拓扑图及必要注释

A.3.1 服务端作为中间层，主要是接收联网设备采集的子机设备数据，然后进行数据解析转发给工作站进行显示。

　　A.3.2 服务器接收远程子机设备档案至服务端，工作站可以进行调档查看。

　　A.3.3 服务端数据可同步至服务器，服务端之间可互相查看数据。

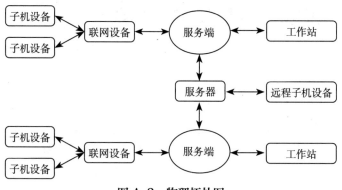

图 A.3　物理拓扑图

（编写：韩芝斌、赵嘉宁、张云、罗庆祥）

第十六章
医疗器械检验设备参考目录

国家药监局于 2019 年发布的《医疗器械检验检测机构能力建设指导原则》（国药监科外〔2019〕36 号），是指导医疗器械检验检测机构能力建设的通用性指南。指导原则中按照基础实验室、专业实验室和特殊实验室三大类共 22 小类分别列出了实验室建设所需的基本仪器设备，详见下表。

序号	仪器设备名称	序号	仪器设备名称
一、基础实验室		18	恒温水浴箱
1. 生物安全性评价检验实验室		19	恒温水浴摇床
1	DNA 序列分析仪	20	混合器
2	氨基酸分析仪	21	基因扩增仪
3	包埋机	22	搅拌器
4	冰箱	23	菌落计数仪
5	超低温冰箱	24	烤片机
6	超声波清洗器	25	离心机
7	纯水仪	26	离心机（低温高速）
8	倒置显微镜	27	酶标仪
9	低温冰箱	28	尿分析仪
10	电动吸引器	29	培养箱
11	电解质分析仪	30	切片机
12	电泳仪	31	染色机
13	电子天平	32	生化分析仪
14	动物手术台	33	生物安全柜
15	二氧化碳培养箱	34	手术无影灯
16	高压灭菌器	35	水浴箱
17	鼓风干燥箱	36	摊片机

续表

序号	仪器设备名称	序号	仪器设备名称
37	脱水机	65	动物麻醉监护仪
38	细胞计数仪	66	麻醉机
39	显微镜（解剖镜）	67	热原仪
40	血糖仪	68	纯水系统
41	血小板分析仪	69	骨钻
42	血小板聚集分析系统	70	流式细胞仪
43	血液分析仪	71	全自动血凝分析仪
44	摇床	72	洗板机
45	摇床（空气浴）	73	比浊仪
46	液氮冷却系统	74	微型集菌仪
47	移液器	75	细菌内毒素测定仪
48	荧光显微镜	76	微生物限度检验设备
49	振荡器	77	生化培养箱
50	紫外－可见分光光度计	78	旋转培养器
51	自动封片机	79	血泵
52	粒度分析仪	80	旋涡混匀器
53	控温多用高速组织捣碎机	81	超净工作台
54	细胞组织破碎仪	82	病理切片扫描仪
55	均浆机	83	活细胞成像分析系统
56	热重分析仪	84	全自动微核扫描分析系统
57	差热／热重分析仪	**2. 电气安全检验实验室**	
58	气相色谱仪	1	变压器变频变压测试仪
59	液相色谱仪	2	冲击试验机
60	黏度计	3	除颤效应检测仪
61	红外分光光度计	4	粗鲁搬运试验工装
62	X射线衍射仪	5	存储示波器
63	冰柜	6	电参数测量仪
64	动物呼吸机	7	电容测量仪

序号	仪器设备名称	序号	仪器设备名称
8	电源线防护套弯曲试验装置	36	维卡软化测试仪
9	电源线拉力扭转试验装置	37	温度测试角
10	辐射计	38	泄漏电流测量仪
11	辐射剂量率仪	39	压力控制器件寿命测试工装
12	富氧环境装置	40	医用漏电流测试仪
13	刚度测试装置	41	医用设备提手加载装置
14	高低温试验箱	42	在线绕组温升测试系统
15	高压探头	43	蒸汽灭菌器
16	红外黑体炉	44	数字压力表
17	火花点燃试验工装	45	数字功率计
18	接地电阻测试仪	46	便携式数字万用表
19	精密度声级计	47	数字电容表
20	绝缘电阻测试仪	48	手持数字多用表
21	漏电起痕测试仪	49	交流稳压电源
22	脉冲发生器	50	单相高频电流表
23	耐压测试仪	51	单相高频电压表
24	扭矩仪	52	热成像仪
25	爬电距离量规	53	保护接地阻抗测试仪
26	钳形电流表	54	接地阻抗测试仪
27	球压试验装置	55	信号发生器
28	人体重量的静力试验工装	56	高频高压绝缘测试系统
29	设备稳定实验装置	57	高频变压器
30	剩余电压测量仪	58	高频电压表
31	水平-垂直燃烧试验机	59	中性电极极板接触阻抗测试仪
32	水压试验机	60	变频电源
33	推拉力计	61	便携式安全分析仪
34	推力测试工装	62	稳定性试验台
35	微波漏能测试仪	63	防进液试验装置（IPX1~IPX7）

续表

序号	仪器设备名称	序号	仪器设备名称
64	声级计	15	纯水仪
65	插拔力试验机	16	磁性法镀层厚度仪
3. 环境试验检验实验室		17	刺穿力仪
1	高低温试验箱	18	电导率仪
2	人工气候箱	19	电感耦合等离子体发射光谱仪（ICP/AES）
3	冲击碰撞试验台	20	电感耦合等离子体质谱仪
4	振动试验台	21	电子拉力仪（500N）
5	运输颠簸试验台	22	电子天平
6	恒温恒湿箱	23	负压抽吸装置
7	太阳辐射试验箱	24	负压密合仪
8	快速温度变化测试箱	25	干燥箱
9	醋酸盐雾试验机	26	刚性测试仪
10	IP 防护等级砂尘试验箱	27	高压灭菌器
4. 手术医疗器械检验实验室		28	恒温恒湿箱
1	XRD–XRF 联用仪	29	红外碳硫分析仪
2	X 射线光谱测厚仪	30	激光波长仪
3	X 射线机	31	激光功率能量计
4	避孕套爆破容量仪	32	激光性能检测仪
5	避孕套环切刀具	33	金相分析仪
6	避孕套长度测定专用工具	34	拉力试验机
7	避孕套针孔检测仪（电检）	35	离心机
8	避孕套针孔漏水试验仪	36	连接牢固度实验仪
9	表面粗糙度检测仪（轮廓法）	37	鲁尔圆锥接头综合性能测定仪
10	材料试验机	38	麻醉针流量测定装置
11	超净工作台	39	马弗炉
12	超声仪	40	密封性测试仪
13	尘埃粒子测定仪	41	耐压（渗透）仪
14	澄明度测定仪	42	扭力计

能力建设示例篇

序号	仪器设备名称	序号	仪器设备名称
43	培养箱	71	硬度计（布氏）
44	气相色谱仪	72	原子发射光谱仪（AES）
45	韧性试验仪	73	原子吸收分光光度计
46	熔接牢固度试验仪	74	圆跳动仪
47	扫描电子显微镜	75	针管连接牢固度测定仪
48	生物安全柜	76	针管韧性测试仪
49	声场固定装置	77	真空度表
50	声级计	78	制样打磨设备
51	输液针针尖锋利度仪	79	质量流量计
52	数显自控温急变仪	80	注射器抽吸试验装置
53	数字测振仪	81	注射器滑动性能检测仪
54	水法真空箱	82	注射器密合性检测仪（负压）
55	水压试验机	83	注射器密合性检测仪（正压）
56	水浴箱	84	注射针针尖锋利度测试仪
57	酸度计	85	紫外-可见分光光度计
58	通风柜	**5. 医用材料检验实验室**	
59	微波消解仪	1	圆锥接头性能测试仪
60	微粒分析仪	2	pH 计
61	涡流法镀层厚度仪	3	TOC 分析仪
62	无针注射器性能检测仪	4	氨基酸分析仪
63	显微镜	5	白度仪
64	线热膨胀仪	6	比旋光度仪
65	旋转蒸发仪	7	避孕套用测试样本切割工装
66	压力表	8	表面张力仪
67	氧氮氢分析仪	9	冰点渗透压计
68	液相色谱仪	10	冰箱
69	应力仪	11	材料试验机
70	硬度计	12	超纯水机

续表

序号	仪器设备名称	序号	仪器设备名称
13	超净工作台	41	干燥器
14	超声波清洗器	42	高压灭菌器
15	尘埃粒子计数器	43	恒温水浴锅
16	澄明度测定仪	44	红外分光光度计
17	持粘性、剥离力测试工装	45	环境试验箱
18	垂直法燃烧性能测试仪	46	集菌仪
19	蛋白电泳仪	47	接头锁接可靠性试验装置–手持式
20	导管滑动性能试验装置	48	接头锁接可靠性试验装置–台式
21	导管连接强度试验装置	49	静电消除性能测试仪
22	导管泄露测试装置	50	静压流量测试工装
23	导尿管球囊可靠性	51	口罩合成血穿透性试验装置
24	低阻力注射器滑动性能测试仪	52	口罩密合性测试设备
25	电导率仪	53	口罩总泄漏率检测装置–舱室
26	电动振筛机	54	老化试验箱
27	电感耦合等离子体光谱仪	55	冷藏箱
28	电感耦合等离子体质谱仪	56	离心机
29	电热恒温干燥箱	57	离心机（低温高速）
30	电位滴定仪	58	离子色谱仪
31	电子天平	59	理化培养箱
32	顶破强度试验装置	60	连接牢固度测试仪
33	翻滚烘干机	61	马弗炉
34	防护服抗皮下穿刺针穿刺性能测试仪	62	酶标仪
35	防护服透湿性能测试工装	63	密封性测试仪
36	缝合针切割力测试仪	64	摩擦带电电荷量测试仪
37	缝合针韧性和弹性测试仪	65	耐磨起球测试仪
38	缝合针针尖穿刺力和强度测试仪	66	凝胶色谱仪
39	缝合针针尖刺穿力测试仪	67	扭曲测试仪
40	干态落絮试验仪	68	培养箱

能力建设示例篇

续表

序号	仪器设备名称	序号	仪器设备名称
69	气动切割机	97	微粒分析仪
70	气相色谱仪	98	微量振荡器
71	气相色谱质谱联用仪	99	涡旋搅拌器
72	全自动定氮仪	100	乌氏黏度计
73	全自动静压透水性能测试仪	101	线径测量仪主机
74	全自动缩水率试验机	102	橡胶手套用哑铃型测试样本切割工装
75	全自动透气性能测试仪	103	旋转式黏度计
76	软塑料容器外加压密封性测试仪	104	旋转蒸发仪
77	三用紫外灯	105	压缩力测量装置
78	生物安全柜	106	液体流失试验装置
79	手术刀片弹性试验机	107	液体密度仪
80	手术刀片锋利度测试仪	108	液相色谱仪
81	手套透水测试仪	109	液相色谱 / 质谱联用仪
82	输血（液）器具工装	110	一次性使用无菌阴道扩张器扰度和强度测试仪
83	输液器泄漏负压测试仪	111	医疗器械负压测试仪
84	输液器泄漏正压测试仪	112	医用缝合器械工装
85	数字式厚度测量仪	113	医用口罩阻燃性能测试仪
86	双重纯水蒸馏器	114	医用外科口罩阻力测试仪
87	水分测定仪	115	医用橡胶制品爆破容量仪
88	水式真空箱	116	医用注射针管（针）刚性测试
89	水蒸气透过工装	117	医用注射针管（针）韧性测试仪
90	撕裂强度仪	118	医用注射针针尖穿刺力测试仪
91	塑料容器内加压密封性测试仪	119	引流容器注水装置
92	天平	120	硬度计（布氏）
93	通风柜	121	硬度计（洛氏）
94	透水性能测试装置	122	硬度计（邵氏）
95	微波消解仪	123	硬度计（维氏）
96	微孔板多功能检测仪	124	原子吸收分光光度计

续表

序号	仪器设备名称	序号	仪器设备名称
125	原子荧光分光光度计	8	除颤效应检测仪
126	折射率计	9	磁感应强度计
127	针管弯曲韧性测试仪	10	电缆噪音测量工装
128	真空干燥箱	11	电外科过载试验电路
129	质量流量计	12	电源电压瞬态波动设备
130	注射穿刺器械工装	13	电阻箱
131	注射器滑动性能测试仪	14	堆栈式测温仪
132	注射器密合性检测仪（负压）	15	多参数模拟器
133	注射器密合性检测仪（正压）	16	二氧化碳分析仪
134	浊度计	17	峰值压力检测仪
135	紫外分光光度计	18	高低温试验箱
136	自动过滤材料测试系统	19	高频电刀
137	自动胀破强度试验系统	20	共模抑制比测试工装
138	智能微粒检测仪	21	光电转换器
139	细菌过滤效率试验装置	22	光电转速表
140	织物沾水度测试仪	23	光度计
141	紫外 – 可见分光光度计	24	光功率计
142	表面粗糙度测试仪	25	光学平台
143	生化培养箱	26	红外分光光度计
144	高低温湿热交变试验箱	27	红外辐照计
6. 电子医疗器械检验实验室		28	呼吸机分析仪
1	X 射线多功能检测仪	29	蓝牙信号收发测试仪
2	靶标切换系统	30	流量计
3	饱和气体	31	脑血流量模拟仪
4	标准恒温黑体槽	32	脑循环模拟仪
5	差分放大器	33	声学校准器
6	除颤 / 起搏器分析仪	34	声压测试系统
7	除颤能量测试仪	35	示波器

能力建设示例篇

序号	仪器设备名称	序号	仪器设备名称
36	示波器（宽带）	64	电气安全分析仪
37	手持式参考测温仪	65	耐压测试仪
38	输出阻抗测试电路	66	交流稳压电源
39	输入阻抗测试电路	67	便携式数字万用表
40	双脉冲信号发生器	**7. 中医医疗器械检验实验室**	
41	胎儿监护仪模拟器	1	拔罐器测试装置
42	微电流测量仪	2	变阻箱
43	无创心输出量监测仪	3	表面粗糙度仪
44	无创血压模拟器	4	尘埃粒子计数器
45	无创血压寿命工装	5	磁通门计
46	无线通信分析仪	6	低温恒温槽
47	无线网络测试仪	7	电磁辐射分析仪
48	无线信号模拟仪	8	电气安全分析仪
49	心电电极电性能测试仪	9	电子天平
50	心电图机	10	分辨率板
51	心脏血流动力模拟仪	11	辐射计（光谱）
52	心阻抗血流动力模拟仪	12	干式炉
53	血氧饱和度模拟仪	13	高精度磁场强度检测仪
54	有创式心输出量监测仪	14	高频电流表
55	噪声频谱分析仪	15	高斯计
56	照度计	16	高压探头
57	心电监护仪检定仪	17	光功率计
58	直流低电阻测试仪	18	黑体
59	中心静脉氧饱和度模拟软件	19	红外测温仪
60	助听器测试仪	20	积分球（小型）
61	专用 WIFI 无线网络测试仪	21	交直流单相功率计
62	综合灵敏度测试仪	22	接地电阻测试仪
63	阻抗血流模拟仪	23	绝缘电阻测试仪

续表

序号	仪器设备名称	序号	仪器设备名称
24	拉力试验机	7	纯水仪
25	力学量发生装置	8	磁力搅拌器
26	亮度计	9	蛋白电泳仪
27	耐压测试仪	10	电导率测定仪
28	钳形电流表	11	电感耦合等离子体原子发射光谱仪
29	热成像仪	12	电感耦合等离子质谱仪
30	热电偶校准仪	13	电解质分析仪
31	色彩还原色卡	14	电泳仪
32	射频功率计	15	定氮仪
33	声级计	16	冻干机
34	示波器	17	二氧化碳培养箱
35	数字示波器	18	封口机
36	数字万用表	19	干化学血红蛋白分析仪
37	数字温度显示仪	20	高压灭菌器
38	特斯拉计	21	光学显微镜
39	推拉力计	22	恒温箱
40	相对畸变检测图卡	23	红外分光光度计
41	医用漏电流测试仪	24	基因扩增仪
42	影像仪	25	搅拌器
43	硬度计	26	菌种保存箱
44	照度计	27	控温摇床
8. 体外诊断试剂检验实验室		28	冷藏箱
1	阿贝折射仪	29	离心机
2	氨基酸分析仪	30	离子色谱仪
3	暗室	31	流式细胞仪
4	超低温冰箱	32	毛细管电泳仪
5	超净工作台	33	酶标仪
6	超声波清洗器	34	尿分析仪

能力建设示例篇

序号	仪器设备名称	序号	仪器设备名称
35	凝胶色谱仪	63	真空干燥箱
36	气相色谱仪	64	振荡器
37	气相色谱/质谱联用仪	65	浊度计
38	渗透压仪	66	紫外-可见分光光度计
39	生化分析仪	67	水质分析仪
40	生化培养箱	68	数字可调移液器
41	生物安全柜	69	老化箱
42	试管摇床	70	旋涡混匀器
43	水分测定仪	71	渗透压仪
44	水浴锅	**二、专业实验室**	
45	酸度计	**9. 电磁兼容检验实验室**	
46	天平	1	EFT 发生器及耦合网络
47	通风柜	2	纯净电源
48	推片机	3	电刀保护试验台
49	微孔板多功能检测仪	4	电压跌落测试仪
50	涡旋振荡器	5	工频磁场测试仪
51	洗板机	6	功率计
52	血凝仪	7	功率吸收钳
53	血糖仪	8	轨道
54	血液分析仪	9	接收机
55	液体密度仪	10	静电发生器
56	液相色谱/质谱联用仪	11	静电发生器（台式）
57	液相色谱仪	12	浪涌发生器及耦合网络
58	荧光定量 PCR 仪	13	三环天线
59	荧光化学发光分析仪	14	射频功放
60	荧光显微镜	15	天线
61	原子吸收分光光度计	16	天线转台控制器
62	黏度计	17	谐波闪烁测试仪

续表

序号	仪器设备名称	序号	仪器设备名称
18	信号源	46	EMC 试验负载容器
19	屏蔽室	47	机械式电流表
20	3m 法半电波暗室	48	交流稳压电源
21	10m 法半电波暗室	**10. 口腔医疗器械检验实验室**	
22	音频分析仪	1	便携式激光诱导荧光光谱仪
23	喀呖声分析仪	2	表面粗糙度检测仪（轮廓法）
24	连续波模拟器	3	材料冲击断裂韧性试验机
25	三相浪涌模拟器	4	材料疲劳试验机
26	抗扰度测试仪	5	材料试验机
27	三相脉冲群模拟器	6	差热 / 热重分析仪
28	单相谐波闪烁分析仪	7	车针钻床
29	静电放电模拟器	8	磁感应转速表
30	生命体征模拟器	9	电动水压测试工装
31	多功能扰度测试器	10	电感耦合等离子体质谱仪
32	M5 电源线耦合去耦网络	11	电化学测量系统
33	激光驱动场强探头	12	风速仪
34	8 线阻抗稳定网络	13	辐射照度计
35	精密噪声频谱分析仪	14	光密度计
36	人工电源网络	15	光谱仪
37	电容式医疗模拟负载	16	恒温恒湿操作箱
38	无触点交流稳压器	17	胶片光密度计
39	单相变频电源	18	脚踏开关疲劳装置
40	直流电源	19	洁牙机振幅测试工装
41	M2/M3 电源线耦合去耦网络	20	金相显微镜
42	便携式光功率计	21	径向跳动检验杆
43	线路阻抗稳定网络	22	冷热循环试验机
44	便携指针式高频电流表	23	亮度计
45	微波功率计	24	磨耗试验机

能力建设示例篇

序号	仪器设备名称	序号	仪器设备名称
25	扭力计	53	牙科技工用手机
26	气相色谱/质谱联用仪	54	牙科烤瓷炉
27	倾角仪	55	牙科涡轮钻机
28	全自动X光片洗片机	56	牙科椅头枕测试工装
29	热膨胀仪	57	牙科治疗椅测试供水系统
30	三维坐标测量仪	58	银汞合金蠕变测试仪
31	扫描电子显微镜	59	硬度计（洛氏）
32	色彩检测仪	60	硬度计（显微维氏）
33	色温计	61	原子吸收分光光度计
34	色稳定仪	62	黏度计（旋转式黏度计）
35	烧蜡炉	63	照度计
36	生物显微镜	64	折射率计
37	声级计	65	针入度计
38	手持式数字压力表	66	真空表（数字式）
39	数字式测速仪	67	指针式拉压力计
40	数字式震动频率测试仪	68	质量流量计
41	水门汀薄膜加荷仪	69	质量流量计（液体）
42	水平记录仪	70	紫外辐射测试仪
43	水浴箱	71	高压灭菌器
44	微焦点X射线探伤仪	72	超声波清洗器
45	显色指数检测仪	73	正压装置
46	显微镜	74	负压装置
47	形变恢复器具	75	倾角仪
48	压应变器具	**11. 康复辅助类医疗器械检验实验室**	
49	压应变仪	1	摆锤冲击测试仪
50	牙科X射线机	2	步入温控箱
51	牙科冲蜡器	3	测试用假人
52	牙科高频离心铸造机	4	测速仪

续表

序号	仪器设备名称	序号	仪器设备名称
5	电池性能制动检测装置	33	座椅冲击试验机
6	电动轮椅车控制器疲劳试验机	34	轮椅车稳定综合试验机
7	跌落测试机	35	双辊测试机
8	动态测试平台	36	径向端面跳动检测台
9	关节角度测量仪	**12. 物理治疗医疗器械检验实验室**	
10	耗电量测试仪	1	示波器
11	假脚结构强度试验机	2	LCR 测试仪
12	矫形器强度试验机	3	测力计
13	静态测试平台	4	臭氧浓度测试仪
14	静音屏蔽室（箱）	5	电压分压器
15	康复床强度试验装置	6	多通道温度测量仪
16	框式助行架加载装置	7	辐射计
17	轮椅车测试道	8	光电探头
18	轮椅制动器疲劳测试仪	9	光功率计
19	模型臂	10	光谱分析仪
20	耐疲劳性试验装置	11	红外二氧化碳辐照计
21	上肢假肢结构强度试验机	12	角度仪
22	声级计	13	声级计
23	手动轮椅车静态强度试验装置	14	数字压力表
24	下肢假肢结构强度试验机	15	特斯拉计
25	腋拐、肘拐加载装置	16	压力测试仪
26	雨淋试验机	17	婴儿培养箱质量检测仪
27	越沟宽度测试台	18	兆欧表
28	越障测试台	19	照度计
29	阻燃性试验装置	20	交直流磁场强度计（高斯计）
30	助听器测试仪	21	噪声振动分析仪
31	综合动态疲劳试验机	22	辐射力天平
32	最小回旋半径测试台	23	超声声场分布检测仪

能力建设示例篇

续表

序号	仪器设备名称	序号	仪器设备名称
24	接地电阻测试仪	4	玻璃转子流量计
25	医用漏电流测试仪	5	材料试验机
26	耐压测试仪	6	测试工装
27	冲击试验台	7	超景深 3D 显微镜
28	稳定性试验台	8	磁力搅拌器
29	高频电刀质量检测仪	9	电导率仪
13. 临床检验用医疗器械检验实验室		10	电感耦合等离子体质谱仪
1	超声波清洗器	11	电位滴定仪
2	纯水仪	12	动态血气监测仪
3	磁力搅拌器	13	二氧化碳分析仪
4	干燥箱	14	风速仪
5	高压灭菌器	15	辐照度计
6	混合器	16	恒温水浴锅
7	搅拌器	17	呼吸气体分析仪
8	菌种保存箱	18	火花点燃试验工装
9	控温摇床	19	接地阻抗测试仪
10	离心机	20	精密烘箱
11	离心机（低温冷冻）	21	拉力机
12	生化培养箱	22	拉伸试验仪
13	生物安全柜	23	老化试验箱
14	天平	24	累积气体流量计
15	涡旋振荡器	25	离心机
16	浊度计	26	离子色谱仪
17	紫外 – 可见分光光度计	27	流量计
14. 急救及生命支持医疗器械检验实验室		28	露点仪
1	pH 计	29	麻醉气体分析仪
2	圆锥接头性能测试仪	30	耐压测试仪
3	胶片密度计	31	扭矩表

序号	仪器设备名称	序号	仪器设备名称
32	频率计数器	60	原子吸收分光光度计
33	气体流量计	61	兆欧表
34	气相色谱仪	62	照度计
35	全自动生化分析仪	63	针焰试验装置
36	人工心肺机回流装置	64	中点平均温度试验装置
37	声级计	65	紫外分光光度计
38	示波器	66	紫外辐照度计
39	手术台摆动量测试装置	67	自动升降温水箱
40	输液泵监测仪	68	主动模拟肺系统
41	水压试验机	69	透析复用机
42	天平	70	模拟肺
43	推拉力计	71	人工肾血泵
44	微粒分析仪	72	模拟病人衰减体模
45	稳定性试验台	73	呼吸 / 麻醉分析仪
46	细菌内毒素测试仪	74	倾角仪
47	显色指数检测仪	75	辐射计
48	血泵	76	测氧仪
49	血气分析仪	77	输液器泄露正压测试仪
50	血液透析机检测仪	78	澄明度测试仪
51	血液透析装置	79	火焰光度计
52	压力测试仪	80	连接牢固度测试仪
53	压力传感器	81	滚压式血泵
54	压力计	82	全自动五分类血液细胞分析仪
55	研究级金相显微镜	83	输液泵分析仪
56	氧浓度测试仪	84	呼吸机分析仪
57	液相色谱仪	85	呼吸麻醉连接系统
58	医用漏电流测试仪	86	数显微压计
59	婴儿培养箱质量检测仪	87	除颤效应分析仪

能力建设示例篇

序号	仪器设备名称	序号	仪器设备名称
88	滴水试验机	25	麻醉与呼吸附件
89	防浸装置	26	灭菌器
90	电气安全测试仪	27	耐压试验仪
15. 医院用设备及器具检验实验室		28	内镜泄漏试验调节阀
1	pH 计	29	培养箱
2	TDS 测试仪	30	气压泵
3	安全阀压力测试台	31	气压测试系统
4	超纯水机	32	汽化过氧化氢灭菌抗力仪
5	冲击试验工装	33	牵引力模型
6	臭氧气体浓度测试仪	34	设备稳定实验装置
7	臭氧水浓度测试仪	35	生物安全柜
8	除颤效应测试仪	36	生物指示物培养锅
9	粗鲁搬运试验工装	37	声级计
10	等离子功率测试仪	38	湿度验证仪（防爆）
11	等离子频率测试仪	39	水流量计
12	电导率仪	40	水压测试系统
13	多孔渗透性负载	41	水压耐压测试仪
14	分光光度计	42	水硬度测试仪
15	干热灭菌抗力仪	43	水浴锅
16	功率谐波失真分析仪	44	天平
17	恒温水浴箱	45	推拉力计
18	烘箱	46	无线温度验证仪
19	红外分光光度计	47	无线压力验证仪
20	环氧乙烷灭菌抗力仪	48	压力验证仪（防爆）
21	环氧乙烷浓度测试仪	49	氧化还原电位 ORP 值测试仪
22	接地阻抗测试仪	50	氧浓度检测仪
23	空气采样仪	51	医用漏电流测试仪
24	流量计	52	振动仪

能力建设示例篇

序号	仪器设备名称	序号	仪器设备名称
53	蒸汽灭菌抗力仪	23	天平
54	蒸汽热量计	24	微粒分析仪
55	蒸汽质量测试仪	25	相容性测试装置
56	纸塑袋封装机	26	氧氮氢分析仪
57	紫外分光光度计	27	药物溶出仪
16. 介入医疗器械检验实验室		28	液相色谱仪
1	圆锥接头性能测试仪	29	支架径支撑力检测系统
2	PH 计	30	支架系统推送力仪
3	PIV 测试系统	31	紫外分光光度计
4	材料试验机	32	连接牢固度测试仪
5	差示量热扫描仪	33	原子吸收分光光度计
6	导丝破裂专用工装	**三、特殊实验室**	
7	导丝弯曲专用工装	**17. 植入医疗器械检验实验室**	
8	电感耦合等离子体光谱仪	1	pH 计
9	电感耦合等离子体质谱仪	2	XRD 衍射仪
10	电热恒温干燥箱	3	表面粗糙度仪（0.001μm）
11	电热恒温水浴锅	4	表面粗糙度仪（0.01μm）
12	电子扭转试验机	5	材料试验机
13	覆膜渗透量测试仪	6	差示量热扫描仪
14	核磁共振波谱仪	7	冲击试验机
15	红外分光光度计	8	大动脉支架疲劳试验机
16	金相分析仪	9	电导率仪
17	流量计	10	电感耦合等离子体光谱仪
18	耐压及泄露测试工装	11	电感耦合等离子体质谱仪
19	气相色谱仪	12	电化学测量系统
20	球囊疲劳耐压测试仪	13	电极导管顺应性能测试仪
21	水浴恒温振荡器	14	电热恒温干燥箱
22	碳硫分析仪	15	电热恒温水浴锅

能力建设示例篇

能力建设示例篇

序号	仪器设备名称	序号	仪器设备名称
16	高温箱式电阻炉	44	涂层磨耗仪
17	冠脉支架疲劳试验机	45	外周支架疲劳试验机
18	红外分光光度计	46	微波消解仪
19	火焰光度计	47	微粒分析仪
20	金相分析仪	48	温度冲击试验箱
21	髋关节磨损试验机	49	无损探伤实验装置
22	离子溅射 / 蒸镀一体化镀膜仪	50	膝关节磨损试验机
23	离子色谱仪	51	心脏瓣膜脉动流试验机
24	流变仪	52	心脏瓣膜疲劳试验机
25	轮廓投影仪	53	心脏瓣膜稳态流试验机
26	马弗炉	54	旋转式黏度计
27	扭转试验机	55	氧氮氢分析仪
28	疲劳试验机	56	药物溶出仪
29	频率计	57	液相色谱仪
30	气相色谱仪	58	硬度计（布氏）
31	全自动旋光仪	59	硬度计（洛氏）
32	热重分析仪	60	硬度计（邵氏）
33	任意波信号发生器	61	硬度计（维氏）
34	三坐标测量仪	62	硬度计（显微）
35	扫描电镜	63	紫外分光光度计
36	射频场发生系统	64	拉伸试验机
37	示波器	65	电子扭矩试验机
38	双脉冲信号发生器	66	电子密度计
39	水浴恒温震荡器	67	原子吸收分光光度计
40	碳硫分析仪	68	超景深 3D 显微系统
41	梯度场发生系统	69	血管支架疲劳试验机
42	天平	70	数显推拉力计
43	通风柜	71	傅里叶变换红外光谱仪

序号	仪器设备名称	序号	仪器设备名称
18. 光学医疗器械检验实验室		28	视场角测量仪
1	MTF 测量仪	29	台车
2	波面干涉测量仪	30	投影仪（轴向）
3	抽吸吸引泵	31	投影仪（纵向）
4	大型积分球	32	万能试验机
5	灯箱	33	微机控制电子扭转试验机
6	顶焦度标准器	34	影像测量仪
7	放大率测试仪	35	照度计
8	分辨率测试仪	36	折射率计
9	分光辐射测量系统	37	色温计
10	分光光度计（200~2500）	38	激光功率计
11	隔振光学平台	39	激光波长计
12	光度测量设备	40	内窥镜测试装置
13	光谱仪	41	验光机检定装置
14	光照老化箱	42	光生物安全性测试系统
15	光照试验箱	43	紫外 – 可见分光光度计
16	极谱法透氧仪	44	接触角测试仪
17	焦度计	45	硬度计
18	焦距测量仪	46	激光光束分析仪
19	焦距仪	47	耐压测试仪
20	接触镜检查仪	48	便携式安全分析仪
21	库仑法透氧仪	49	声级计
22	亮度计	50	氧气透过率测试仪
23	六轴位移台	**19. 放射医疗器械检验实验室**	
24	扭矩仪	1	X 射线单色分析仪
25	气腹机检测装置（含大型水槽）	2	X 射线多功能测试仪
26	曲率模型眼	3	X 射线防护室以及防护设备
27	示波器	4	X 射线辐射时间表

能力建设示例篇

序号	仪器设备名称	序号	仪器设备名称
5	X 射线管测试装置	33	内照射剂量仪
6	X 射线管固有滤过测试装置	34	屏幕亮度计
7	X 射线管转速仪	35	乳腺机模体
8	X 射线衰减标准铝片、标准铜片、标准铅片	36	乳腺摄影立体定位装置试验器件
9	X 射线泄漏辐射巡测仪	37	三维水箱系统
10	X 射线荧光亮度计	38	数字成像探测或处理部分的牙科体模
11	变频、变压测试仪	39	数字减影血管造影（DSA）模体
12	大型医用诊断 X 射线机	40	数字式毫安秒表
13	低剂量 X 射线测试仪	41	数字式千伏峰值表
14	对比灵敏度测试卡	42	体层摄影试验装置
15	防散射滤线栅物理特性测试装置	43	图像灰度鉴别等级测试卡
16	分辨率测试卡	44	微波漏能测试仪
17	伽玛照相机体模	45	狭缝式实时测焦点仪
18	高压电缆测试装置	46	小型医用诊断 X 射线机
19	高压发生器电介质强度试验装置	47	牙科体模
20	隔离调压调频变压器	48	圆环测试卡
21	供电系统	49	针孔照相机
22	光野亮度 / 对比度测试仪	50	准直试验器件
23	光野照射野准确度测试卡	51	自动洗片机
24	毫瓦级小功率计	52	试压泵
25	红外辐照计	53	线对卡
26	灰阶试验器件	54	胸肺模体
27	活度计	55	X 射线手足头模体
28	激光胶片扫描分析仪	56	乳腺 X 射线机性能检测模体
29	量子探测效率测试装置	57	DR 低对比度测试模体
30	漏射线测试系统	58	低对比度细节模体
31	面积乘积剂量仪	59	视野及失真测试卡
32	模拟定位机立体定位测试装置	60	C 形臂 X 射线三维成像空间分辨率体模

序号	仪器设备名称	序号	仪器设备名称
61	CT 体模	14	低能射频防护巡视仪
20. 磁共振医疗器械检验实验室		15	多用途超声模块
1	磁场强度测试仪	16	分辨率测试专用模块
2	图像信噪比及均匀性模体	17	高频衰减器
3	层厚模体	18	高强度聚焦超声声场参数测量系统
4	几何畸变模体	19	毫米波频率计
5	分辨率模体	20	毫瓦级超声功率计
6	伪影模体	21	换能器温升测量装置
7	逸散磁场测试仪	22	灰度模块
8	SAR 测试装置	23	活塞往复式多普勒试验装置
9	磁场时间变化率（dB/dt）测试装置	24	机控脉冲发生接收仪
10	声级计（核磁共振专用）	25	近场测试专用模块
11	MRI 环境测试系统	26	量热计
12	MRI 射频能量沉积测试系统	27	脉冲大功率计
21. 超声医疗器械检验实验室		28	频谱分析仪
1	A 型 /M 型超声诊断设备性能试验装置	29	三维超声模块
2	标准超声源	30	射频漏能测试仪
3	测量显微镜及图像测量系统	31	声场测试系统
4	超低频信号发生器	32	手控脉冲发生接收仪
5	超声材料声衰减声速测试系统	33	数字频率计
6	超声多普勒仿血流模块	34	水听器、放大器组
7	超声分析仪	35	胎儿监护仪胎心率测量装置
8	超声功率测量装置	36	胎心仪综合灵敏度试验装置
9	超声换能器、激励 / 接收单元组	37	通过式功率计
10	超声外科手术设备声功率测量系统	38	瓦级超声功率计
11	超声有害辐射测量装置	39	微波频率计
12	超声诊断设备水听器声强测量系统	40	线靶式多普勒试验装置
13	除颤器防护效应试验装置	41	直读波长表

续表

序号	仪器设备名称	序号	仪器设备名称
42	阻抗分析仪	5	网络环境
43	线靶多普勒测试件	6	防火墙
44	多普勒体模与仿血流控制系统	7	数据库
45	多普勒弦线体模	8	服务器
46	2D/3D 测试件	9	UPS 电源
47	切片厚度体模	10	性能测试软件
48	超声弹性乳腺体模	11	支撑软件
49	弹性成像体模	12	软件测试管理软件
50	超声声场分布检测系统	13	交换机
22. 医用软件检验实验室		14	数字式净化交流稳压器
1	测试用计算机	15	路由器
2	测试用移动终端	16	调制解调器
3	操作系统正版安装光碟	17	设备机柜
4	杀毒软件		

（编写：李伟、赵嘉宁、张旭）

第十七章
原始记录模板范例

本章提供了原始记录模板范例，以供参考。范例包括原始记录首页和原始记录附页两部分。

原始记录首页

报告编号：　　　　　　　　　　　　　　　　　　　共　　页　　第　　页

样品名称		样品编号 / 样品批号	
型号规格 / 包装规格		检验类别	
受托生产企业		生产日期	
样品数量			
收样日期	年　　月　　日	检验地点	
受托方		检验日期	
受托方地址		受托方联系电话	
受托方邮政编码		受托样品批号 / 编号	
检验项目			
检验依据			
检测设备			

情况记录：（仪器设备、样品测试前后记录，特殊情况处理记录，测试数据记录）
1.（根据自检企业管理体系应自行记录仪器设备测试前后状态）
2.（根据自检企业管理体系应自行记录样品测试前后状态）
3.测试数据详见原始记录附页
4.（当原始记录中有非文字记录时，应对此加以说明，如：原始记录中的"——"表示此项不适用，"/"当表示此项空白，"*"表示此项经修复等）
5.（适用时，说明委托检验项目相关信息）

检验人员：　　　　　　　　　　　　　　　　　审核人员：

能力建设示例篇

原始记录附页

报告编号： 共 页 第 页

序号	检验项目	技术要求条款	性能要求	实测结果	检验日期
1	外观与结构	2.1	（技术要求条款内容）	（记录自检时对应试验的实测结果）	（记录此项目自检起讫日期）
2	理化指标	2.2 2.2.1	（技术要求条款内容）	见委托报告××××× ×××，并写入委托报告上的结果	（应写为委托方检验起讫日期）
		2.2.2	（技术要求条款内容）		
		2.2.3	（技术要求条款内容）		
3	安全要求	2.3	（技术要求条款内容）	（记录自检时相对应试验实测记录）	（记录此项目自检起讫日期）

能力建设示例篇

原始记录附页

报告编号：　　　　　　　　　　　　　　　　　　　　共　页　第　页

检测设备一览表

序号	检验条款	项目 / 参数		使用仪器设备（标准品）					
		项目序号	名称	名称	编号 / 批号	型号规格	测量范围	扩展不确定度 / 最大允差 / 准确度等级	溯源方式

（编写：赵嘉宁、沈丽斯、林鸿宁、张斌斌）

能力建设示例篇

第十八章
分子诊断实验室建设参考

分子诊断是采用分子生物学方法，包括基因扩增、测序、杂交、蛋白质组分析、代谢学分析等，检测患者体内特定遗传物质的结构或表达水平的变化而做出的诊断，其靶标包括 DNA、RNA、蛋白质和小分子代谢物。分子诊断是整个检验医学发展最快、最有活力的领域，在疾病的诊断和治疗中往往有决定性作用。随着分子诊断技术在临床应用中迅速发展、精准医学研究不断推进，用于基因诊断的产品研发越来越多，分子诊断实验室建设需求也在逐日增大，实验室设施和环境直接影响检验项目的开展和检测结果的质量，同时实验室设施和环境生物安全的有效管理是保证工作人员和环境免受感染或污染的关键。如何配置实验室设施和建造适宜的实验室环境，并对其进行标准化管理，是分子诊断实验室发展建设的重点。本章将主要介绍基因扩增（Polymerase Chain Reaction，PCR）和高通量测序两种常用的分子诊断实验室建设规范和要求。

第一节　PCR 实验室建设

PCR 实验，即聚合酶链式反应，是以 DNA 半保留复制机制为基础，发展出的体外酶促合成、扩增特定核酸片段的一种方法。其过程为在 DNA 聚合酶催化下，以母链 DNA 为模板，以特定引物为延伸起点，通过变性、退火、延伸三步反应为一个周期，循环进行，体外复制出与母链模板 DNA 互补的子链 DNA。该检测方法具有高灵敏度、高特异性的特点，已广泛应用于临床诊断和疾控中心。由于 PCR 实验对操作技术要求高，影响检测结果可靠性的因素较多，因此 PCR 实验依赖于配置布局合理的实验室和严格规范的实验操作。且因 PCR 实验过程中，容易产生气溶胶对环境及人员造成污染，实验室建设中应以保证环境及人员安全，避免污染为核心。

一、实验室建设依据

PCR 实验室的建设可参考以下法规或标准文件：

（1）《医疗机构临床基因扩增检验实验室管理办法》（卫办医政发〔2010〕194 号）；

（2）《医疗机构临床基因扩增检验实验室工作导则》（卫办医政发〔2010〕194 号附件）；

（3）GB/T 19489—2008《实验室生物安全通用要求》；

（4）GB 50346—2004《实验室建筑技术规范》；

（5）SN/T 1193—2003《基因检验实验室技术要求》；

（6）GB 50073—2013《洁净厂房设计规范》；

（7）GB 50346—2011《生物安全实验室建筑技术规范》；

（8）CNAS—CL01—A024：2018《检测和校准实验室能力认可准则在基因扩增检测领域的应用说明》；

（9）WS 233—2002《微生物和生物医学实验室生物安全通用准则》。

二、实验室建设要求

1. 实验室区域设计总体原则

对实验室设施的要求以能获得准确可靠的检测结果为重要依据，实验室总体布局和各区域的安排以减少潜在的对样品的污染和对人员的危害为核心，应符合 GB/T 19489—2008《实验室生物安全通用要求》中关于生物安全的实验室设计原则和基本要求。根据《医疗机构临床基因扩增检验实验室管理办法》《医疗机构临床基因扩增检验实验室工作导则》的相关规定，原则上 PCR 实验室应当设置以下区域：试剂储存和准备区、标本制备区、扩增区、扩增产物分析区。各区功能如下。

（1）试剂储存和准备区　贮存试剂的制备、试剂的分装和扩增反应混合液的准备，以及离心管、吸头等消耗品的贮存和准备。

（2）标本制备区　核酸（RNA、DNA）提取、贮存及其加入至扩增反应管。对于涉及临床样本的操作，应符合生物安全二级实验室防护设备、个人防护和操作规范的要求。

（3）扩增区　cDNA 合成、DNA 扩增及检测。

（4）扩增产物分析区　扩增片段的进一步分析测定，如杂交、酶切电泳、变性高效液相分析、测序等。

根据使用仪器的功能，区域可适当合并。如使用实时荧光定量 PCR 仪且不需要进行后续产物分析工作，扩增区、扩增产物分析区可合并。若使用样本处理、核酸提取及扩增检测为一体的自动化分析仪，则标本制备区、扩增区、扩增产物分析区可合并。

2. 实验室建设基本要求

实验室建设一般遵循"各区独立、注意风向、因地制宜、方便工作"的十六字原则。

（1）实验室平面布局应做到各区独立

①PCR 实验室与 PCR 试剂生产区域应当在各自独立的建筑物或空间内，保证空气不直接连通，防止扩增时形成的气溶胶造成交叉污染。

②试剂储存和准备区、标本制备区、扩增区、扩增产物分析区四个区域在物理空间上应当完全相互独立，不能有连通的中央空调。各区域无论是在空间上还是在使用中，应当始终处于完全的分隔状态，不应当有空气的直接相通。不应当只是形式上的分区，不应当是一个区域嵌套另一个区域。

③PCR 实验室并没有严格的净化要求，但是尽量避免各个实验区域交叉污染的可能性，各区域宜采用独立直排方式出风。采用空调机组方式的，PCR 实验室应当具备独立空调机组；同时应当考虑停机后各房间空气连通的可能性，采取必要的控制措施。

④实验区域要有明显的标记（如醒目的门牌或不同的地面颜色等），避免不同工作区域内的设备、物品、试剂混用。各区可移动的仪器设备及各种物品包括实验记录、记号笔、试管架

及清洁用具等必须专区专用。

⑤各区间若设置传递窗，应当为双侧开门，要求密封严实，并且两侧的门应当为互锁装置或采取相应措施保证两侧门不会同时开启，内有紫外照射消毒装置。

（2）实验室空调通风应注意风向

①PCR实验室的空气流向应当为单一方向，按照试剂储存和准备区→标本制备区→扩增区→扩增产物分析区方向进行，防止扩增产物顺空气气流进入扩增前的区域，禁止下游污染上游。

②设置缓冲间的，缓冲间内通向内实验室和走廊的门应当安装连锁装置或采取相应措施，避免出现两个门同时打开的情况。

③应在标本制备区、扩增区及扩增产物分析区等相对有可能出现"污染物"的区域安装排风扇或其他排风和有效的通风设施，控制可能会存在污染实验区域内的空气流出至实验室外，同时控制外部可能污染的空气进入相应的实验区域内。

④标本制备区有生物安全柜，建设实验室时一定要充分考虑实验室内进风量和速度，所要安装的分体空调和进风口要避免干扰生物安全柜的使用。

（3）PCR实验室的设计应因地制宜　应考虑实际产品检验数量、拟开展的项目情况、目前实验室情况等因素，合理选址，有效规划，适当配置。

（4）PCR实验室的设计应以方便工作为宜　如果分区设计造成日常工作的极大不便，规范的实验室管理就很难实施，从而难以达到防止出现实验室污染的目的。除此之外，大型仪器设备的进出是否方便也应是分区设计时考虑的问题，否则会给后续的实验室仪器设备放置带来困扰，甚至不得不重新安排各功能区域，打乱初始的部署。

总而言之，只通过规范分区，提供物理上的阻隔基础，是不能完全达到防止交叉污染的目的的，实验室日常工作的严格管理和工作人员对规程的遵守才是防止实验室交叉污染的核心所在。

3. 实验室装修建议

（1）实验室面积　一般来说，各区域的面积没有严格要求，但应能放置所需仪器设备，并且便于人员操作，有生物安全柜的房间面积不应低于10平方米，并且每增加一台生物安全柜，房间就要增加10平方米。

（2）主体结构　目前实验室的主体多为彩钢板、铝合金型材。室内所有阴角、阳角均采用铝合金R50内圆角铝，从而解决容易污染、积尘、不易清扫等问题。

（3）标准四区分隔和气压调节　将PCR实验过程分成试剂储存和准备区、标本制备区、扩增区及扩增产物分析区四个独立的实验区。整个区域有一个整体缓冲走廊。每个独立实验区设置有缓冲区，同时各区通过气压调节，使整个PCR实验过程中试剂和标本免受气溶胶的污染并降低扩增产物对人员和环境的污染。标准四区分隔平面布局形式示例见图18-1、图18-2。

（4）消毒　在四个实验区和四个缓冲区顶部以及传送窗内部应安装紫外灯，供消毒用。在试剂储存和准备区以及标本制备区还应设置移动紫外线灯，对实验桌进行局部消毒。

（5）机械连锁不锈钢传递窗　试剂和标本通过机械连锁不锈钢（不建议使用电子连锁方式）传递窗传递，保证试剂和标本在传递过程中不受污染（人物分流）。

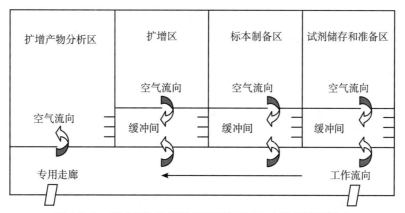

图 18-1　缓冲间为负压排风的理想 PCR 实验室设置模式

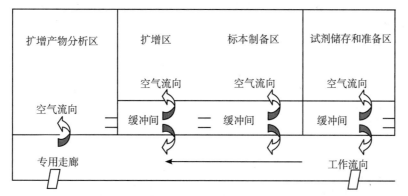

图 18-2　缓冲间为正压排风的理想 PCR 实验室设置模式

（6）地面　地面建议使用 PVC 卷材地面或自流平地面，整体性好。便于进行清扫，耐腐蚀。没有条件的也可采用水磨石地面，或大块的瓷砖（至少 800mm × 800mm）接缝需要小于 2mm。

（7）照明　灯具宜选用净化灯具，能达到便于清洗、不积尘的特点。

（8）洁净室（区）的内表面　应平整光滑、无裂缝、接口严密、无颗粒物脱落，并能耐受清洗和消毒，墙壁与地面的交界处宜成弧形或采取其他措施，以减少灰尘积聚和便于清洁。

（9）门的开启方向　有压差梯度的房间，门的开启方向应朝向正压一侧开启，考虑到消防安全，主要逃生门应朝向清洁区方向开启。

（10）监测装置　各房间应装设压力监测装置、温湿度监测装置，并按要求定期计量。

三、实验室工作区域仪器设备及实验用品配置标准

各个分区应按照使用功能，配置相应的仪器设备和实验用品，详见表 18-1。

表 18-1　实验室工作区域仪器设备及实验用品配置

区域名称	仪器设备名称	实验用品
试剂储存和准备区	2~8℃冰箱 -20℃以下冰箱 混匀器 微量加样器（覆盖 0.2~1000μl） 可移动紫外灯	一次性手套和口罩 耐高压处理的离心管和加样器吸头 专用工作服和工作鞋（套） 专用办公用品
标本制备区	2~8℃冰箱 -20℃以下或 -80℃冰箱 生物安全柜 微量加样器（覆盖 0.2~1000μl） 台式高速离心机（冷冻及常温） 台式低速离心机 恒温设备［水浴和（或）干浴仪］ 混匀器 可移动紫外灯 核酸提取仪	一次性手套和口罩 耐高压处理的离心管和加样器吸头 专用工作服和工作鞋（套）、 专用办公用品
扩增区	核酸扩增仪 可移动紫外灯	一次性手套和口罩 耐高压处理的离心管和带滤芯加样器吸头 专用工作服和工作鞋（套） 专用办公用品
扩增产物分析区	加样器 电泳仪（槽） 电转印仪 杂交炉或杂交箱 水浴箱 DNA 测序仪 酶标仪和洗板机	一次性手套和口罩 耐高压处理的离心管和带滤芯加样器吸头 专用工作服和工作鞋（套） 专用办公用品

能力建设示例篇

第二节　高通量测序实验室建设

高通量测序又称下一代测序（NGS），其较传统的 Sanger 测序（又称为第一代测序）具有划时代的意义，可同时对几十万到几百万条核酸分子进行序列测定，同时高通量测序使得对一个物种的转录组和基因组进行细致全貌的分析成为可能，目前常用的是 Illumina 测序、ThermoFisher 的 Ion Torrent 半导体测序、华大基因的 Complete Genomics 测序等技术平台。

与传统的分子诊断技术相比，高通量测序更加复杂，通常包括实验室检测（样本处理与核酸提取、文库制备及富集、质检和测序）和生物信息学分析两大部分。在实验室检测过程中，通常涉及 PCR 扩增及核酸纯化富集等过程，任何样本源性污染、barcode 源性污染、扩增产物污染或气溶胶污染均可能导致假阳性或假阴性结果的出现。因此，合理规划设计、严格执行物理分区，以及实验室通风设计的充分性，对保证高通量测序实验室日常检测质量至关重要。

一、实验室建设依据

高通量测序实验室建设可参考以下法规或标准：

（1）《分子病理诊断实验室建设指南（试行）》（中华医学会病理学分会，中国医师协会病理科医师分会，中国抗癌协会肿瘤病理专业委员会 . 2015.06.01）；

（2）《医疗机构临床基因扩增检验实验室管理办法》（卫办医政发〔2010〕194 号）；

（3）《医疗机构临床基因扩增检验实验室工作导则》（卫办医政发〔2010〕194 号附件）；

（4）GB/T 19489—2008《实验室生物安全通用要求》；

（5）GB 50346—2004《实验室建筑技术规范》；

（6）SN/T 1193—2003《基因检验实验室技术要求》；

（7）GB 50073—2013《洁净厂房设计规范》；

（8）GB 50346—2011《生物安全实验室建筑技术规范》；

（9）CNAS—CL01—A024：2018《检测和校准实验室能力认可准则在基因扩增检测领域的应用说明》；

（10）WS 233—2002《微生物和生物医学实验室生物安全通用准则》。

三、实验室建设要求

根据《临床分子病理实验室二代基因测序检测专家共识》，高通量测序实验室的区域设置要求，原则上应当有以下分区：样本前处理区、试剂储存和准备区、样本制备区、文库制备区、杂交捕获区 / 多重 PCR 区域（第一扩增区）、文库扩增区（第二扩增区）、文库检测与质控区、测序区、数据存贮区等，但依据不同的检测平台和检测项目，可有不同的分区情况，也可根据实际情况合并，但是在前处理和建库时，血液样本与组织样本分开。各工作区空气及人员流向需要严格按照《医疗机构临床基因扩增检验实验室工作导则》进行设计。

由于目前高通量测序实验室通常都涉及基因扩增，实验室分区设计同样应遵循"各区独立、注意风向、因地制宜、方便工作"的十六字原则。

1. 各区独立

实验室在各区域之间，无论是否在使用，其在物理上应处于永久性的分隔状态，各区域间不能有空气的直接流通。如各区之间设置试剂物品传递窗，则该传递窗应为双开门，连锁装置设计为最优，各分区可设置缓冲间以控制空气流向，防止实验室内外或各区之间空气互通而导致交叉污染。

2. 注意风向

由于高通量测序涉及杂交捕获和文库扩增等步骤，对原始靶核酸有一个指数扩增的过程。因此每次扩增后均存在大量由标本扩增而来的产物，并且在检测过程中微量离心管盖子的打开和关闭，以及在样本吸取过程中的吹打动作均会造成样本或产物气溶胶的形成，而极易对以后其他扩增反应造成污染。为防止这种污染的发生，就需要在严格进行分区的同时，注意实验室内空气的流向，防止扩增产物顺着空气流入上游扩增前的相对"洁净"区域。可以通过在每个区域设置缓冲间（正压或负压均可），隔绝实验室内外的空气以避免交叉污染，在此基础上不需要对各区再设置不同的正压或负压，或气压梯度递减。在保证缓冲间的正压或负压后，还应考虑各区内的通风换气，建议换气次数＞ 10 次 / 小时，如果一天内使用同一区域多于 2 次，则建议增加通风换气次数，有助于残留 DNA "污染"的清除。

3. 因地制宜

高通量测序实验室的分区设计没有固定模板，必须依据具体情况具体分析。各区之间最重要的是物理分隔，既可以相互邻近，也可以分散在同楼层的不同处，甚至可以分散在不同的楼层。

4. 方便工作

对高通量测序实验室进行严格的分区设计是为了在物理上防止污染的发生，但同时也应最大限度的考虑各区域分隔设计及空间和区域面积大小的合理性，是否方便日常检测工作。

在十六字原则的基础上，各实验室应依据所使用的检测平台、检测流程、检测项目及具体工作量"个性化"的制定分区数量和各区域面积大小，以"工作有序、互不干扰、防止污染、报告及时"作为基本准则。

三、实验室各区功能及所需基本仪器设备配置

无论是无创产前筛查/无创产前诊断还是遗传病诊断或是肿瘤基因突变检测，试剂储存和准备区、样本与文库制备区，文库扩增与检测区都是必不可少的，其他区域的设置依据具体的实验流程各异。需根据各工作区的功能配置相应的仪器设备，下文举例常规高通量测序实验室功能及仪器设备配置。

1. 试剂储存和准备区

此区主要进行辅助试剂和主要反应混合液的配制、分装和贮存。试剂储存和准备区是高通量测序实验室中最"洁净"的区域，不应有任何核酸的存在，包括试剂盒中所带的标准品和阳性参考品。试剂储存和准确区的仪器设备主要涉及微量可调移液器、冰箱（包括2~8℃和–20℃以下）、纯水仪、天平、pH计、离心机、涡旋振荡器、紫外灯、超净工作台。

2. 样本前处理区

此区主要进行FFPE样本的切片和HE染色判断样本的质量。主要涉及的仪器设备包括微量可调移液器、切片机、光学显微镜、紫外灯、冰箱、生物安全柜和通风橱。

3. 样本制备区

样本的提取及其定量和纯度检测需要在此区进行。主要涉及的仪器设备包括移液器、离心机（高速冷冻离心机、普通台式离心机、微量离心机等）、涡旋振荡器、真空泵、磁力架、金属浴或水浴温控仪、核酸定量仪（微量紫外分光光度计、荧光计或qPCR仪）、紫外灯、冰箱、生物安全柜等。生物安全柜应外接管道排风，且不应放在实验室门口等易受人员走动影响的地方。

4. 打断区

此区主要进行超声打断法处理基因组DNA，并用生物分析仪或凝胶电泳对DNA片段的大小和质量进行分析检测。打断区的仪器设备为超声打断仪、生物分析仪或凝胶电泳仪和制冰机等。

5. 文库制备区

在此区主要进行包括末端修复、加"A"尾，加接头、标签、靶向捕获、产物纯化等文库制备环节，但方法流程不同，包含的步骤和顺序也有所不同。文库制备区的仪器设备主要为移液器、离心机、涡旋振荡器、金属浴或水浴温控仪、离心机（台式高速离心机、迷你离心机）、热循环仪或杂交仪、磁力架、紫外灯、冰箱、通风橱或外接软管道的 A2 生物安全柜等。

6. 文库扩增区

此区主要进行测序前对文库进行扩增、纯化、定量及文库混合，以满足测序的需要。主要涉及的仪器设备包括移液器、PCR 仪、涡旋振荡器、离心机、磁力架、冰箱等。实时荧光定量 PCR 仪及热循环仪的电源应专用，并配备一个不间断电源或稳压电源，以防止电压波动对文库扩增造成的影响。

7. 测序区

扩增或定量后的文库在此区进行芯片的加载，测序过程和数据产生过程也在此区进行。该区所需的仪器设备主要有高通量测序仪和 Sanger 测序仪、服务器、稳压电源、移液器、离心机（高速离心机、芯片专用离心机）等。

8. 电泳区

此区主要进行琼脂糖凝胶电泳方法对提取后的 DNA 或超声打断后的 DNA 进行片段分析，或使用生物分析仪对 DNA 进行片段化分析。需要的仪器设备主要有凝胶电泳仪和生物分析仪。

上述各区配置并不是千篇一律的，需要根据不同的测试平台，不同的检验项目，不同的实验流程进行合理配置，但是需要注意的是，每个功能区配备的仪器设备和实验用品必须做到专区专用，做好明确标记，以避免不同功能区之间发生混淆，造成污染，并且进入各功能区时必须严格遵守单一方向顺序，以避免气流逆行，造成污染。

四、实验室分区示例

高通量测序实验室的建设应根据拟开展的检测项目，明确具体的分区设置，依据具体的检测平台、检测技术流程、检测项目，合理设计和布局，防止污染的同时保证高效的日常工作。目前高通量测序一般应用于以下五个领域：

（1）无创产前筛查和无创产前诊断；

（2）胚胎植入前遗传学筛查和胚胎植入前遗传学诊断；

（3）肿瘤基因突变检测；

（4）单基因遗传病和罕见病的基因检测；

（5）病原微生物和宏基因组检测。

不同测序平台及用于不同领域的高通量测序实验室建设举例如图 18-3 至图 18-5 所示。

能力建设示例篇

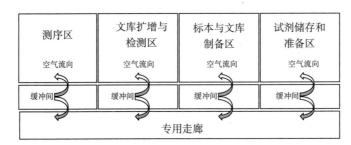

A

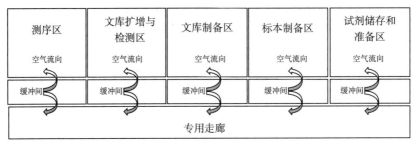

B

图 18-3 无创产前筛查和无创产前诊断在 Illumina 平台的实验室分区设计示例

注：A.Illumina 平台示例，工作量较小，二区使用 1 次 / 天；

B.Illumina 平台示例，工作量大，二区使用 ≥ 2 次 / 天。

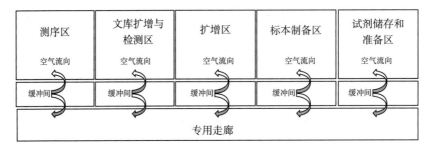

扩增子法建库

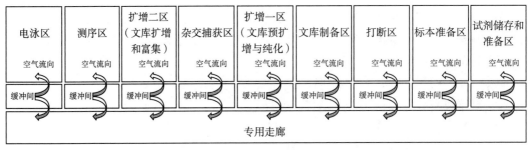

杂交捕获法建库

图 18-4 肿瘤组织基因突变检测高通量测序实验室设计举例

注：ion torrent 平台测序需在测序区与文库扩增与检测区之间增加一个扩增区用于乳液 PCR 和文库富集。

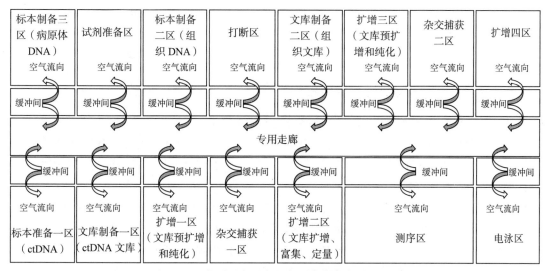

图 18-5　多项目多平台共存测序实验室设计举例

注：扩增四区功能，文库预扩增、富集和定量；Sanger 测序 PCR 和纯化；病原体 qPCR 定量。

第三节　分子诊断实验室质量管理

实验室要得到准确可靠的结果，除了工作区域的严格划分和合理的系统设置外，还要有规范的操作和管理，根据 CNAS—CL01—A024：2018《检测和校准实验室能力认可准则在基因扩增检测领域的应用说明》，实验室可围绕"人、机、料、法、环"五个方面进行管理，需制定完善的质量管理体系和标准操作程序（SOP），并严格执行规定的要求。

一、人员

实验室工作人员应具备以下条件：

（1）应熟悉生物检测安全知识和消毒知识；

（2）应得到与其工作内容相适应的培训，具备相应的实际操作技能；

（3）当实验室适用数据库软件、专业分析软件对检测的结果进行检索、处理时，对检测报告中所含意见和解释负责的人员必须对相关软件性能、操作等有充分的了解；

（4）所有专业技术人员应有相关专业的教育经历；

（5）授权签字人应具有相关专业本科以上学历，且在本专业领域工作 5 年以上，或具有同等能力。

二、设备

（1）基因扩增领域标准物质可包括目标生物（微生物、病毒、寄生虫、转基因品系等）、阳性核酸参考物质、质粒／载体等。

（2）实验室每一区域都须有专用的仪器设备。各区域仪器设备都必须有明确的标识，以避免设备物品从其各自的区域移出，造成不同工作区域间的交叉污染。

（3）对于没有检定、校准规程，但需出具检测数据的仪器设备，实验室应根据随机说明书和有关技术资料确定可接受标准，维护和验证的程序及频次。

（4）微量移液器要定期进行期间核查以保证容积的准确。

三、物料（外部提供的产品和服务）

（1）采购文件中应包括对服务和供应品性能的技术要求。

（2）实验室应优先选择已经获得产品认证和（或）质量管理体系认证的供应商提供的产品。实验室也可以通过调查或实地考察的方式进行合格供应商的评价，证明供应商的组织能力、技术能力，并保存对其评价的记录。

（3）应制定文件验证所有环节，包括分子生物学试剂和分析软件等是否符合预期性能，尤其要对影响结果质量的重要供应品、试剂和消耗性材料进行技术性验收。

（4）用于基因扩增前处理的试剂应为不含干扰检测结果成分的分析纯或生化试剂。适用时，提取缓冲液或溶液使用前应采用适当方式灭菌。应遵循前处理的注意事项或试剂的使用说明并形成相应记录。

（5）实验室配制的试剂应贴好标签，并在标签上注明试剂名称、容量、溶剂类型、配制及使用日期和（或）保质期。若试剂有特殊使用说明、有毒有害提示或使用限制液应在标签上注明。所用 Taq 聚合酶 / 反应预混液 / 试剂盒 / 引物和探针在使用前应进行性能验证。引物应通过核酸阳性物质及阴性物质验证其性能，并出具证书证明引物的性质和序列。

四、方法的选择、验证和确认

（1）实验室应明确检测方法的适用范围，如有些转基因检测方法规定样品只能是未加工的或者进行了加工但未污染其他物质 DNA 的样品，实验室用此方法进行认可时应该充分认识到这些限制。

（2）应制定标准操作规程，必要时，操作指导书应规定检测结果的判定方法、判定依据、判定结果等的表述，包括对过程产物的确认要求。

五、设施和环境条件

（1）应根据第一、第二节所述原则对实验进行合理分区规划和布局，以减少潜在的对样品的污染和对人员的危害，并能获得准确可靠的结果。

（2）实验室应有限制进入的措施，应控制非实验人员进入或使用可能会影响检验质量的区域。应采取适当的措施保护样品及环境，防止未授权者访问。适用时，实验室应为进入实验室的人员提供有效的生物安全防护。

（3）实验室应有妥善处理废弃样品和有害废弃物的设施和制度。如用到某些有毒和（或）可致基因突变的物质如溴化乙啶、丙烯酰胺、甲醛或同位素等，应注意实验人员的安全防护。

（编写：严诗云、姚燕丽）

附录 I　常用名词全称与简称对照表

本书对所引用的法规、规范和专有名词等进行了简化，全称与简称对照如下表：

序号	全称	简称
1	《医疗器械监督管理条例》	《条例》
2	《医疗器械注册与备案管理办法》	《器械注册办法》
3	《体外诊断试剂注册与备案管理办法》	《IVD 注册办法》
4	《医疗器械注册自检管理规定》	《自检规定》
5	《医疗器械生产质量管理规范》	《生产质量管理规范》
6	《检测和校准实验室能力认可准则》（CNAS-CL01）	《认可准则》（CNAS-CL01）
7	《医疗器械产品技术要求编写指导原则》	《产品技术要求编写导则》
8	医疗器械注册申请人	申请人
9	医疗器械注册人	注册人
10	医疗器械产品技术要求	产品技术要求
11	医疗器械注册自检报告	自检报告
12	国家标准 / 行业标准	国行标
13	内部审核	内审
14	国家药品监督管理局	国家药监局
15	中国食品药品检定研究院	中检院
16	中国合格评定国家认可委员会（CNAS）	认可委（CNAS）
17	国家认证认可监督管理委员会	国家认监委
18	标准化技术委员会	标委会

附录Ⅱ 医疗器械注册自检管理规定

医疗器械注册自检管理规定

（国家药品监督管理局公告 2021 年第 126 号）

为加强医疗器械（含体外诊断试剂）注册管理，规范注册申请人注册自检工作，确保医疗器械注册审查工作有序开展，根据《医疗器械监督管理条例》《医疗器械注册与备案管理办法》《体外诊断试剂注册与备案管理办法》，制定本规定。

一、自检能力要求

（一）总体要求

注册时开展自检的，注册申请人应当具备自检能力，并将自检工作纳入医疗器械质量管理体系，配备与产品检验要求相适应的检验设备设施，具有相应质量检验部门或者专职检验人员，严格检验过程控制，确保检验结果真实、准确、完整和可追溯，并对自检报告负主体责任。

（二）检验能力要求

1. 人员要求。注册申请人应当具备与所开展检验活动相适应的检验人员和管理人员（含审核、批准人员）。注册申请人应当配备专职检验人员，检验人员应当为正式聘用人员，并且只能在本企业从业。

检验人员的教育背景、技术能力和数量应当与产品检验工作相匹配。检验人员应当熟悉医疗器械相关法律法规、标准和产品技术要求，掌握检验方法原理、检测操作技能、作业指导书、质量控制要求、实验室安全与防护知识、计量和数据处理知识等，并且应当经过医疗器械相关法律法规、质量管理和有关专业技术的培训和考核。

检验人员、审核人员、批准人员等应当经注册申请人依规定授权。

2. 设备和环境设施要求。注册申请人应当配备满足检验方法要求的仪器设备和环境设施，建立和保存设备及环境设施的档案、操作规程、计量/校准证明、使用和维修记录，并按有关规定进行量值溯源。

开展特殊专业检验的实验室，如生物学评价、电磁兼容、生物安全性、体外诊断试剂实验室等，其环境设施条件应当符合其特定的专业要求。

3. 样品管理要求。注册申请人应当建立并实施检验样品管理程序，确保样品受控并保持相应状态。

4. 检验质量控制要求。注册申请人应当使用适当的方法和程序开展所有检验活动。适用时，包括测量不确定度的评定以及使用统计技术进行数据分析。

鼓励注册申请人参加由能力验证机构组织的有关检验能力验证/实验室间比对项目，提高检测能力和水平。

5. 记录的控制要求。所有质量记录和原始检测记录以及有关证书/证书副本等技术记录均应当归档并按适当的期限保存。记录包括但不限于设备使用记录、检验原始记录、检验用的原辅材料采购与验收记录等。记录的保存期限应当符合相关法规要求。

（三）管理体系要求

注册申请人开展自检的，应当按照有关检验工作和申报产品自检的要求，建立和实施与开展自检工作相适应的管理体系。

自检工作应当纳入医疗器械质量管理体系。注册申请人应当制定与自检工作相关的质量管理体系文件（包括质量手册、程序、作业指导书等）、所开展检验工作的风险管理及医疗器械相关法规要求的文件等，并确保其有效实施和受控。

（四）自检依据

注册申请人应当依据拟申报注册产品的产品技术要求进行检验。

检验方法的制定应当与相应的性能指标相适应，优先考虑采用已颁布的标准检验方法或者公认的检验方法。

检验方法应当进行验证或者确认，确保检验具有可重复性和可操作性。

对于体外诊断试剂产品，检验方法中还应当明确说明采用的参考品/标准品、样本制备方法、使用的试剂批次和数量、试验次数、计算方法等。

（五）其他事项

1. 委托生产的注册申请人可以委托受托生产企业开展自检，并由注册申请人出具相应自检报告。受托生产企业自检能力应当符合本规定的要求。

2. 境内注册申请人所在的境内集团公司或其子公司具有通过中国合格评定国家认可委员会认可的实验室，或者境外注册申请人所在的境外集团公司或其子公司具有通过境外政府或政府认可的相应实验室资质认证机构认可的实验室的，经集团公司授权，可以由相应实验室为注册申请人开展自检，由注册申请人出具相应自检报告。

二、自检报告要求

（一）申请产品注册时提交的自检报告应当是符合产品技术要求的全项目检验报告。变更注册、延续注册按照相关规定提交相应自检报告。报告格式应当符合检验报告模板（附件1）的要求。

（二）自检报告应当结论准确，便于理解，用字规范，语言简练，幅面整洁，不允许涂改。签章应当符合《医疗器械注册申报资料要求和批准证明文件格式》《体外诊断试剂注册申报资料要求和批准证明文件格式》相关要求。

（三）同一注册单元内所检验的产品应当能够代表本注册单元内其他产品的安全性和有效性。

三、委托检验要求

（一）受托条件

注册申请人提交自检报告的，若不具备产品技术要求中部分条款项目的检验能力，可以将相关条款项目委托有资质的医疗器械检验机构进行检验。有资质的医疗器械检验机构应当符合《医疗器械监督管理条例》第七十五条的相关规定。

（二）对受托方的评价

注册申请人应当在医疗器械生产质量管理体系文件中对受托方的资质、检验能力符合性等进行评价，并建立合格受托方名录，保存评价记录和评价报告。

（三）样品一致性

注册申请人应当确保自行检验样品与委托检验样品一致性，与受托方及时沟通，通报问题，协助做好检验工作。

（四）形成自检报告

注册申请人应当对受托方出具的报告进行汇总，结合注册申请人自行完成的检验项目，形成完整的自检报告。涉及委托检验的项目，除在备注栏中注明受托的检验机构外，还应当附有委托检验报告原件。

四、申报资料要求

注册申请人通过自检方式提交产品检验报告的，应当提交以下申报资料：

（一）自检报告

涉及委托检验项目的，还应当提供相关检验机构的资质证明文件。

（二）具有相应自检能力的声明

注册申请人应当承诺具备产品技术要求中相应具体条款项目自行检验的能力，包括具备相应人员、设备、设施和环境等，并按照质量管理体系要求开展检验。

（三）质量管理体系相关资料

包括检验用设备（含标准品）配置表（见附件2）；用于医疗器械检验的软件，应当明确其名称、发布版本号、发布日期、供应商或代理商等信息（格式参考附件2）；医疗器械注册自检检验人员信息表（见附件3）；检验相关的质量管理体系文件清单，如质量手册、程序文件、作业指导书等，文件名称中应当包含文件编号信息等。

（四）关于型号覆盖的说明

提供型号覆盖的相关资料，包括典型性的说明、被覆盖型号/配置与主检型号/配置的差异性分析等。

（五）报告真实性自我保证声明

若注册申请人将相关项目进行委托检验，自我保证声明应当包括提交自行检验样品、委托检验样品一致性的声明。

境内注册申请人自身开展自检的实验室如通过中国合格评定国家认可委员会（CNAS）认可，或者境外注册申请人自身开展自检的实验室通过境外政府或政府认可的相应实验室资质认证机构认可，可不提交本条第（二）和（三）项内容，但应当提交相应认可的证明性文件及相应承检范围的支持性资料。集团公司或其子公司经集团公司授权由相应实验室开展自检的，应当提交授权书。

五、现场检查要求

对于提交自检报告的，药品监管部门开展医疗器械注册质量管理体系现场核查时，除按照有关医疗器械注册质量管理体系核查指南要求办理外，还应当按照本文第一部分"自检能力要求"逐项进行核实，并在现场核查报告中予以阐述。检查时应当选派熟悉检验人员参与检查。

现场检查可以参照，但不限于以下方式开展：

（一）检验人员资质要求

查看检验人员的在职证明、相关人员信息表中检验人员与批准人员培训记录、个人档案等文件，并与相应人员进行面对面交流，核实资质、能力是否符合有关质量管理体系要求。

（二）检验人员操作技能

对声称自检的项目进行随机抽查，要求医疗器械注册自检检验人员信息表中相应检验人员根据作业指导书（或操作规程），对留样样品或自检样品进行现场操作，应能重复检验全过程，检验方法符合要求，且检验结果与企业申报注册资料中的结论一致。

（三）设施和环境

开展特殊专业检验的实验室，如生物学实验室、电磁兼容试验室、体外诊断试剂实验室等，检查实验室的设施、环境及监测记录等是否符合产品检验的要求。

（四）检验设备

核对申报资料中提交的自检用设备配置表中信息与现场有关设备是否一致。查看检验设备的检定／校准记录、计量确认资料是否满足检验要求。核查检验设备的清单，清单应当注明设备的来源（自购／租赁），并查看相应的合同文件。

使用企业自制校准品、质控品、样本处理试剂等的，应当查看相关操作规程、质量标准、配制和检验记录，关注校准品制备、量值传递规程、不确定度要求、稳定性研究等内容，关注质控品制备、赋值操作规程、靶值范围确定、稳定性研究等内容。

（五）检验记录

查看原始记录，检验设备使用、校准、维护和维修记录，检验环境条件记录，检验样品的有效性的相关材料、对受托方审核评价记录和报告（如有），委托检验报告（如有），委托检验协议（如有）等。

（六）检验质量控制能力

查看检验相关的质量手册、程序文件、标准、作业指导书（如适用）、操作规程、检验方法验证／确认记录、内部质量控制记录等文件。

境内注册申请人自身开展自检的实验室如通过中国合格评定国家认可委员会认可，或者境外注册申请人自身开展自检的实验室通过境外政府或政府认可的实验室认证机构认可，可按照医疗器械注册质量管理体系核查指南要求办理。

六、责任要求

注册申请人应当按照《医疗器械监督管理条例》要求，加强医疗器械全生命周期质量管理，对研制、生产、检验等全过程中医疗器械的安全性、有效性和检验报告的真实性依法承担责任。

注册申请人提供的自检报告虚假的，依照《医疗器械监督管理条例》第八十三条规定处罚。受托方出具虚假检验报告的，依照《医疗器械监督管理条例》第九十六条规定处罚。

附件：1.医疗器械注册自检报告模板

2.医疗器械注册自检用设备（含标准品／参考品）配置表

3.医疗器械注册自检检验人员信息表

附件1

医疗器械注册自检报告

（模板）

报告编号：XXXX

注册申请人：	
样品名称： 型号规格／包装规格：	
生产地址：	

声 明

一、注册申请人承诺报告中检验结果的真实、准确、完整和可追溯。

二、报告签章符合有关规定。

三、报告无批准人员签字无效。

四、报告涂改无效。

五、对委托检验的样品及信息的真实性，由注册申请人负责。

（注册申请人名称）
检验报告首页

报告编号：   共   页   第   页

样品名称		样品编号 / 样品批号	
型号规格 / 包装规格		检验类别	
受托生产企业		生产日期	年 月 日
样品数量			
收样日期	年 月 日	检验地点	
受托方		检验日期	
受托方地址		受托方联系电话	
受托方邮政编码		受托样品批号 / 编号	
检验项目			
检验依据			
检验结论		（签章） 签发日期 年 月 日	
备注	1. 报告中的 "——" 表示此项不适用，报告中 "/" 表示此项空白。 2. 说明委托检验项目、受托方的资质和承检范围复印件（若适用），无法填写的可以以附件形式提供。		

检验人员：   日期：   审核人员：   日期：

批准人员：   职务：   日期：

（注册申请人名称）
检验报告

报告编号：　　　　　　　　　　　　　　　　　　　　　　　　共　　页　第　　页

序号	检验项目	技术要求条款	性能要求	实测结果	单项结论	备注

（注册申请人名称）
检验报告

报告编号：　　　　　　　　　　　　　　　共　页　第　页

试验布置图（若适用）：

（注册申请人名称）
检验报告照片页

报告编号：　　　　　　　　　　　　　　　　　　　　　　　共　　页　　第　　页

样品照片和说明

样品照片应当包含产品的包装、标签、样品实物图及内部结构图（如适用）等。

样品描述

样品结构组成 / 主要组成成分、工作原理 / 检验原理、适用范围、样品状态。相关信息应当与其他申报资料保持一致。

备注

如型号规格典型性或其他说明。

涉及委托的，检验报告还应当附有委托检验报告。委托检验报告的格式应当符合国家药品监督管理局相关管理规定。

附件2

医疗器械自检用设备（含标准品／参考品）配置表

序号	检验条款	项目／参数		检验开展日期	使用仪器设备（标准品）							是否确认（Y/N）	备注
		项目序号	名称		名称	编号／批号	型号规格	测量范围	扩展不确定度／最大允差／准确度等级	溯源方式			

填表说明：是否确认（Y/N）：表示对该行栏目的所有信息准确性的确认。

附件3

医疗器械自检检验人员信息表

序号	姓名	性别	职称	文化程度	所学专业	毕业时间	所在部门	岗位及授权范围	从事本岗位年限	备注

填表说明：

1."岗位"栏请填写实验室主任（如有）、室主任（如有）、检验员、批准人员等。

2."从事本岗位年限"是指该人员在本实验室本岗位的工作年限，不是该人员的工龄。如果该人员在其他机构从事过本岗位工作，可在"备注"栏说明其在其他机构从事的该岗位的年限。

参考文献

［1］陈宇恩. 我国医疗器械产业发展与监管现状［J］. 科技与金融，2018（10）：16-19.

［2］许伟. 我国医疗器械注册管理制度历史演变之分析［J］. 中国医疗器械信息，2011,17（11）：1-4，13.

［3］赵立群，宫国强，张宁. 检验检测机构实验室的风险评估和控制［J］. 中国检验检测，2021，29（2）：90-91，81.

［4］杨晓芳，王春仁，杨昭鹏. 从医疗器械注册检验角度看待医疗器械标准体系的问题与发展［J］. 生物医学工程学杂志. 2013，30（3）：546-551.

［5］杨晓芳，李晓亮，母瑞红，等. 中国医疗器械检验机构现状与发展［J］. 中国医疗器械杂志，2014，38（1）：57-60.

［6］李海宁，杜晓丹，陈鸿波，等. 我国医疗器械标准法规解读和思考［J］. 中国药事，2019，33（6）：655-660.

［7］李非，陈敏，曹越. 医疗器械标准及其在注册审评中的作用研究［J］. 中国食品药品监管，2019（3）：30-34.

［8］XU YN. On the Function of Production Standard in Medical Devices Evaluation System［J］. China Medical Device Information（中国医疗器械信息），2011，17（7）：58-61.

［9］张世庆，张兴栋. 医疗器械标准在技术审评中的作用探讨［J］. 中国药物警戒，2021，18（1）：1-3.

［10］李悦菱，廖晓曼. 我国医疗器械国家与行业标准化工作对比与浅析——我国医疗器械标准的发展及现状［J］. 医疗装备，2014，27（06）：11-14.

［11］张辉，许慧雯，余新华. 以创新思路强化医疗器械标准管理［J］. 中国药事，2021，35（9）：967-971.

［12］许慧雯，王慧超，兰禹葶，等. 医疗器械标准化技术委员会现状及建设思考［J］. 中国食品药品监管，2019（9）：31-37.

［13］肖忆梅，李军. 医疗器械通用标准体系研究［J］. 中国医疗器械杂志,2015,39（2）：128-131.

［14］杨晓芳，王越，李静莉. 我国医疗器械标准的信息化管理现状与展望［J］. 医疗装备，2014，27（9）：16-17.

［15］质量君. 检验报告与检测报告的作用有何不同？［J］. 中国纤检，2020（7）：40-41.

［16］籍浩楠. "检验"、"检查"、"检测"和"试验"的区别［J］. 家电科技，2013（10）：38-40.

［17］储云高，朱颖峰，钱虹，等. 对我国医疗器械标准体系建设的几点建议［J］. 上海食品药品监管情报研究，2012（4）：21-26.

［18］曹越，金若男，刘菁，等. 医疗器械标准在注册审评中的应用研究［J］. 中国医疗设备，2020，35（4）：159-162.

［19］ZHANG SQ, SUN JY, XU L, et al. Discussion on Science about Medical Device Evaluation［J］. China Medical Device Information（中国医疗器械信息），2020，26（7）：1-4.

［20］李军. 我国医疗器械标准现况调研［J］. 中国医疗器械杂志，2009，33（5）：362-368.

［21］田小俊，徐红蕾，彭晓龙. 我国医疗器械标准化现状及发展策略研究［J］. 中国医疗器械杂志，2013，37（04）：285-286.

［22］李宝林. 李博诚. 医疗器械注册产品标准编制要求和注意事项［J］. 中国医疗器械信息，2014，20（2）：54-59.

［23］李宝林，李博诚. 我国医疗器械注册产品标准监管要求［J］. 中国医疗设备，2014，29（2）：99-101.

［24］余冬，李根池. 医疗器械注册产品标准常见问题分析［J］. 中国医疗器械杂志，2012，36（1）：61-63.

［25］郑佳，余新华. 采用国际标准的医疗器械行业标准编写中需注意的若干问题［J］. 中国医疗器械杂志，2012，36（3）：215-217.

［26］全一鸣. 企业核心能力相关理论文献综述［J］. 中国市场，2019，（17）：89-90.

［27］徐康宁，郭昕炜. 企业能力理论评析［J］. 经济学动态，2001，7：57-60.

［28］杨继伟. 企业能力理论述评［J］. 产业与科技论坛，2008，7（6）：138-140.

［29］谷奇峰，丁慧平. 企业能力理论研究综述［J］. 北京交通大学学报（社会科学版），2009，8（1）：17-22.

［30］毛歆. 药品检验实验室能力评价指标体系的构建研究［D］. 辽宁：沈阳药科大学，2017.

［31］吴昕，齐建华. ISO/IEC 17025 与 ISO/IEC 导则 25 的比照分析［J］. 航空计测技术，2001，21（1）：3-10.

［32］王亚春，陈卓民. ISO/IEC 17025 标准新旧版本的差异和过渡转换［J］. 铁道技术监督，2006，34（9）：1-3.

［33］张明霞，富巍，贺甬. ISO/IEC 17025：2017 与 ISO/IEC 17025：2005 的主要变化［J］. 质量与认证，2018，2：49-50，54.

［34］杜彤，刘洋. 论 ISO17025 标准的发展历史及基本构架［J］. 现代测量与实验室管理，2014（6）：37-39，43.

［35］刘晔. 企业能力理论体系及其内在逻辑关联［J］. 延安大学学报（社会科学版），2011，33（3）：45-48.

［36］国家认证认可监督管理委员会. 检验检测机构资质认定评审员教程［M］. 北京：中国标准出版社，2018.

［37］王俊，徐赵平，叶肥生. 疾控实验室试剂耗材的科学管理及应用［J］. 安徽预防医学杂志，2014，20（5）：373-374+390.

［38］胡广，赵明慧. 纺织品检测实验室试剂耗材的全过程管理探究［J］. 中国纤检，2019

（9）：66–67.

［39］沈雯. 浅析如何开展实验室耗材管理工作［J］. 中外企业家，2013（35）：54，65.

［40］刘亚杰. 检测机构实验室耗材库存管理研究［D］. 济南：山东大学，2012.

［41］李志华，邱晨超，贺继高，等. 化学类实验室气体安全管理［J］. 安全与健康，2020（7）：41–45.

［42］Mary Louise Turgeon. 检验医学 – 基础理论与常规检测技术［M］. 第五版. 西安：世界图书出版西安有限公司，2012：22–27.

［43］杨惠，王成彬. 临床实验室管理［M］. 北京：人民卫生出版社，2015：101–114.

［44］陶琳. 基于 Spring Boot 和 Vue 框架的高校实验室耗材管理系统的分析与设计［J］. 电脑知识与技术，2021，17（13）：83–85.

［45］王育红，李华飞. 浅谈化学实验室耗材的管理与选择［J］. 化工管理，2015（5）：232.

［46］周晓萍，杨梦婕，钱春燕，等. 浅谈实验室非试剂类耗材分类及其管理［J］. 实验室研究与探索，2016，35（12）：273–276.

［47］刘向峰. 检测实验室内部质量控制方法及其适用性分析［J］. 现代测量与实验室管理，2015，23（3）：48–50.

［48］苏鑫，尹本涛，蔡元青，等. 化学检测实验室内部质量控制方法及结果评价探讨［J］. 理化检验：化学分册，2020，56（4）：459–464.

［49］戴福文，何韵. 化学检测实验室质量控制方法探讨［J］. 中国检验检测，2019，27（2）：50–55.

［50］李文龙，郭栋. 有效发挥认监委对全国实验室能力验证工作的管理职能［J］. 现代测量与实验室管理，2009，17（1）：34–35，39.

［51］王承忠. 实验室间比对的能力验证及应用实例［J］. 理化检验：物理分册，2009（7）：423–430.

［52］李磊. 组织开展能力验证，提高实验室技术能力［J］. 上海计量测试，2006（5）：49–50.

［53］乔晓琳. 检测实验室比对试验分析方法探讨［J］. 公路交通科技（应用技术版），2018，14（8）：248–249.

［54］卢大伟，白东亭. 医疗器械比对试验组织实施工作的总结与思考［J］. 中国药事，2013，27（1）：73–74，78.

［55］黄宪章. 临床分子生物学检验技术要求［M］. 北京：人民卫生出版社，2019：46.

［56］王海玉，沈剑. PCR 实验室规划设计与建设要求［A］.《中国医学装备》杂志社. 中国医学装备大全暨 2021 医学装备展览会论文汇编［C］. 2021：20–24.

［57］李金明. 高通量测序技术［M］. 北京：科学出版社，2018.

［58］宋盟春，李伟松. 医疗设备电磁兼容测试技术及应用［M］. 北京：清华大学出版社，2019：37–39.